Rudolf Grünig
Richard Kühn
Dirk Morschett

Strategieplanungsprozess

Rudolf Grünig
Richard Kühn
Dirk Morschett

Strategieplanungsprozess

Strategische Analysen, Ziele, Optionen und Projekte

3., überarbeitete und erweiterte Auflage

Haupt Verlag

3. Auflage: 2022
2. Auflage: 2018
1. Auflage: 2014

ISBN 978-3-258-08244-8

Wir verwenden FSC®-Papier. FSC® sichert die Nutzung der Wälder gemäss sozialen, ökonomischen und ökologischen Kriterien.
Gedruckt in Deutschland

Diese Publikation ist in der Deutschen Nationalbibliografie verzeichnet. Mehr Informationen dazu finden Sie unter http://dnb.dnb.de.

Der Haupt Verlag wird vom Bundesamt für Kultur für die Jahre 2021–2024 unterstützt.

www.haupt.ch

Vorwort

Die Strategie eines Unternehmens definiert seine zukünftige Marschrichtung. Sie bestimmt für die kommenden Jahre die angestrebten Marktpositionen und die dafür aufzubauenden Wettbewerbsvorteile der Angebote und der Ressourcen. Die Erarbeitung der zukünftigen Strategie stellt deshalb eine wichtige Führungsaufgabe dar. Sie steht im Zentrum des vorliegenden Buches.

Für die dritte Auflage wurden die Prozesse zur Erarbeitung der Gesamtstrategie und zur Erarbeitung einer Geschäftsstrategie überarbeitet und erweitert. Zudem wurden viele Präzisierungen und Vereinfachungen vorgenommen.

Ab der dritten Auflage ergänzt Dirk Morschett das Autorenteam.

Viele der Ideen und Beispiele im Buch basieren auf der Zusammenarbeit mit Unternehmen. Deshalb geht ein grosser Dank an alle Führungskräfte, die den Verfassern Einblick in ihre strategische Arbeit gewährten. Zahlreiche Gedanken entstammen auch Gesprächen mit ehemaligen und gegenwärtigen AssistentInnen, DoktorandInnen und StudentInnen. Ihnen sei ebenfalls herzlich gedankt.

Die Verfasser danken Amandine Blanc für ihre wertvollen Hinweise zur Verbesserung der Verständlichkeit des Buches. Ihr grösster Dank richtet sich an Tu Le. Sie leistete bei der Erstellung der Druckvorlage, der Abbildungen und des Literaturverzeichnisses ausgezeichnete Arbeit.

Oktober 2021
Rudolf Grünig
Richard Kühn
Dirk Morschett

Inhaltsübersicht

Vorwort v
Inhaltsübersicht vii
Inhaltsverzeichnis ix
Abbildungsverzeichnis xv
Verzeichnis der Praxis- und Vertiefungsfenster xxi

1 Einleitung 1

Teil I: Idee und Prozess der strategischen Planung 5

2 Strategien, strategische Planung und Erfolgspotentiale 5
3 Entwicklung der strategischen Planung und ihre Einordnung in das strategische Management 17
4 Strategische Dokumente 29
5 Strategieplanungsprozess 35

Teil II: Initialisierung der strategischen Planung 43

6 Erarbeitung oder Überarbeitung des Leitbildes 43
7 Definition der existierenden strategischen Geschäfte 49
8 Vorbereitung des Strategieplanungsprojektes 61

Teil III: Strategische Analyse auf Gesamtebene 69

9 Analyse des globalen Umfeldes 69
10 Portfolioanalyse 79
11 Diagnose der strategischen Herausforderungen auf Gesamtebene 105

Teil IV: Erarbeitung der Gesamtstrategie 113

12 Erarbeitung und Beurteilung von strategischen Optionen für das Unternehmen 113
13 Definition der strategischen Unternehmensziele 129
14 Formulierung der Gesamtstrategie 143
15 Erarbeitung der Projektpläne zur Implementierung der Gesamtstrategie 149

Teil V: Strategische Analyse eines Geschäfts ... 157
16 Identifikation der branchenspezifischen Erfolgsfaktoren ... 157
17 Analyse des Branchenumfeldes ... 165
18 Analyse der Branche ... 171
19 Analyse des Marktes ... 185
20 Analyse der Wettbewerbsposition und des Geschäftsmodells ... 195
21 Diagnose der strategischen Herausforderungen des Geschäfts ... 215

Teil VI: Erarbeitung einer Geschäftsstrategie ... 221
22 Erarbeitung und Beurteilung von strategischen Optionen für das Geschäft ... 221
23 Definition der strategischen Geschäftsziele ... 241
24 Formulierung der Geschäftsstrategie ... 245
25 Erarbeitung der Projektpläne zur Implementierung der Geschäftsstrategie ... 249

Teil VII: Finalisierung der strategischen Planung ... 255
26 Erarbeitung der funktionalen Strategien ... 255
27 Abschliessende Beurteilung aller strategischen Vorgaben ... 263
28 Vorbereitung der Strategieimplementierung ... 269

29 Schluss ... 277

Glossar ... 281
Sachwortverzeichnis ... 291
Literaturverzeichnis ... 295

Inhaltsverzeichnis

Vorwort v
Inhaltsübersicht vii
Inhaltsverzeichnis ix
Abbildungsverzeichnis xv
Verzeichnis der Praxis- und Vertiefungsfenster xxi

1 Einleitung 1

Teil I: Idee und Prozess der strategischen Planung 5

2 Strategien, strategische Planung und Erfolgspotentiale 5
2.1 Strategien 5
2.2 Strategische Planung 6
2.3 Festlegung der angestrebten Erfolgspotentiale als Hauptaufgabe der strategischen Planung 8
3 Entwicklung der strategischen Planung und ihre Einordnung in das strategische Management 17
3.1 Entwicklung der strategischen Planung 17
3.2 Einordnung der strategischen Planung in das strategische Management 25
4 Strategische Dokumente 29
4.1 Kategorien strategischer Dokumente 29
4.2 Unternehmensspezifische Kombination der strategischen Dokumente 31
5 Strategieplanungsprozess 35
5.1 Grundlagen 35
5.2 Der vorgeschlagene Strategieplanungsprozess 36
5.3 Verknüpfung des Prozesses mit den wichtigsten Analyse- und Planungstools 39

Teil II: Initialisierung der strategischen Planung 43

6 Erarbeitung oder Überarbeitung des Leitbildes 43
6.1 Einleitung 43
6.2 Wirkungen und Inhalt eines Leitbildes 43
6.3 Prozess zur Erarbeitung oder Überarbeitung des Leitbildes 46
7 Definition der existierenden strategischen Geschäfte 49
7.1 Einleitung 49

7.2 Märkte und Teilmärkte ... 49
7.2.1 Begriff des Marktes ... 49
7.2.2 Unterteilung in Teilmärkte ... 50
7.3 Strategische Geschäfte ... 51
7.3.1 Begriff des strategischen Geschäfts ... 51
7.3.2 Arten von strategischen Geschäften ... 52
7.3.3 Unterscheidung von Unternehmenstypen aufgrund ihrer strategischen Geschäfte ... 53
7.4 Prozess zur Definition der existierenden strategischen Geschäfte ... 55
8 Vorbereitung des Strategieplanungsprojektes ... 61
8.1 Einleitung ... 61
8.2 Strategieplanung als Projekt ... 61
8.3 Prozess zur Vorbereitung des Strategieplanungsprojektes ... 62

Teil III: Strategische Analyse auf Gesamtebene ... 69
9 Analyse des globalen Umfeldes ... 69
9.1 Einleitung ... 69
9.2 PESTEL-Analyse ... 69
9.3 Szenarioanalyse ... 72
9.4 Prozess zur Analyse des globalen Umfeldes ... 76
10 Portfolioanalyse ... 79
10.1 Einleitung ... 79
10.2 Boston Consulting Group-Portfolio ... 79
10.2.1 Portfolio-Matrix ... 79
10.2.2 Grundlagen ... 82
10.2.3 Empfehlungen zu den Geschäften und zum Gesamtportfolio ... 87
10.3 McKinsey-Portfolio ... 89
10.3.1 Portfolio-Matrix ... 89
10.3.2 Grundlagen ... 94
10.3.3 Empfehlungen zu den Geschäften und zum Gesamtportfolio ... 96
10.4 Prozess der Portfolioanalyse ... 97
11 Diagnose der strategischen Herausforderungen auf Gesamtebene ... 105
11.1 Einleitung ... 105
11.2 SWOT-Matrix ... 105
11.3 TOWS-Matrix ... 107

11.4 Prozess zur Diagnose der strategischen Herausforderungen auf Gesamtebene 110

Teil IV: Erarbeitung der Gesamtstrategie 113

12 Erarbeitung und Beurteilung von strategischen Optionen für das Unternehmen 113
12.1 Einleitung 113
12.2 Matrix der Gesamtoptionen 114
12.3 Differenzierte Ansoff Matrix 119
12.4 Prozess zur Erarbeitung und Beurteilung von strategischen Optionen für das Unternehmen 125
13 Definition der strategischen Unternehmensziele 129
13.1 Einleitung 129
13.2 Strategische Unternehmensziele 129
13.3 Zielportfolio 134
13.4 Materialitätsanalyse 137
13.5 Prozess zur Definition der strategischen Unternehmensziele 139
14 Formulierung der Gesamtstrategie 143
14.1 Einleitung 143
14.2 Inhalt einer Gesamtstrategie 143
14.3 Prozess zur Formulierung der Gesamtstrategie 145
15 Erarbeitung der Projektpläne zur Implementierung der Gesamtstrategie 149
15.1 Einleitung 149
15.2 Arten von strategischen Projekten zur Implementierung einer Gesamtstrategie 149
15.3 Prozess zur Erarbeitung der Projektpläne zur Implementierung der Gesamtstrategie 153

Teil V: Strategische Analyse eines Geschäfts 157

16 Identifikation der branchenspezifischen Erfolgsfaktoren 157
16.1 Einleitung 157
16.2 Idee der Erfolgsfaktoren 157
16.3 Prozess zur Identifikation der branchenspezifischen Erfolgsfaktoren 161
17 Analyse des Branchenumfeldes 165
17.1 Einleitung 165
17.2 PESTEL-Analyse 165
17.3 Prozess zur Analyse des Branchenumfeldes 169

18 Analyse der Branche ... 171
18.1 Einleitung ... 171
18.2 Fünf-Kräfte-Modell ... 171
18.3 Modell der strategischen Gruppen ... 178
18.4 Prozess zur Analyse der Branche ... 183
19 Analyse des Marktes ... 185
19.1 Einleitung ... 185
19.2 Marktsystem-Modell ... 185
19.3 Branchensegmentanalyse ... 189
19.4 Prozess zur Analyse des Marktes ... 193
20 Analyse der Wettbewerbsposition und des Geschäftsmodells ... 195
20.1 Einleitung ... 195
20.2 Generische Geschäftsstrategien ... 195
20.2.1 Beschreibung ... 195
20.2.2 Erfolgsvoraussetzungen und Risiken ... 198
20.3 Geschäftsmodell ... 204
20.4 Stärken- und Schwächenanalyse ... 210
20.5 Prozess zur Analyse der Wettbewerbsposition und des Geschäftsmodells ... 212
21 Diagnose der strategischen Herausforderungen des Geschäfts ... 215
21.1 Einleitung ... 215
21.2 Prozess zur Diagnose der strategischen Herausforderungen des Geschäfts ... 216

Teil VI: Erarbeitung einer Geschäftsstrategie ... 221
22 Erarbeitung und Beurteilung von strategischen Optionen für das Geschäft ... 221
22.1 Einleitung ... 221
22.2 Blue-Ocean-Strategien ... 222
22.2.1 Überblick ... 222
22.2.2 Erarbeitung von Blue-Ocean-Strategien ... 223
22.2.3 Blue-Ocean-Strategien und generische Geschäftsstrategien ... 231
22.3 Prozess zur Erarbeitung und Beurteilung von strategischen Optionen für das Geschäft ... 233
23 Definition der strategischen Geschäftsziele ... 241
23.1 Einleitung ... 241
23.2 Strategische Geschäftsziele ... 241

23.3 Prozess zur Definition der strategischen Geschäftsziele 242

24 Formulierung der Geschäftsstrategie 245
24.1 Einleitung 245
24.2 Inhalt einer Geschäftsstrategie 245
24.3 Prozess zur Formulierung der Geschäftsstrategie 247

25 Erarbeitung der Projektpläne zur Implementierung der Geschäftsstrategie 249
25.1 Einleitung 249
25.2 Arten von strategischen Projekten zur Implementierung einer Geschäftsstrategie 249
25.3 Prozess zur Erarbeitung der Projektpläne zur Implementierung der Geschäftsstrategie 252

Teil VII: Finalisierung der strategischen Planung 255

26 Erarbeitung der funktionalen Strategien 255
26.1 Einleitung 255
26.2 Funktionale Strategien 256
26.3 Prozess zur Erarbeitung der funktionalen Strategien 260

27 Abschliessende Beurteilung aller strategischen Vorgaben 263
27.1 Einleitung 263
27.2 Prozess zur abschliessenden Beurteilung aller strategischen Vorgaben 263

28 Vorbereitung der Strategieimplementierung 269
28.1 Einleitung 269
28.2 Balanced Scorecard 269
28.3 Prozess zur Vorbereitung der Strategieimplementierung 273

29 Schluss 277

Glossar 281
Sachwortverzeichnis 291
Literaturverzeichnis 295

Abbildungsverzeichnis

Abbildung 2.1: Beabsichtigte und realisierte Strategien ... 6
Abbildung 2.2: Strategische Planung und Strategien ... 8
Abbildung 2.3: Aufbau und Sicherung von Erfolgspotentialen als Hauptaufgabe der strategischen Planung ... 9
Abbildung 2.4: ROM-Modell der Erfolgspotentiale ... 9
Abbildung 2.5: Netzwerk der Erfolgspotentiale eines schweizerischen Produzenten von Taschenmessern ... 10
Abbildung 2.6: Das strategische Dreieck von Ohmae ... 13
Abbildung 2.7: Kriterien zur Beurteilung von Erfolgspotentialen ... 14
Abbildung 3.1: Entwicklung der strategischen Planung ... 17
Abbildung 3.2: Gap-Analyse ... 18
Abbildung 3.3: Ansoff-Matrix ... 19
Abbildung 3.4: Arten von Ressourcen ... 21
Abbildung 3.5: Aufgaben der strategischen Führung ... 26
Abbildung 4.1: Grobe Umschreibung der Kategorien von strategischen Dokumenten ... 30
Abbildung 4.2: Strategische Dokumente eines Investitionsgüterhändlers ... 33
Abbildung 5.1: Schritte und Unterschritte des Strategieplanungsprozesses ... 37
Abbildung 5.2: Toolbox der strategischen Analyse und Planung ... 40
Abbildung 6.1: Mögliche Struktur eines Leitbildes ... 44
Abbildung 6.2: Mission und Vision eines Herstellers von Biscuits ... 45
Abbildung 6.3: Oberste Werte eines internationalen Beratungsunternehmens ... 46
Abbildung 6.4: Prozess zur Erarbeitung oder Überarbeitung des Leitbildes ... 47
Abbildung 7.1: Unternehmenstypen aufgrund ihrer strategischen Geschäfte ... 54
Abbildung 7.2: Prozess zur Definition der existierenden strategischen Geschäfte ... 55
Abbildung 8.1: Prozess zur Vorbereitung des Strategieplanungsprojektes ... 62
Abbildung 8.2: Mögliche Aufgaben eines Strategieberaters ... 64

Abbildung 8.3: Mögliche Organisation für ein Strategieplanungsprojekt 66
Abbildung 9.1: Mögliche Inhalte einer PESTEL-Analyse 71
Abbildung 9.2: Trichtermodell zur Visualisierung der Szenarioanalyse 73
Abbildung 9.3: Erarbeitung von Szenarien 74
Abbildung 9.4: Prozess zur Analyse des globalen Umfeldes 76
Abbildung 10.1: Boston Consulting Group-Portfolio 80
Abbildung 10.2: Portfolioposition und Mittelfluss im Boston Consulting Group-Ansatz 81
Abbildung 10.3: Normstrategien im Boston Consulting Group-Ansatz 88
Abbildung 10.4: Beispiele von Boston Consulting Group-Portfolios 90
Abbildung 10.5: McKinsey-Portfolio 91
Abbildung 10.6: Kriterien von Hill und Jones zur Bestimmung der Marktattraktivität und der Wettbewerbsstärke 92
Abbildung 10.7: Normstrategien im McKinsey-Portfolio 97
Abbildung 10.8: Prozess der Portfolioanalyse 98
Abbildung 10.9: Kriterien zur Beurteilung des Istportfolio 100
Abbildung 11.1: SWOT-Matrix 106
Abbildung 11.2: TOWS-Matrix 108
Abbildung 11.3: Prozess zur Diagnose der strategischen Herausforderungen auf Gesamtebene 110
Abbildung 12.1: Situierung des Kapitels 115
Abbildung 12.2: Matrix der Gesamtoptionen 116
Abbildung 12.3: Differenzierte Ansoff-Matrix 120
Abbildung 12.4: Wertschöpfungssystem der Uhrenindustrie 121
Abbildung 12.5: Produkte und Kompetenzen von Canon 123
Abbildung 12.6: Prozess zur Erarbeitung und Beurteilung von strategischen Optionen für das Unternehmen 125
Abbildung 12.7: Kriterien zur Beurteilung von Optionen für das Unternehmen 127
Abbildung 13.1: Materialitätsmatrix zur Analyse der Relevanz der Ziele 138
Abbildung 13.2: Prozess zur Definition der strategischen Unternehmensziele 139
Abbildung 14.1: Mögliche Struktur einer Gesamtstrategie 144

Abbildung 14.2: Prozess zur Formulierung der Gesamtstrategie 146
Abbildung 15.1: Abgrenzung der betrachteten strategischen Projekte 150
Abbildung 15.2: Arten von Projekten zur Implementierung der Gesamtstrategie 150
Abbildung 15.3: Verlauf des Free Cash Flow einer erfolgreichen Erntestrategie 152
Abbildung 15.4: Prozess zur Erarbeitung der Projektpläne zur Implementierung der Gesamtstrategie 154
Abbildung 15.5: Mögliche Struktur eines Projektplanes 156
Abbildung 16.1: Arten von Erfolgsfaktoren 159
Abbildung 16.2: Prozess zur Identifikation der branchenspezifischen Erfolgsfaktoren 161
Abbildung 16.3: Identifikation der Erfolgsfaktoren für die Branche der Autogaragen 162
Abbildung 17.1: Globales Umfeld und Branchenumfeld 166
Abbildung 17.2: Tabellarische Zusammenfassung der PESTEL-Analyse einer kleinen Apothekengruppe 167
Abbildung 17.3: Framework einer schweizerischen Krankenkasse zur Zusammenfassung der PESTEL-Analyse 168
Abbildung 17.4: Prozess zur Analyse des Branchenumfeldes 169
Abbildung 18.1: Porters Fünf-Kräfte-Modell 172
Abbildung 18.2: Wichtigste Merkmale zur Beurteilung der fünf Kräfte 173
Abbildung 18.3: Strategische Gruppen der Branche der Produzenten von Kettensägen 179
Abbildung 18.4: Prozess zur Analyse der Branche 183
Abbildung 19.1: Generisches Marktsystem 186
Abbildung 19.2: Schweizerischer Biermarkt als System 188
Abbildung 19.3: Europäischer Markt für Automobilunterhalt und -reparaturen als System 189
Abbildung 19.4: Branchensegmente im Markt für Ölförder-einrichtungen 190
Abbildung 19.5: Prozess zur Analyse des Marktes 193
Abbildung 20.1: Generische Geschäftsstrategien 196
Abbildung 20.2: Erfolgsvoraussetzungen der generischen Geschäftsstrategien 199

Abbildung 20.3: Stuck-in-the-middle Position bezüglich des relativen Marktanteils 201
Abbildung 20.4: Business Model Canvas 206
Abbildung 20.5: Stärken- und Schwächenprofile zweier Hersteller von Haarpflegeprodukten 211
Abbildung 20.6: Prozess zur Analyse der Wettbewerbsposition und des Geschäftsmodells 212
Abbildung 21.1: TOWS-Matrix 215
Abbildung 21.2: Prozess zur Diagnose der strategischen Herausforderungen des Geschäfts 216
Abbildung 22.1: Strategien für Red Oceans und Blue Oceans 223
Abbildung 22.2: Wertkurve der Airlines in den USA in den 1970er Jahren 224
Abbildung 22.3: Vier-Aktionen-Framework 225
Abbildung 22.4: Wertkurven von Southwest Airlines, der Airlines in den USA und des PKW 228
Abbildung 22.5: Prozess zur Erarbeitung und Beurteilung von strategischen Optionen für das Geschäft 233
Abbildung 22.6: Kriterien zur Beurteilung von Optionen für das Geschäft 239
Abbildung 23.1: Prozess zur Definition der strategischen Geschäftsziele 243
Abbildung 24.1: Mögliche Struktur einer Geschäftsstrategie 246
Abbildung 24.2: Prozess zur Formulierung der Geschäftsstrategie 247
Abbildung 25.1: Arten von Projekten zur Implementierung der Geschäftsstrategie 250
Abbildung 25.2: Prozess zur Erarbeitung der Projektpläne zur Implementierung der Geschäftsstrategie 253
Abbildung 26.1: Mögliche funktionale Strategien 256
Abbildung 26.2: Prozess zur Erarbeitung der funktionalen Strategien 261
Abbildung 26.3: Mögliche Struktur einer funktionalen Strategie 262
Abbildung 27.1: Prozess zur abschliessenden Beurteilung aller strategischen Vorgaben 264
Abbildung 27.2: Zu beurteilende strategische Dokumente 265
Abbildung 27.3: Aspekte der abschliessenden Beurteilung aller strategischen Vorgaben 266
Abbildung 28.1: Die vier Perspektiven der Balanced Scorecard 270

Abbildung 28.2: Prozess zur Vorbereitung der Strategieimplementierung 274
Abbildung 29.1: Strategieplanungsprozess 278

Verzeichnis der Praxis- und Vertiefungsfenster

Vertiefungsfenster 2.1: Outside-in und Inside-out Ansatz zur Festlegung von Erfolgspotentialen 11
Praxisfenster 2.2: Beurteilung der Erfolgspotentiale eines Spielkartenproduzenten 14
Vertiefungsfenster 3.1: Market-based View und Resource-based View 22
Vertiefungsfenster 5.1: Heuristische Prinzipien und ihre Anwendung im Strategieplanungsprozess 36
Praxisfenster 7.1: Geschäftsdefinition für einen Hersteller von Nahrungsmitteln und Pharmazeutika 57
Praxisfenster 9.1: Szenarioanalyse eines schweizerischen Elektrizitätsunternehmens 75
Vertiefungsfenster 10.1: Marktlebenszyklus 82
Vertiefungsfenster 10.2: Erfahrungskurve 84
Praxisfenster 10.3: Bestimmung der Istpositionen der Geschäfte im McKinsey-Portfolio 92
Vertiefungsfenster 10.4: Das PIMS-Programm 94
Praxisfenster 10.5: Portfolioanalyse in einer schweizerischen Detailhandelsgruppe 100
Praxisfenster 11.1: Diagnose der strategischen Herausforderungen in einem Weinhandelsunternehmen 108
Praxisfenster 12.1: Matrix der Gesamtoptionen eines Produzenten von Kunststoffteilen 117
Vertiefungsfenster 12.2: Diversifikationsgrad-Performance-Studie 124
Vertiefungsfenster 13.1: Strategische Unternehmensziele in der Unternehmenspraxis 131
Praxisfenster 13.2: Strategische Unternehmensziele der Sika AG 132
Praxisfenster 13.3: Zielportfolio und Geschäftsziele eines österreichischen Handelsunternehmens 134
Praxisfenster 18.1: Anwendung des Fünf-Kräfte-Modells in einem Investitionsgüterunternehmen 174
Praxisfenster 18.2: Die Bildung strategischer Gruppen in der schweizerischen Uhrenindustrie 181

Praxisfenster 19.1: Branchensegmentanalyse eines schweizerischen Schokolade-produzenten ... 191
Vertiefungsfenster 20.1: Outpacing Strategien ... 202
Praxisfenster 20.2: Geschäftsmodell von Nespresso ... 207
Praxisfenster 20.3: Geschäftsmodell von Airbnb ... 209
Praxisfenster 21.1: Diagnose der strategischen Heraus-forderungen in einem Elektrizitäts-unternehmen ... 217
Vertiefungsfenster 22.1: Die sechs Suchpfade ... 226
Praxisfenster 22.2: Blue-Ocean-Strategie von yellow tail-Wein ... 229
Praxisfenster 22.3: Erarbeitung von Optionen für Car-Reisen ... 236
Vertiefungsfenster 26.1: Die Operations-Strategie als ein Beispiel einer funktionalen Strategie ... 257
Praxisfenster 28.1: Balanced Scorecard für ein Geschäft eines Handelsunternehmens ... 271
Praxisfenster 28.2: Kommunikation der Holcim-Strategie 2018-2022 ... 275

1 Einleitung

Die strategische Planung ist eine zentrale unternehmerische Aufgabe. Sie dient dazu, das Unternehmen an Umfeldveränderungen anzupassen und es proaktiv weiterzuentwickeln. Die strategische Planung soll damit das Überleben und den langfristigen Erfolg des Unternehmens sicherstellen.

Strategische Planung wird in den meisten Unternehmen als Aufgabe der obersten Leitungsorgane verstanden und durch diese wahrgenommen. Die Resultate befriedigen jedoch trotz des grossen persönlichen Engagements der Verantwortlichen vielfach nicht. Die Strategien sind oft zu wenig fundiert, um sich im Wettbewerb zu bewähren oder zu wenig „griffig", um echte Leitlinien für unternehmerisches Handeln abzugeben. So fehlen z.B. oft bindende Projekte zur Strategieimplementierung. Ein weiterer beobachteter Mangel besteht darin, dass Unternehmen über eine Vielzahl schlecht abgestimmter, oft sogar widersprüchlicher strategischer Dokumente verfügen. Dies ist die Folge davon, dass Strategieplanungen speziell in grösseren Unternehmen zu verschiedenen Zeiten von Verantwortlichen verschiedener organisatorischer Bereiche und Stufen initiiert werden.

Angesichts der grossen Zahl von Werken zur Unternehmensstrategie erstaunen die in der Praxis festzustellenden Mängel. Eigentlich dürfte erwartet werden, dass die vielen Fachbücher und -artikel die Planungsarbeit unterstützen und in der Praxis zu brauchbaren strategischen Plänen führen. Offensichtlich vermag die Literatur zur Thematik der Unternehmensstrategie die Bedürfnisse der Praxis jedoch nur unvollständig zu erfüllen:

- Viele wissenschaftliche Publikationen zum strategischen Management verfolgen gar nicht primär das Ziel der Praxisunterstützung. Sie dienen vielmehr der Erklärung von Erfolgsunterschieden von Unternehmen in Abhängigkeit von Marktpositionen, Angeboten und Ressourcen. Die darin vorgestellten Forschungsergebnisse bieten zwar auch für die Praxis interessante Erkenntnisse. Es werden jedoch, dem Zweck dieser Publikationen entsprechend, keine Verfahrensvorschläge zur strategischen Planung integriert.

- Aber auch Werke, die Analyseraster und Planungsmethoden vorschlagen und damit unmittelbar auf die Bedürfnisse der Planungspraxis ausgerichtet sind, bieten den Planungsverantwortlichen oft nicht die gewünschte Unterstützung. Der Grund hierfür liegt im Umstand, dass in der Praxis verschiedene Analyse- und Planungsmethoden kombiniert werden müssen, um die vielfältigen strategischen Fragen zu beantworten. Ein Grossteil der methodenorientierten Literatur ist jedoch der Darstellung einzelner Analyse- und Planungsmethoden und ihrer theoretischen Grundlagen gewidmet (vgl. etwa Osterwalder/Pigneur, 2010; Porter, 1980; Porter, 1985; Prahalad/Hamel, 1990). Auf eine Integration in einen Strategieplanungsprozess wird verzichtet.
- Auch die Strategielehrbücher, die das aufwendige Studium von Originaltexten zu einzelnen Modellen und Methoden ersparen, indem sie sie in einem Werk zusammenfassen (vgl. etwa Hill/Jones, 2013; Johnson et al., 2011), lösen das Problem einer geeigneten Auswahl und Kombination vielfach nur ansatzweise. Es wird insbesondere zu wenig klar gezeigt, unter welchen Umständen welche Analyse- und Planungsmethoden einzusetzen sind und welche Vor- und Nachteile sie haben. Erschwerend kommt hinzu, dass in diesen Werken bei der Beschreibung der einzelnen Techniken meist die Originalterminologie übernommen wird und damit kein einheitliches Begriffssystem entsteht.

Es ist die Zielsetzung des vorliegenden Buches, einen kohärenten Strategieplanungsprozess zu präsentieren. Er basiert auf einem einheitlichen Begriffsraster und integriert die wichtigen Analyse- und Planungstechniken. Das Buch besteht aus sieben Teilen. Teil I vermittelt dem Leser eine Idee der strategischen Planung und schlägt einen Strategieplanungsprozess von sechs Schritten vor. Die Teile II bis VII behandeln die sechs Schritte.

Das Buch richtet sich in erster Linie an Führungskräfte. Es soll ihnen das Wissen vermitteln, das sie zur Erarbeitung von Strategien benötigen. Im Rahmen von MAS, DAS und CAS Studiengängen kann das Buch als Lehrmittel zur Behandlung der strategischen Planung eingesetzt werden. Sehr gut eignet sich das Buch auch als Basis für Spezialveranstaltungen zur strategischen Planung an Universitäten und Hochschulen.

Es ist den Autoren ein Anliegen, die Problematik der Strategieerarbeitung und -bewertung in ihrer realen Komplexität zu behandeln und diese nicht durch gefällige Schreibweise zum Verschwinden zu bringen. Um das Studium des themenbedingt anspruchsvollen Textes zu erleichtern, werden verschiedene didaktische Hilfsmittel eingesetzt:

- Die Aussagen werden mit zahlreichen Beispielen illustriert. Kleinere Beispiele sind in den Text integriert. Grössere Beispiele finden sich in Praxisfenstern.
- Weitergehende theoretische und methodische Überlegungen werden in Vertiefungsfenstern behandelt. Sie ermöglichen einen vertieften Einblick in die Materie. Ihr Studium ist zum Verständnis des Buches jedoch nicht zwingend.
- Die Aussagen werden mit vielen Abbildungen zusammengefasst und illustriert.
- Ein Glossar verschafft einen Überblick über die wichtigsten Fachbegriffe der strategischen Planung.
- Das Auffinden von speziell interessierenden Themen wird durch ein Sachwortverzeichnis unterstützt.

Um die Lesbarkeit zu verbessern, wird bei Personenbezeichnungen meist nur die männliche Form verwendet. Trotzdem sind stets Frauen und Männer gemeint.

Das Buch existiert auch in französischer und englischer Sprach (vgl. Grünig/Kühn/Morschett, 2022a; Grünig/Kühn/Morschett, 2022b).

Teil I: Idee und Prozess der strategischen Planung

2 Strategien, strategische Planung und Erfolgspotentiale

2.1 Strategien

Eine Strategie ist einerseits eine Vorgabe für die zukünftige Entwicklung des Unternehmens und andererseits eine Zusammenfassung seiner effektiven Handlungen. Es ist deshalb notwendig, zwischen beabsichtigten Strategien (Intended Strategies) und realisierten Strategien (Realized Strategies) zu unterscheiden. Da beabsichtigte Strategien selten vollständig umgesetzt werden können, unterscheiden sie sich in der Regel mehr oder weniger stark von den verwirklichten Strategien. Es gibt zudem den Fall, dass ein Unternehmen bewusst oder unbewusst darauf verzichtet, eine beabsichtigte Strategie zur langfristigen Steuerung des unternehmerischen Handelns zu formulieren. Die realisierte Strategie ist in diesem Fall das Produkt einer Vielzahl von Einzelentscheiden und wird auch als gewachsene Strategie (Emergent Strategy) bezeichnet (vgl. Mintzberg, 1994, S. 23 ff.). **Abbildung 2.1** fasst die Aussagen zusammen.

Im vorliegenden Buch, interessieren primär die beabsichtigten Strategien. Wenn der Ausdruck „Strategie“ ohne ergänzendes Attribut verwendet wird, ist deshalb stets eine beabsichtigte Strategie gemeint.

Eine beabsichtigte Strategie lässt sich durch folgende Merkmale charakterisieren:

- Es handelt sich um eine langfristige Vorgabe von Zielen, Massnahmen und Investitionen.
- Sie dient dem Aufbau und der Sicherung der zukünftigen Erfolgspotentiale.
- Sie bezieht sich auf das ganze Unternehmen oder auf wichtige Teilbereiche.
- Sie wird durch die Führungskräfte getragen.

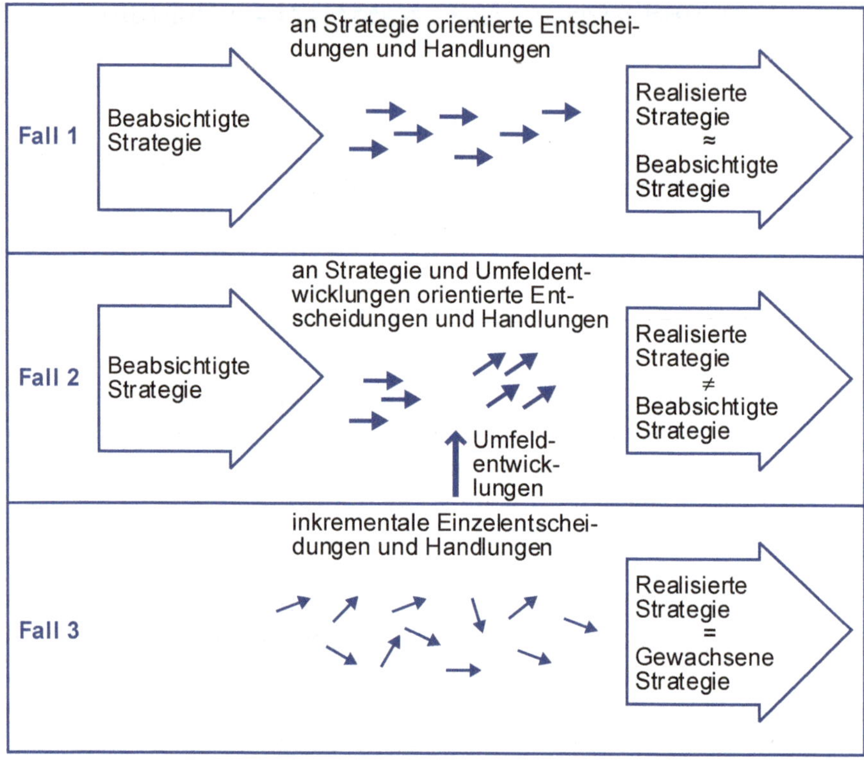

Abbildung 2.1: Beabsichtigte und realisierte Strategien
(in Anlehnung an Mintzberg, 1994, S. 24)

- Sie soll zur nachhaltigen Erreichung der obersten Werte und Ziele beitragen.

2.2 Strategische Planung

Bisher wurde offengelassen, auf welche Weise Strategien zustande kommen:

- Es liegt nahe, hier primär an ein systematisches Vorgehen zu denken, das in der frühen Strategieliteratur insbesondere mit dem Namen Ansoff verbunden wird (vgl. Ansoff, 1965). In der Literatur spricht man von einer „synoptischen Planungslogik“.

- Wie Mintzberg (1990, S. 105 ff.) aufzeigt, entstehen Strategien in der Realität jedoch häufig auf andere Weise. Sie können das Ergebnis „visionärer Prozesse", die Folge von Machtkämpfen oder auch einfach das Resultat wenig kontrollierter Entscheidungsprozesse sein. Verschiedene Autoren sprechen im zuletzt erwähnten Fall auch von einer „inkrementalen Logik" der Strategiebestimmung (vgl. z.B. Bresser, 2010, S. 17): Die Strategie entsteht aufgrund vieler kleiner Schritte, die sich nicht an langfristigen Gesamtzielen, sondern an der Lösung kurzfristiger dringlicher Probleme orientieren und eher einem „Durchwursteln" entsprechen. In Abbildung 2.1 wird die inkrementale Strategieentstehung als Fall 3 dargestellt.

Die Diskussion zwischen „Inkrementalisten" und „Planern" bildet eine alte Kontroverse der strategischen Managementliteratur und ist Gegenstand einer Vielzahl von Forschungsarbeiten (vgl. z.B. Raffée et al., 1994, S. 383 ff.). Wie Bresser aufgrund einer umfassenden Analyse empirischer Studien feststellt, unterstützen die Resultate der Mehrzahl der jüngeren Untersuchungen klar die Planungsthese. „Studien belegen, dass [.] phasengeleitetes Planen nicht nur in stabilen, sondern insbesondere auch in dynamischen Umwelten mit positiven Performanceeffekten verbunden ist und zwar unabhängig davon, ob die Planung in Grossunternehmungen stattfindet oder in kleinen, mittelständischen Unternehmungen" (Bresser, 2010, S. 20). Wie Bresser (2010, S. 21) weiter ausführt, erweist sich ein systematisches Vorgehen als wichtige Voraussetzung für Anpassungen an nicht vorgesehene Situationsentwicklungen gemäss Fall 2 in Abbildung 2.1.

Strategische Planung kann durch folgende Merkmale umschrieben werden:

- Es handelt sich um einen systematischen Prozess.
- Die zugrunde liegenden Analysen und die erarbeiteten Vorgaben von Zielen, Massnahmen und Investitionen sind langfristig.
- Der Prozess konzentriert sich auf die Bestimmung der aufzubauenden und zu sichernden zukünftigen Erfolgspotentiale.
- Die Überlegungen beziehen sich auf das Unternehmen als Ganzes oder auf wichtige Teilbereiche.
- Die wichtigsten im Prozess anfallenden Aufgaben werden durch die Führungskräfte wahrgenommen.

- Die strategische Planung soll dazu beitragen, die obersten Werte und Ziele nachhaltig zu erreichen.

Abbildung 2.2 zeigt die Beziehung zwischen strategischer Planung und Strategien.

Strategische Planung
- Systematischer Prozess
- zur Definition langfristiger Ziele, Massnahmen und Investitionen
- zum Aufbau und zur Sicherung der zukünftigen Erfolgspotentiale.

Strategie
- Langfristige Vorgaben von Zielen, Massnahmen und Investitionen
- zum Aufbau und zur Sicherung der zukünftigen Erfolgspotentiale.

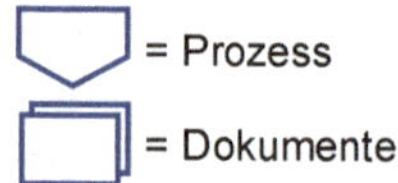

Abbildung 2.2: Strategische Planung und Strategien

2.3 Festlegung der angestrebten Erfolgspotentiale als Hauptaufgabe der strategischen Planung

Die dauerhafte Erreichung der obersten Werte und Ziele wird durch den Aufbau und die Pflege von Erfolgspotentialen gefördert. In Anlehnung an Gälweiler (2005, S. 26) wird unter einem Erfolgspotential ein Merkmal des Unternehmens verstanden, das in wesentlichem Masse den langfristigen Erfolg bestimmt.

Wie **Abbildung 2.3** zeigt, geht es bei der strategischen Planung nicht primär um die Optimierung des Erfolges während der Planungsperiode. Im Zentrum der Überlegungen stehen vielmehr die Sicherung bestehender und der Aufbau neuer Erfolgspotentiale. Damit soll die Voraussetzung für Erfolg über die Planungsperiode hinaus geschaffen werden.

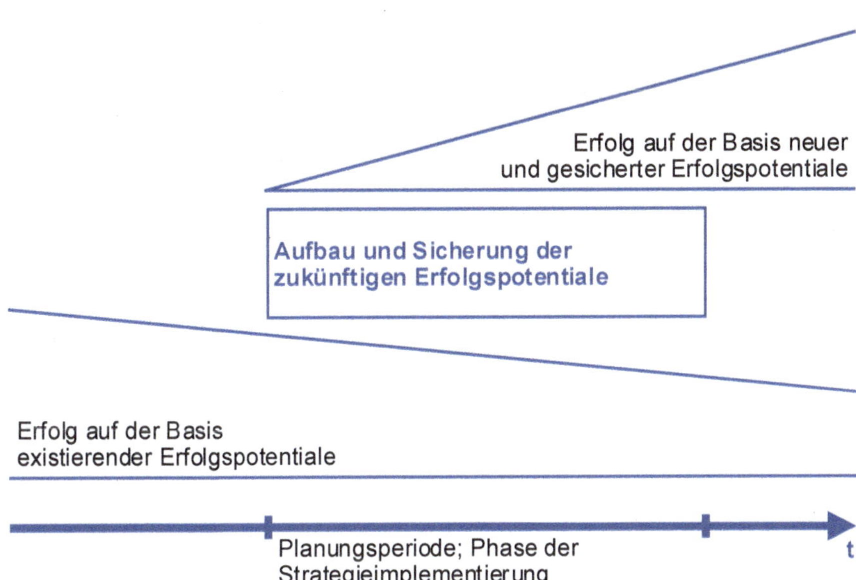

Abbildung 2.3: Aufbau und Sicherung von Erfolgspotentialen als Hauptaufgabe der strategischen Planung

Wie **Abbildung 2.4** zeigt, lassen sich drei Ebenen von Erfolgspotentialen unterscheiden. Sie stehen nicht beziehungslos nebeneinander, sondern bauen aufeinander auf. Bezugnehmend auf die englischsprachigen Begriffe „Resources", „Offers" und „Market Positions" bezeichnen die

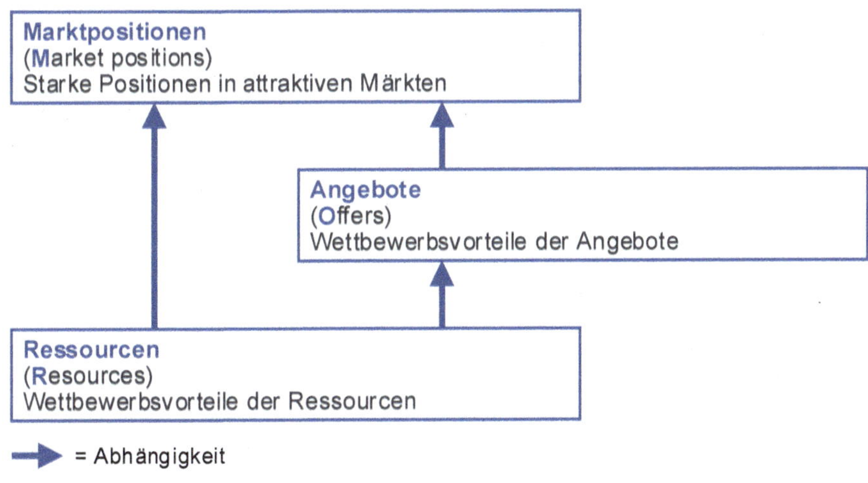

Abbildung 2.4: ROM-Modell der Erfolgspotentiale

Autoren das Modell als „ROM-Modell der Erfolgspotentiale“. Das Modell erlaubt es, die wichtigsten Erfolgspotentiale eines fokussierten Unternehmens oder eines Geschäftes eines diversifizierten Unternehmens (vgl. Kapitel 7) als Netzwerk aufzufassen. **Abbildung 2.5** zeigt das Netzwerk der Erfolgspotentiale eines schweizerischen Produzenten von Taschenmessern.

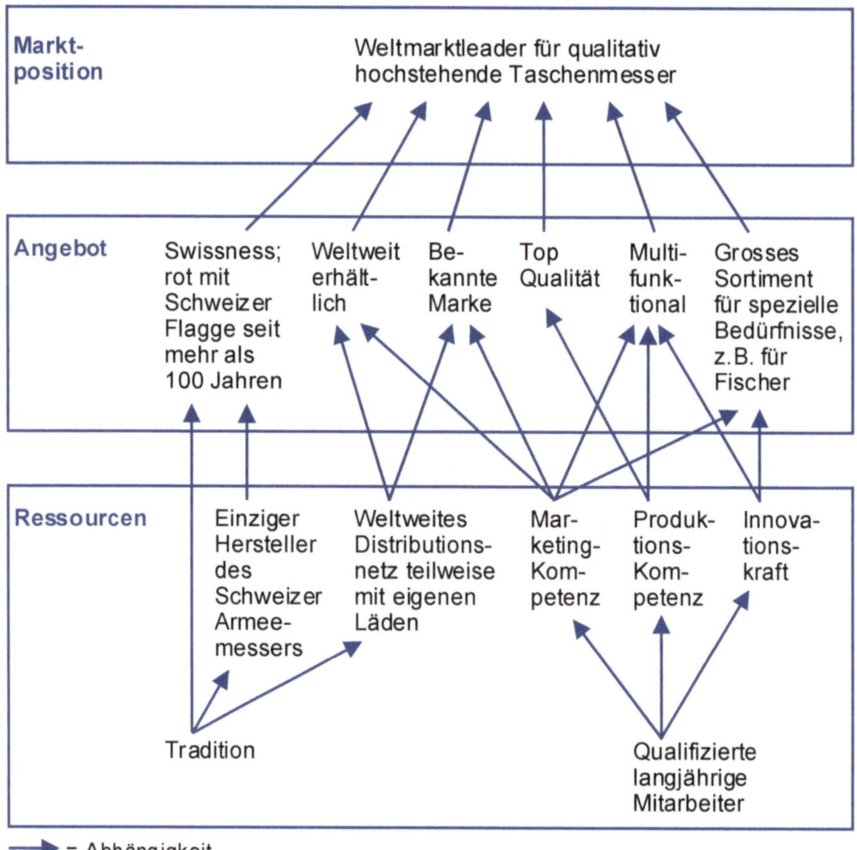

Abbildung 2.5: Netzwerk der Erfolgspotentiale eines schweizerischen Produzenten von Taschenmessern

Die Pfeile in Abbildung 2.4 und in Abbildung 2.5 zeigen die Abhängigkeiten zwischen den Erfolgspotentialen. Der Umstand, dass die Pfeile von unten nach oben verlaufen bedeutet jedoch nicht, dass die Festlegung der drei Kategorien von Erfolgspotentialen ebenfalls von unten nach oben erfolgt. Wie Vertiefungsfenster 2.1 zeigt, gibt es vielmehr zwei Möglichkeiten ihrer Festlegung.

Vertiefungsfenster 2.1: Outside-in und Inside-out Ansatz zur Festlegung von Erfolgspotentialen

Das Vertiefungsfenster basiert auf De Wit und Meyer (2010, S. 254 ff.)

Der Outside-in Ansatz basiert auf der Market-based View (vgl. Vertiefungsfenster 3.1). Er beginnt mit der Festlegung der Marktpositionsziele, leitet daraus die Wettbewerbsvorteile des Angebots ab und bestimmt zuletzt die dafür notwendigen Ressourcen. Der Outside-in Ansatz beginnt mit der Identifikation der zukünftigen Kundenbedürfnisse. Er entspricht damit einem in einer Marktwirtschaft vernünftigen Vorgehen.

Der Inside-out Ansatz geht auf die Ressource-based View (vgl. Vertiefungsfenster 3.1) zurück. Er beginnt mit der Erfassung der Stärken

Outside-in Ansatz

(1) Attraktive existierende oder angestrebte Marktpositionen

(2) Wettbewerbsvorteile des Angebotes, die abzusichern oder aufzubauen sind

(3) Wettbewerbsvorteile der Ressourcen, die abzusichern oder aufzubauen sind

Inside-out Ansatz

(3) Attraktive erreichbare Marktpositionen in neuen Märkten

(2) Vorteilhafte neue Angebote, die mit den existierenden Ressourcen aufbaubar sind

(1) Existierende Wettbewerbsvorteile der Ressourcen

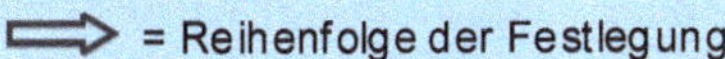

Outside-in und Inside-out Ansatz zur Festlegung der Erfolgspotentiale

auf der Ebene der Ressourcen. Darauf werden mögliche Erfolgspotentiale auf der Angebotsebene gesucht und evaluiert. Schliesslich sind Marktpositionen zu bestimmen, die mit den Angebotsvorteilen erreichbar erscheinen. Der Inside-out Ansatz wird gewählt, wenn Märkte zu suchen sind, die auf der Basis der vorhandenen Ressourcen erfolgsversprechend bearbeitet werden können. Diese Fragestellung ergibt sich, wenn das Unternehmen über seltene Ressourcen verfügt oder wenn wenig Investitionsmittel zur Verfügung stehen.

Die vorangehende **Abbildung** visualisiert die beiden Ansätze.

Neben Erfolgspotentialen existieren auch Misserfolgspotentiale. Es handelt sich dabei um unattraktive Marktpositionen, Wettbewerbsnachteile der Angebote und Wettbewerbsnachteile der Ressourcen. Ob es sich bei einem Merkmal um ein Erfolgspotential oder ein Misserfolgspotential handelt, ist situativ zu beurteilen. Die folgenden Beispiele sollen dies verdeutlichen:

- Ein Marktanteil von 7% ist ein Erfolgspotential, wenn der grösste Mitbewerber 5% Marktanteil hat und der Umsatz des Unternehmens primär in wachsenden Segmenten und Produktgruppen erzielt wird. 7% Marktanteil sind hingegen als Misserfolgspotential zu qualifizieren, wenn der grösste Konkurrent 35% Marktanteil hat und der eigene Umsatz in Marktsegmenten und Produktgruppen mit sinkender Bedeutung realisiert wird.
- Eine lange Lebensdauer ist z.B. für eine Werkzeugmaschine ein Wettbewerbsvorteil. Für ein Kleidungsstück muss dies hingegen nicht unbedingt zutreffen. Handelt es sich um einen Modeartikel, nützt die gute Qualität dem Käufer wenig, weil er das Kleidungsstück nach einer Saison auch dann in die Altkleidersammlung gibt, wenn es noch in gutem Zustand ist.
- Produktionskapazitäten sind nur wertvolle Ressourcen, wenn sie gut ausgelastet sind. Sie sind sogar sehr wertvoll, wenn eine Übernachfrage nach den auf ihnen gefertigten Produkten besteht und die Konkurrenz lange braucht, um gleichwertige Anlagen aufzubauen. Vorhandene Produktionseinrichtungen können hingegen im Falle grosser Überkapazitäten im Markt zu einem Misserfolgspotential werden, da sie Kapital binden, hohe Stückkosten verursachen und die strategische Flexibilität beschränken.

Eine Kombination des strategischen Dreiecks von Ohmae (1982) gemäss **Abbildung 2.6** und des ROM-Models erlaubt eine systematische Beurteilung der Erfolgspotentiale. Wie **Abbildung 2.7** zeigt, ergibt die Kombination sechs Beurteilungskriterien. Es handelt sich um grobe Kriterien. Sie werden in den Teilen II bis VII im Rahmen der einzelnen Fragestellungen konkretisiert. Um einen ersten Eindruck von ihrem praktischen Gebrauch zu vermitteln, werden die Kriterien in ihrer groben Form in **Praxisfenster 2.2** auf einen Produzenten von Spielkarten angewendet.

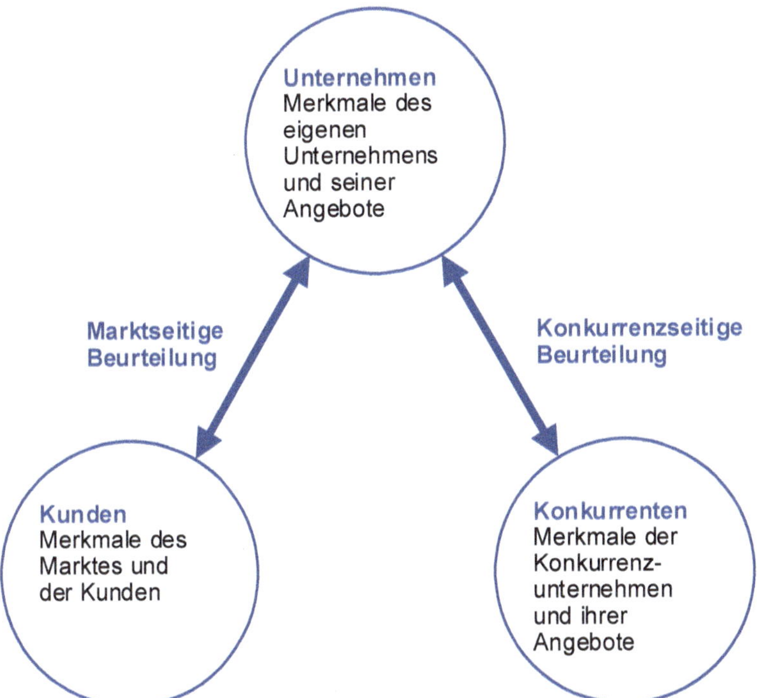

Abbildung 2.6: Das strategische Dreieck von Ohmae
(in Anlehnung an Ohmae, 1982)

Erfolgspotentiale \ Kriterienarten	**Marktseitige Beurteilung**	**Konkurrenzseitige Beurteilung**
Marktpositionen	Beurteilung der Attraktivität des bearbeiteten Marktes	Beurteilung der Stärke der erreichten oder erreichbaren Marktposition
Angebote	Beurteilung der Merkmale des Angebots zur Deckung der Kundenbedürfnisse	Beurteilung der Stärken des eigenen Angebotes im Vergleich zur Konkurrenz
Ressourcen	Beurteilung der Eignung der Ressourcen, Kundennutzen zu stiften	Beurteilung der Einzigartigkeit und Dauerhaftigkeit der Ressourcenvorteile

Abbildung 2.7: Kriterien zur Beurteilung von Erfolgspotentialen

Praxisfenster 2.2: Beurteilung der Erfolgspotentiale eines Spielkartenproduzenten

Die Spielkarten AG ist eine kleine Firma in der Ostschweiz. Sie verfügt bei einem beschränkten Umsatz von ca. CHF 30 Mio. über ein breites Sortiment. Das Angebot umfass drei Produktgruppen:

- Jacquardpapier für Webereien
- Spiele und Spielkarten für Kinder und Erwachsene
- Tarotkarten und esoterische Literatur für eine enge aber wachsende Zielgruppe

Die Produkte werden, mit Ausnahme gewisser Spiele und der Esoterikbücher, in eigenen Produktionsstätten hergestellt.

Vor einigen Jahren wurde das Unternehmen von einer Gruppe übernommen. In den ersten Jahren nach der Übernahme erwirtschaftete die Spielkarten AG bei steigendem Umsatz ansehnliche Gewinne. Dann änderte sich das Bild jedoch. Die Spielkarten AG geriet zeitweilig in die roten Zahlen, was im Wesentlichen auf Umsatzstagnation in zwei der drei Produktegruppen, aber auch auf steigende Produktionskosten zurückzuführen war. Die alarmierte Gruppenleitung beschloss, die Unternehmensstrategie der Spielkarten AG zu überprüfen:

- Auf der Ebene der Marktpositionen war die Frage zu beantworten, welche der drei Produktgruppen künftig gefördert, gehalten oder aufgegeben werden sollten. Zu diesem Zweck war einerseits die Attraktivität der Märkte zu bewerten. Andererseits musste überprüft werden, ob in den einzelnen Märkten eine Chance bestand, einen genügend grossen Marktanteil zu erreichen.
- Auf der Ebene der Wettbewerbsvorteile des Angebotes wurden die drei Produktgruppen ebenfalls separat beurteilt. Ausgehend von dieser Beurteilung der realisierten Erfolgspotentiale waren Möglichkeiten zum Aufbau von Wettbewerbsvorteilen und zur Eliminierung von Wettbewerbsnachteilen zu suchen und zu beurteilen.
- Jeweils in enger Verbindung zu den Überlegungen auf der Angebotsebene wurden auf der Ebene der Ressourcen Kapazitäten und Fähigkeiten wiederum separat pro Produktgruppe analysiert. Dabei interessierte die Eignung der existierenden und aufbaubaren Ressourcen als Basis der Angebotsvorteile. Zudem waren die Ressourcenstärken im Hinblick auf ihre Dauerhaftigkeit und Verteidigbarkeit zu beurteilen. Bei den strategischen Ressourcenschwächen ging es um die Frage, ob diese angesichts der beschränkten Mittel der Firma abbaubar waren oder ob man mit ihnen leben musste.

Die Analyse führte zum Ausstieg aus der Produktgruppe „Jacquardpapier für Webereien“. Damit verbunden nahm der Anteil der selber hergestellten Produkte stark ab und es mussten Mitarbeiter abgebaut werden. Die Profitabilität kehrte hingegen auf das alte Niveau zurück.

3 Entwicklung der strategischen Planung und ihre Einordnung in das strategische Management

3.1 Entwicklung der strategischen Planung

Einen Überblick über die Entstehung und Entwicklung der strategischen Planung vermittelt **Abbildung 3.1**. Wie ihr entnommen werden kann, lassen sich eine Vorstufe und vier Phasen unterscheiden.

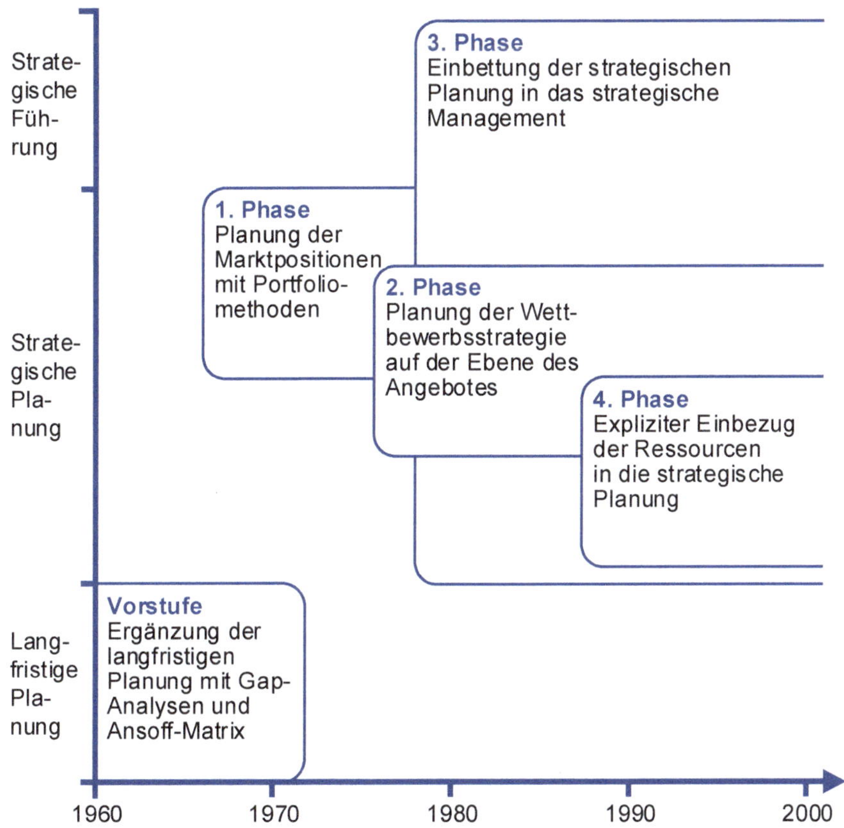

Abbildung 3.1: Entwicklung der strategischen Planung

Bis Ende der fünfziger Jahre des 20. Jahrhunderts basierte die mehrjährige Planung primär auf einer Extrapolation bisheriger Entwicklungen.

Die in den sechziger und frühen siebziger Jahren anschliessende Vorstufe der strategischen Planung beruht ebenfalls auf Trendextrapolationen. Sie schlägt jedoch eine „strategischere" Interpretation der erwarteten Entwicklungen vor. Die Trendextrapolationen werden neu dafür verwendet, Lücken (Gaps) zwischen dem erwarteten Umsatz und dem zur Erreichung der Gewinnziele nötigen Umsatz zu prognostizieren. **Abbildung 3.2** zeigt ein Beispiel einer solchen Gap-Analyse. Wie die Abbildung zeigt, wird der Umsatz der existierenden Produkte unter der Annahme eines Marktlebenszyklus (vgl. Vertiefungsfenster 10.1) mit sinkenden Umsätzen in den späteren Phasen prognostiziert. Er wird um den erwarteten Umsatz mit Produkten in Entwicklung erhöht. Ausgehend vom Umsatzziel kann der Umsatz-Gap für den Analysehorizont ermittelt werden.

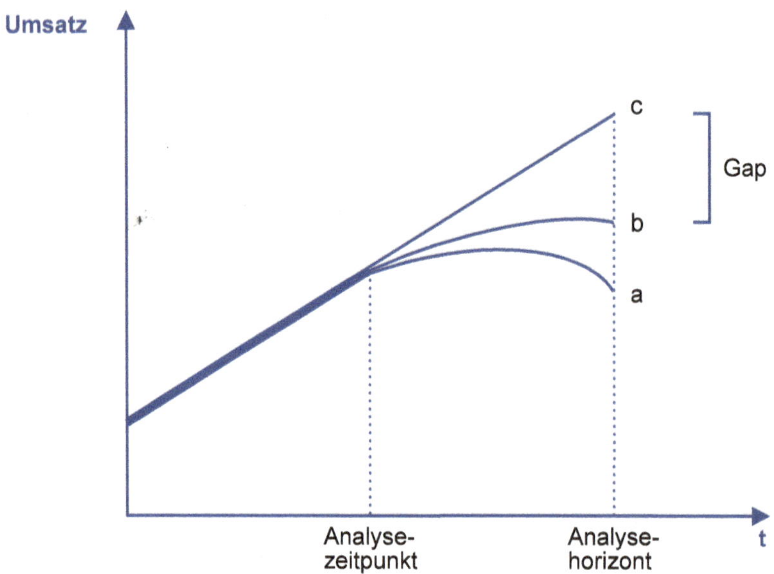

▬ = effektive Entwicklung
— = prognostizierte Entwicklung
a = mit den existierenden Produkten erreichbare Entwicklung
b = mit den existierenden und den sich in Entwicklung befindenden Produkten erreichbare Entwicklung
c = gewünschte Entwicklung

Abbildung 3.2: Gap-Analyse

Die Ansoff-Matrix gemäss **Abbildung 3.3** vervollständigte die Gap-Analyse. Sie erlaubte auf systematische Art, Möglichkeiten zur Überbrückung des Gaps zu finden (vgl. Ansoff, 1965, S. 127 ff.). Eine differenzierte Version der Ansoff-Matrix wird in Abschnitt 12.3 eigeführt und erklärt.

Märkte / Produkte	**Bearbeitete Märkte**	**Neue Märkte**
Existierende Produkte	Bessere Marktpenetration	Marktdiversifikation
Neue Produkte	Produktdiversifikation	Laterale Diversifikation

Abbildung 3.3: Ansoff-Matrix
(in Anlehnung an Ansoff, 1965, S. 99)

Eine strategische Planung, die sich mit den zukünftigen Erfolgspotentialen (vgl. Kapitel 2) beschäftigt, entsteht erst um ca. 1970 mit der Entwicklung der Portfoliomethoden. Unternehmensberatungsfirmen wie Boston Consulting Group und McKinsey beginnen, die Aktivitäten von diversifizierten Unternehmen analog zu Wertschriften-Portfolios zu interpretieren. Entsprechend bezeichnen sie die Ansätze als Portfoliomethoden. Die Aktivitäten resp. Geschäfte werden in der Portfolioanalyse aufgrund ihrer Marktattraktivität und ihrer Wettbewerbsstärke beurteilt (vgl. Hedley, 1977; Henderson, 1970). Im Zentrum der Portfoliomethoden stehen die Marktpositionen und damit die oberste Ebene des ROM-Modells (vgl. Abschnitt 2.3).

Die Portfoliomethoden erlauben die Definition strategischer Geschäftsziele und eine strategiegerechte Zuteilung der finanziellen Ressourcen zu den Geschäften. Sie sagen jedoch nichts darüber aus, wie ein Geschäft seine Ziele erreichen und die ihm zugeteilten Mittel einsetzen soll. Zudem geben die Portfoliomethoden der grossen Zahl von Unternehmen, die sich auf ein Tätigkeitsgebiet und einen Absatzmarkt konzentrieren, keinerlei Hilfestellung für die Planung ihrer Strategie. Diese offensichtliche Lücke wird in der 2. Phase der Entwicklung der strategischen Planung geschlossen. 1980 publizierte Porter sein Buch „Competitive Strategy“ und löste damit in Wissenschaft und Praxis grosses Echo aus. Das Buch beschäftigt sich mit der Wettbewerbsstrategie eines Geschäftes und zeigt, dass Geschäfte in der Regel nur erfolgreich sind, wenn sie sich über eine klare Wettbewerbsstrategie (Competitive strategy) im Markt eindeutig positionieren. Die Überlegungen Porters konzentrieren sich auf die Wettbewerbsvorteile des Angebotes und damit auf die zweite Ebene des ROM-Modells (vgl. Abschnitt 2.3).

Die 3. Phase der Entwicklung der strategischen Planung wird durch eine Ausweitung der Perspektive eingeleitet. Seit der Publikation von Ansoff et al. (1976) „From Strategic Planning to Strategic Management" tragen Bücher und Artikel häufiger den Titel „Strategisches Management" als „Strategische Planung". Neben der Erarbeitung von Strategien werden neu auch die Probleme der Implementierung und der Kontrolle behandelt. Diese Erweiterung des Blickwinkels erfolgte aus der Erkenntnis heraus, dass die besten beabsichtigten Strategien nichts nützen, wenn sie schlecht umgesetzt werden oder wenn sie wegen nicht erkannter Umfeldveränderungen die Weiterentwicklung des Unternehmens in die falsche Richtung lenken.

Das vorliegende Buch konzentriert sich auf die strategische Planung und nimmt damit die Gedanken der 3. Phase nicht auf. Damit wird die Bedeutung der Strategieimplementierung und der strategischen Kontrolle in keiner Art und Weise in Frage gestellt. Aber die strategische Planung ist nach Auffassung der Verfasser klar die wichtigste Aufgabe des strategischen Managements, weil in ihr die zukünftige Entwicklungsrichtung des Unternehmens festgelegt wird. Um die Gedanken der 3. Phase nicht völlig auszuklammern, werden sie im nachfolgenden Abschnitt 3.2 zusammengefasst.

Implizit wird bereits in der 1. und 2. Entwicklungsphase bei der Festlegung der Marktpositionsziele und der Angebotsvorteile auf die Ressourcenausstattung Rücksicht genommen. In den 90er Jahren beginnt dann auf der Basis von Überlegungen von Barney (1991) der explizite Einbezug der Unternehmensressourcen in die strategische Analyse und Planung und damit die 4. Phase der Entwicklung der strategischen Planung. Sie fokussiert auf die Wettbewerbsvorteile der Ressourcen und damit auf die unterste Ebene des ROM-Modells (vgl. Abschnitt 2.3).

Die Ressourcen werden weit verstanden. Wie **Abbildung 3.4** zeigt, lassen sich fünf Kategorien unterscheiden. Die in der Abbildung aufgeführten Beispiele sollen nur die Vielfalt zeigen und erheben keinen Anspruch auf Vollständigkeit.

Tangible Assets
- Produktionsanlagen, Logistikeinrichtungen, EDV-Hardware etc.
- Finanzielle Ressourcen wie liquide Mittel und Kreditlimiten

Intangible Assets
- Informationen und Rechte wie Daten, Marken, Patente, Lizenzen und Verträge
- Image des Unternehmensnamens und der Marken
- Ruf der Firma bei Lieferanten, Banken etc.
- Qualität und Grösse des Kundenstammes

Prozesse

Produktionsprozess, Entwicklungsprozess etc.

Individuelle Humanressourcen
- Wissen und Können von Führungskräften und Mitarbeitern
- Motivation von Führungskräften and Mitarbeitern

Kollektive Humanressourcen
- Merkmale der Unternehmenskultur
- Primäre Kompetenzen wie Qualitätskompetenz, Beschaffungskompetenz und Marketingkompetenz
- Metakompetenzen wie Innovationsfähigkeit, Kooperationsfähigkeit und Wandlungsfähigkeit

Abbildung 3.4: Arten von Ressourcen

Strategisch wertvolle Ressourcen erfüllen das Akronym „VRIO". Es setzt sich aus den Anfangsbuchstaben der Wörter „Value", „Rarity", „Immitability" und „Organization" zusammen (vgl. Barney, 1991, S. 99 ff.; Barney/Hesterly, 2012, S. 119 ff.; Bresser, 2010, S. 77 ff.):

- Eine strategisch wertvolle Ressource muss erstens ermöglichen, Chancen zu nutzen und/oder Gefahren abzuwenden. Einfach beschaffbare oder rasch aufbaubare Ressourcen sind dazu in der Regel nicht in der Lage.
- Strategisch wertvolle Ressourcen sollten deshalb zweitens knapp sein und nur einem Teil der Konkurrenten zur Verfügung stehen. Im Extremfall verfügt nur ein einziges Unternehmen über die strategisch wertvolle Ressource. Sie ist damit einzigartig. Typische Beispiele für einzigartige Ressourcen sind weltbekannte Marken wie Apple, Coca-Cola und Rolex.

- Die dritte Bedingung einer wertvollen Ressource ist ihr Schutz vor Imitierbarkeit und Substitutierbarkeit. Diese Bedingung ist vor allem dann erfüllt, wenn eine Ressource das Ergebnis einer langen Geschichte oder des Zusammenwirkens vieler „weicher" Faktoren bildet.
- Schliesslich ist eine Ressource für das Unternehmen nur dann wertvoll, wenn sie gut in die Organisation eingebunden werden kann.

Die Weiterentwicklung der strategischen Planung nach der Phase 4 lässt sich noch nicht mit Sicherheit sagen. Es zeichnet sich jedoch eine steigende Bedeutung von Ansätzen für die Erarbeitung von Innovationen und disruptiven Geschäftsmodellen ab (vgl. Müller-Stewens, 2016, S. 332 ff.).

Die Phase 2 ist stark durch den theoretischen Ansatz der Market-based View geprägt. Hinter der Phase 4 steht der theoretische Ansatz der Resource-based View. **Vertiefungsfenster 3.1** stellt die beiden zentralen Theorien des strategischen Erfolges vor.

Vertiefungsfenster 3.1: Market-based View und Resource-based View

Es gibt zur Erklärung des strategischen Erfolges zwei zentrale theoretische Ansätze. Sie prägen einerseits die Planungspraxis, da sie zur Entwicklung verschiedener Analyse- und Planungsmethoden beigetragen haben. Andererseits dienen die beiden theoretischen Ansätze als Grundlage für zahlreiche empirische Untersuchungen.

Der Ansatz der Market-based View hat seinen Ursprung in der Industrieökonomik (vgl. Bain, 1959) und ist stark durch Porter (1980) geprägt. Er lässt sich durch das Structure-Conduct-Performance Paradigma einfach zusammenfassen:

- Jede Branche verfügt über eine spezifische Marktstruktur (Structure). So stehen beispielsweise die schweizerischen Viehzüchter wenigen grossen Abnehmern, insbesondere den Schlachtbetrieben der Grossverteiler, gegenüber.
- Die Struktur übt starken Einfluss auf das Wettbewerbsverhalten (Conduct) der Anbieter aus. Die Viehzüchter konzentrieren sich in

der Regel auf einen Abnehmer. Dessen Zuchtvorschriften werden strikt befolgt, um Preisabzüge, z.B. wegen Verletzung von Ernährungsbestimmungen, zu vermeiden.

- Schliesslich bestimmen Struktur und Wettbewerbsverhalten gemeinsam den Erfolg (Performance) eines Anbieters. Dieser hängt unter Umständen stärker von strukturellen Gegebenheiten als vom Wettbewerbsverhalten ab. Dies gilt auch für das gewählte Beispiel der Viehzüchter. Wenn eine grössere Zahl von kleinen Anbietern ein weitgehend standardisiertes Produkt wie Schlachttiere an wenige grosse Abnehmer verkauft, stellen gedrückte Gewinnmargen keine Überraschung dar.

Die Resource-based View basiert wesentlich auf Arbeiten von Rumelt (1984), Wernerfelt (1984) und vor allem Barney (1986 und 1991). Das Resource-Conduct-Performance Paradigma fasst sie zusammen:

- Die Basis des strategischen Erfolges bilden die Ressourcen (Resources) des Unternehmens. Diese entstehen über längere Zeit hinweg oder werden bewusst durch entsprechende Investitionen aufgebaut. Strategisch wertvoll sind knappe Ressourcen, die von der Konkurrenz nicht einfach imitiert werden können und die Nutzung von Chancen ermöglichen. Ein Beispiel sind Verkaufsflächen in Bahnhöfen. Sie sind begrenzt und lassen sich durch langfristige Mietverträge schützen. Verfügt ein Retailer über diese Flächen, kann er damit die wachsenden Pendlerströme optimal bedienen.
- Die Ressourcen werden genutzt, um Produkte und Dienstleistungen zu erstellen (Conduct), die sich von den Konkurrenzangeboten abheben und die deshalb vorteilhafte Marktpositionen erobern können. Die Nutzung der Verkaufsflächen orientiert sich an den Bedürfnissen der Pendler. Während Jahrzehnten wurden vor allem Kioske betrieben. Da das klassische Kiosksortiment gegenüber Verpflegungsangeboten an Bedeutung verliert, werden viele Kioske durch Convenience-Shops ersetzt.
- Der Erfolg (Performance) ist das Resultat der Wettbewerbsvorteile auf der Ebene der Ressourcen und der darauf aufbauenden Wettbewerbsvorteile beim Angebot. Wenn die strategisch wertvolle Ressource der Verkaufsflächen in Bahnhöfen genutzt wird um die wichtigsten Pendlerbedürfnisse zu befriedigen, kann der Erfolg nicht ausbleiben.

Die nachfolgende **Abbildung** fasst die beiden Paradigmen zusammen.

Market-based View: Structure-Conduct-Performance Paradigma	**Resource-based View: Resources-Conduct-Performance Paradigma**
Structure Durch den Aufbau von Geschäften wählen Firmen Branchen und strategische Gruppen. Ihre Struktur definiert die Möglichkeiten der Erfolgserzielung.	**Resources** Unternehmen gelangen aufgrund ihrer Entwicklung, durch glückliche Zufälle oder durch gezieltes Vorgehen zu Ressourcen.
↓	↓
Conduct Die Firmen nutzen die Möglichkeiten der Branchen und der strategischen Gruppen durch Aufbau eines Angebotes und der notwendigen Ressourcen.	**Conduct** Die Ressourcen werden zum Aufbau bedürfnisgerechter Angebote für bestimmte Märkte oder Teilmärkte genutzt.
↓	↓
Performance Langfristige Erfolgsunterschiede erklären sich aufgrund der Attraktivität von Branche und strategischer Gruppe sowie der realisierten Angebote.	**Performance** Langfristige Erfolgsunterschiede erklären sich aufgrund der Ressourcen und ihrer Nutzung zur Gestaltung bedürfnisgerechter Angebote.

Die Paradigmen der Market-based-View und der Resource-based-View

Empirische Untersuchungen haben gezeigt, dass beide Modelle einen Beitrag zur Erklärung des strategischen Erfolges leisten (vgl. z.B. Bresser, 2010, S. 44 ff.; Crook et al., 2008, S. 1141 ff.; Newbert, 2007, S. 121 ff.).

3.2 Einordnung der strategischen Planung in das strategische Management

Wie in der 3. Entwicklungsphase erkannt, ist die strategische Planung nicht isoliert zu sehen. Sie bildet neben der Strategieimplementierung und der strategischen Kontrolle eine der drei Aufgaben des strategischen Managements (vgl. Coulter, 2010, S. 6 ff.).

Die drei Aufgaben des strategischen Managements lassen sich als Teile eines Prozesses verstehen. Die strategische Planung bestimmt die Vorgaben für die langfristige Unternehmensentwicklung und bildet damit die Grundlage für die Strategieimplementierung. Im Rahmen der strategischen Kontrolle wird einerseits die Realisierung der Strategien überwacht. Soll-Ist-Abweichungen bewirken eine Korrektur der Implementierungsmassnahmen und in gravierenden Fällen auch der Strategien. Andererseits wird überprüft, ob die Realität mit den Prämissen bezüglich des Umfeldes und der Unternehmenssituation übereinstimmt. Das Entdecken von Diskrepanzen zwischen den realen Entwicklungen und den Planungsprämissen führt zu einer Revision der Strategien.

Obschon die drei Aufgaben der strategischen Führung Teile eines Prozesses darstellen, laufen sie nicht zeitlich hintereinander ab, sondern überlappen sich. Die Strategieimplementierung und die strategische Kontrolle sind kontinuierliche Aktivitäten. Die zeitliche Überschneidung führt zu Wechselwirkungen zwischen den drei Aufgabenblöcken.

Auch zwischen der strategischen und der operativen Führung erweist es sich als schwierig, eine klare Abgrenzung vorzunehmen. Die strategische Planung basiert auf speziellen Methoden und lässt sich von der mittel- und kurzfristigen Planung klar unterscheiden. Diese Trennung lässt sich bei der Strategieimplementierung und der strategischen Kontrolle nicht so eindeutig vollziehen. Für die Erfüllung dieser beiden Aufgaben existieren nur wenige Methoden, die spezifisch der strategischen Ebene zuzuordnen sind.

Abbildung 3.5 fasst die bisherigen Ausführungen graphisch zusammen.

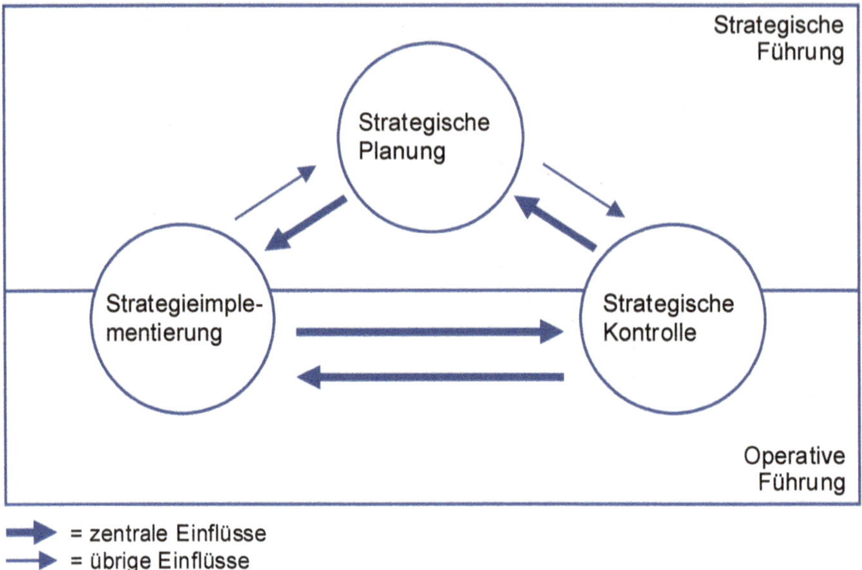

Abbildung 3.5: Aufgaben der strategischen Führung

Wie die Abbildung zeigt, kommt der strategischen Planung eine Schlüsselrolle zu. Sie erfolgt im Gegensatz zu den beiden anderen Aufgaben des strategischen Managements weitgehend losgelöst von der operativen Führung des Tagesgeschäfts.

Die Strategieimplementierung umfasst einerseits direkt aus den strategischen Vorgaben ableitbare Realisationsmassnahmen. Dazu gehören bei einer Expansionsstrategie z.B. die Erschliessung neuer geographischer Märkte, die Entwicklung exporttauglicher Produkte und die Vergrösserung der Produktionskapazitäten. Die Strategieimplementierung beinhaltet andererseits häufig auch Massnahmen zur Optimierung der Führung und zur Entwicklung des Personals.

Die strategische Kontrolle umfasst zwei Teilaufgaben (vgl. Steinmann/Schreyögg, 2005, S. 279 ff.):

- Die Realisations- und Wirkungskontrolle verfolgt die Implementierung der Strategien und der strategischen Projektpläne.
- Mit Scanning und Monitoring (vgl. Volberta et al., 2011, S. 53 ff.) ist zu prüfen, ob sich das Unternehmensumfeld entsprechend den hinter den Strategien stehenden Annahmen entwickelt. Das Scanning erfüllt

diese Aufgabe über eine ganzheitliche und qualitative Beobachtung des Umfelds. Das Monitoring definiert und beobachtet Variablen, deren Veränderungen auf Chancen oder Gefahren hinweisen.

4 Strategische Dokumente

4.1 Kategorien strategischer Dokumente

Im Kapitel 2 wurden beabsichtigte Strategien als langfristige Vorgaben zum Aufbau oder zur Sicherung der zukünftigen Erfolgspotentiale definiert. Sie erfolgen im Allgemeinen schriftlich in Form von Dokumenten, die als Führungsinstrumente dienen.

Normalerweise verwenden Unternehmen mehrere Dokumente, um ihre strategischen Vorgaben festzuhalten. Hofer und Schendel (1978, S. 27 ff.) schlagen vier Kategorien von strategischen Führungsdokumenten vor:

- Leitbilder (Mission statements)
- Gesamtstrategien (Corporate strategies)
- Geschäftsstrategien (Business strategies)
- Funktionale Strategien (Functional strategies)

Die Unterscheidung hat sich weitgehend durchgesetzt und wird deshalb übernommen. Mit den strategischen Projektplänen wird jedoch eine fünfte Kategorie von strategischen Führungsdokumenten eingeführt. Sie bilden die Basis der Umsetzung der geplanten Strategien.

Abbildung 4.1 bietet einen groben Überblick über die fünf Kategorien von strategischen Führungsdokumenten.

Das Leitbild bietet die obersten Werte und Ziele des Unternehmens vor. Es bildet damit den normativen Orientierungsrahmen für die Strategien. Die Erarbeitung oder Überarbeitung des Leitbilds wird in Kapitel 6 behandelt.

Gesamtstrategien beziehen sich auf das Unternehmen als Ganzes. Sie bestimmen die zukünftigen Tätigkeitsbereiche des Unternehmens. Im Zentrum stehen die angestrebten Marktpositionen der Geschäfte und damit die oberste Ebene des ROM-Modells (vgl. Abschnitt 2.3). Entsprechend der zentralen Bedeutung der Gesamtstrategie werden ihr Inhalt

Dokumente / Inhalte	Leitbild	Gesamtstrategie	Geschäftsstrategie	Funktionale Strategie	Strategischer Projektplan
Oberste Werte und Ziele	***				
Marktpositionen	*	***	***	*	*
Wettbewerbsvorteile der Angebote		*	***	*	*
Wettbewerbsvorteile der Ressourcen		*	***	***	*
Messbare Ziele		***	***	***	***
Massnahmen		*	*	*	***
Investitionen		*	*	*	***

*** = Hauptinhalte
* = Mögliche weitere Inhalte

Abbildung 4.1: Grobe Umschreibung der Kategorien von strategischen Dokumenten

und ihre Erarbeitung in Teil IV des Buches ausführlich dargestellt. Die Definition der aktuellen strategischen Geschäfte, die eine wichtige Grundlage der Gesamtstrategie bildet, wird in Kapitel 7 erläutert.

Eine Geschäftsstrategie konkretisiert die in der Gesamtstrategie vorgegebenen Marktpositionsziele. Sie bestimmt zudem die zu ihrer Erreichung notwendigen Wettbewerbsvorteile des Angebotes und der Ressourcen. Eine Geschäftsstrategie deckt damit alle drei Ebenen des

ROM-Modells (vgl. Abschnitt 2.3) ab. Die Geschäftsstrategien werden in Teil VI des Buches detailliert vorgestellt.

Funktionale Strategien werden für Funktionen erstellt, die für den nachhaltigen Erfolg des Unternehmens eine grosse Bedeutung haben und deshalb strategische Erfolgspotentiale darstellen. Funktionale Strategien sind vielfach geschäftsübergreifend. Als typische Beispiele lassen sich etwa IT-Strategien für Banken und Logistikstrategien für Handelsunternehmen anführen. Funktionale Strategien dienen der Optimierung der Prozesse und des Ressourceneinsatzes und betreffen damit die unterste Ebene des ROM-Modells (vgl. Abschnitt 2.3). Sofern die Aufgabe für mehrere strategische Geschäfte gemeinsam wahrgenommen wird, kommt der Synergienutzung eine grosse Bedeutung zu. Die funktionalen Strategien werden in Kapitel 24 erörtert.

Strategische Projektpläne werden im Zusammenhang mit der Erarbeitung von Gesamtstrategien, Geschäftsstrategien und funktionalen Strategien erstellt und dienen der Konkretisierung dieser Strategien. Das inhaltliche Schwergewicht der strategischen Projekte liegt auf den geplanten Massnahmen und den notwendigen Investitionen. Sie verknüpfen die strategischen Absichten mit den konkreten Realisierungsschritten und übernehmen damit eine Scharnierfunktion. Die strategischen Projektpläne werden in zwei Kapiteln behandelt: Kapitel 14 erörtert Projekte zur Umsetzung von Gesamtstrategien und Kapitel 23 diskutiert die Projekte zur Realisierung von Geschäftsstrategien.

4.2 Unternehmensspezifische Kombination der strategischen Dokumente

In der Praxis werden normalerweise mehrere strategische Dokumente kombiniert eingesetzt. **Abbildung 4.2** zeigt die strategischen Dokumente eines schweizerischen Investitionsgüterhändlers:

- Im Leitbild sind die obersten Werte und Ziele der Eigentümer festgehalten.
- Die Gesamtstrategie definiert für die drei Sparten die Marktziele und gibt ihre Investitionsbudgets grob vor. Sie thematisiert zudem die Er-

weiterung der Konzerntätigkeit durch den Aufbau einer weiteren Sparte.

- Zentrale Bedeutung haben die Geschäftsstrategien der Sparten. Sie beinhalten alle drei Ebenen des ROM-Modells und enthalten damit eine detaillierte Umschreibung der angestrebten Marktposition, der Wettbewerbsvorteile des Angebotes und der Wettbewerbsvorteile der Ressourcen.
- Das Unternehmen besitzt ein zentrales IT-System. Die funktionale IT-Strategie macht deshalb nicht nur für die IT-Verantwortlichen, sondern auch für die drei Handelssparten Vorgaben.
- Die rasche Belieferung und eine grosse Auswahl an Sorten und Abmessungen sind die zwei zentralen Erfolgsfaktoren der Sparte „Buntstahl". Um eine genügende Lieferbereitschaft bei minimalem Lagerbestand sicherzustellen, verfügt die Sparte „Buntstahl" über eine funktionale Strategie, welche die Logistik regelt.
- Aus jeder Strategie lassen sich Projektpläne ableiten. Das Spektrum möglicher Projektpläne ist gross und kann nur mit einigen Beispielen illustriert werden. Aus der Gesamtstrategie ergibt sich das strategische Projekt der Akquisition eines Grosshändlers in einer anderen Investitionsgüterbranche. Ein Projekt der Division „Pumpen" betrifft die Übernahme und Integration eines Westschweizer Händlers, der bisher von der Division beliefert wurde und vor einem Nachfolgeproblem steht. Aus der Logistikstrategie der Sparte „Buntstahl" folgt das Projekt der Zusammenlegung von zwei Regionallagern. In der Division „Lastwagen" gibt es ein Projekt zur Akquisition einer zusätzlichen Vertretung.

Das Beispiel zeigt ein kohärentes System von strategischen Dokumenten. Die Führungsdokumente ergänzen sich und erzeugen dadurch positive Synergien. Dies ist in der Praxis nicht immer der Fall. Vor allem in grossen, dezentral geführten Unternehmen kann es vorkommen, dass sich die Dokumente überschneiden oder dass Widersprüche zwischen ihnen bestehen. Dies schafft nicht nur negative Synergien auf der Sachebene, sondern beeinträchtigt erfahrungsgemäss auch die Motivation der Führungskräfte, die mit der Erstellung und Implementierung von Strategien betraut sind.

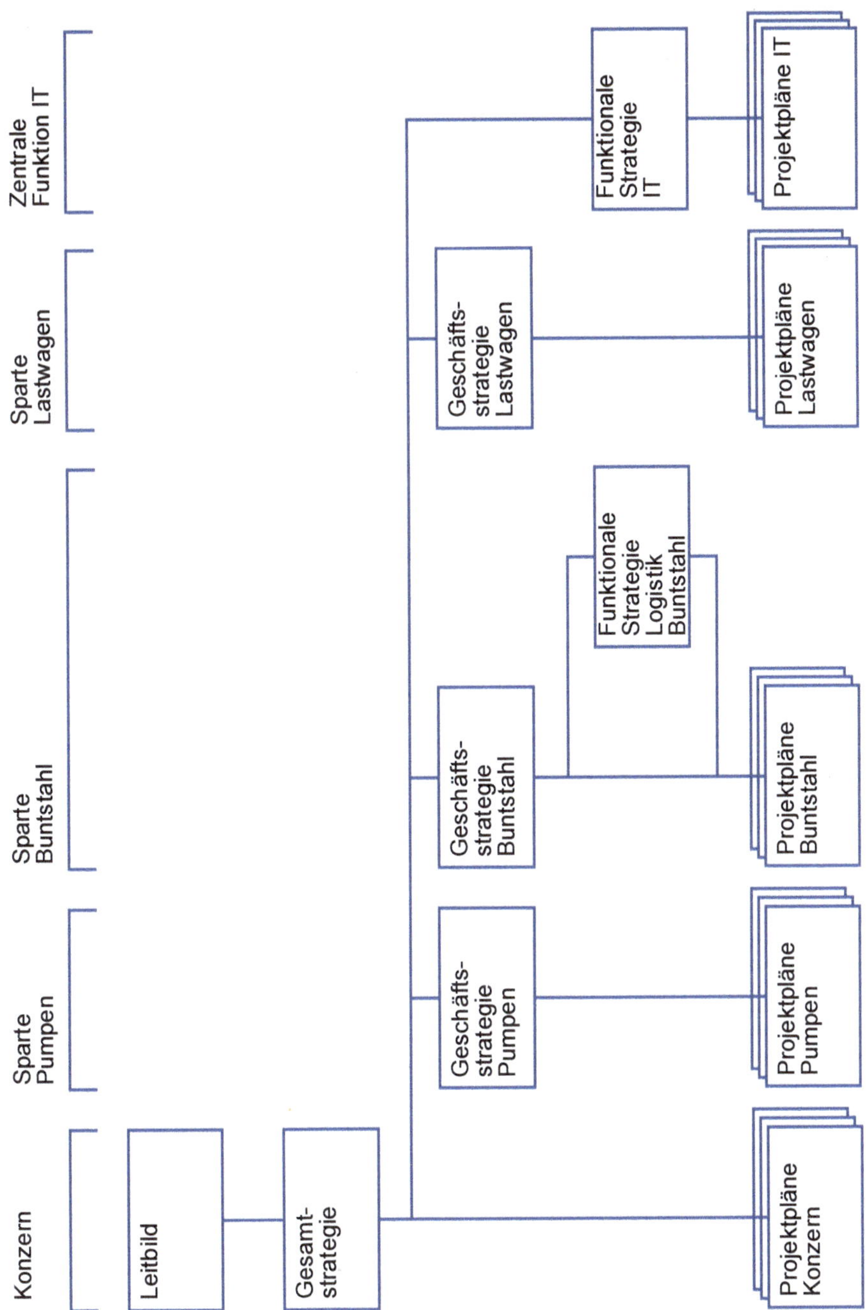

Abbildung 4.2: Strategische Dokumente eines Investitionsgüterhändlers

5 Strategieplanungsprozess

5.1 Grundlagen

Das Umfeld der Unternehmen lässt sich treffend durch das Akronym VUCA (volatility, uncertainty, complexity, ambiguity) zusammenfassen (vgl. Mack et al., 2016). Entsprechend sind verlässliche Prognosen und langfristige Planungen schwierig. Trotzdem vertreten die Verfasser, wie bereits in Abschnitt 2.2 dargelegt, eine synoptische Planungslogik und schlagen zur Erarbeitung von Strategien ein systematisches Vorgehen vor:

- Prognoseschwierigkeiten kann man nicht begegnen, indem man auf Analysen und Planungen verzichtet. Unabhängig vom Vorhandensein einer geplanten Strategie müssen Unternehmen in Ressourcen investieren. Diese Investitionen legen die Wettbewerbsposition des Unternehmens langfristig fest. Die mit isolierten Investitionsentscheidungen verbundenen Risiken erscheinen den Verfassern erheblich grösser als die Risiken einer auf unsicheren Prognosen aufbauenden strategischen Planung.
- Strategische Vorgaben stehen nicht im Gegensatz zu raschen und flexiblen Entscheidungen. Im Gegenteil, richtig verstandene und unbürokratisch angewandte Strategien verbessern im Allgemeinen die Qualität situativer Entscheidungen. Strategien können verhindern, dass man unbewusst in wenig Erfolg versprechende Märkte „hineinschlittert" oder durch das Aufgreifen vieler, aber wenig kohärenter neuer Ideen die beschränkten Ressourcen zersplittert. Eine hohe Marktdynamik ändert nichts an der Tatsache, dass es klare Vorstellungen braucht, um Wettbewerbsvorteile aufzubauen und zu verteidigen.

Der vorgeschlagene Prozess der strategischen Planung basiert im Wesentlichen auf fünf Grundlagen:

- Studien zum des strategischen Erfolg wie z.B. das PIMS-Programm gemäss Vertiefungsfenster 10.4
- Überlegungen zur Beurteilung von Erfolgspotentialen gemäss Abschnitt 2.3
- in der Literatur empfohlene Verfahren zur strategischen Planung
- heuristische Prinzipien gemäss **Vertiefungsfenster 5.1**
- Erfahrungen der Autoren als Strategieberater

Vertiefungsfenster 5.1: Heuristische Prinzipien und ihre Anwendung im Strategieplanungsprozess

Das in diesem Buch vorgeschlagene Verfahren der strategischen Planung nutzt im Wesentlichen drei heuristische Prinzipien. Sie werden nachfolgend kurz beschrieben und es wird gezeigt, wie sie im Planungsprozess zur Anwendung kommen.

Die heuristische Regel der Faktorisation (vgl. March/Simon, 1958, S. 193) schlägt vor, die Lösung eines komplexen Entscheidungsproblems durch seine Zerlegung in nacheinander oder parallel zu bewältigende Teilprobleme zu erleichtern. Mit der Aufteilung des Problems der Strategieplanung in Schritte und Unterschritte wird dieses Prinzip intensiv angewendet.

Das Prinzip der Modellbildung (vgl. Klix, 1971, S. 724) verlangt, dass die Teilprobleme so abgegrenzt werden, dass zu ihrer Lösung bekannte und erprobte Methoden zur Verfügung stehen. Dieses Prinzip wird insbesondere bei der Aufteilung der Schritte in Unterschritte angewendet: Die Aufgabenstellungen der Unterschritte sind so umschrieben, dass zu ihrer Bewältigung auf bewährte Analyse- und Planungstools zurückgegriffen werden kann.

Das Prinzip der beschränkten Rationalität (vgl. Simon, 1966, S. 19) verzichtet auf die Suche von optimalen Lösungen und strebt stattdessen befriedigende Lösungen an. Das Prinzip wird in allen Schritten und Unterschritten des Verfahrens angewandt.

5.2 Der vorgeschlagene Strategieplanungsprozess

Abbildung 5.1 zeigt das empfohlene Verfahren der strategischen Planung. Wie aus der Abbildung hervorgeht, wird die komplexe Analyse- und Planungsaufgabe in sechs Schritte aufgeteilt. Jeder dieser Schritte umfasst mehrere Unterschritte. Die vorgeschlagenen Schritte und Unter-

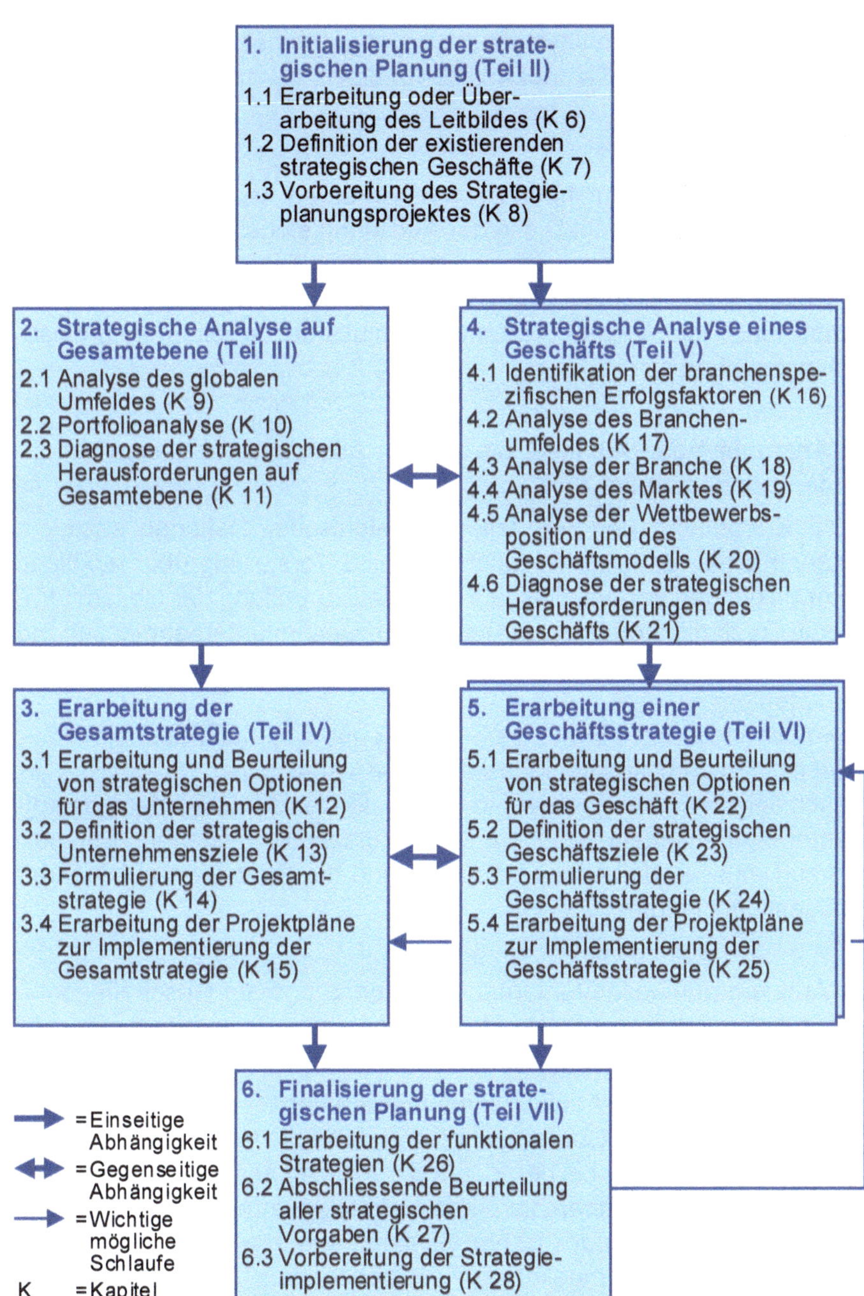

Abbildung 5.1: Schritte und Unterschritte des Strategieplanungsprozesses

schritte bestimmen den weiteren Aufbau des Buches: Jedem der sechs Schritte ist ein Teil und jedem der 23 Unterschritte ist ein Kapitel gewidmet.

Es entspricht der Natur heuristischer Verfahren, dass es jederzeit zu Schlaufen kommen kann. Die in der Abbildung eingezeichnete Schlaufe stellt nur ein besonders wichtiges Beispiel dar. Die im ganzen Prozess möglichen heuristischen Schlaufen bewirken, dass alle Ergebnisse der Schritte und Unterschritte bis zum Abschluss der Arbeiten als provisorisch anzusehen sind.

Die Anordnung der Schritte 2 bis 5 in der Abbildung 5.1 basiert auf folgenden Überlegungen:

- Die Erarbeitung und Beurteilung strategischer Optionen setzt die Kenntnis der aktuellen Situation und eine Vorstellung über mögliche Entwicklungen voraus. Deshalb wird die Erarbeitung der Gesamtstrategie durch die strategische Analyse auf Gesamtunternehmensebene vorbereitet. Das gleiche Vorgehen wird auch auf der Geschäftsebene empfohlen.
- Die Schritte 2 und 4 sowie die Schritte 3 und 5 stehen nebeneinander. Damit wird zum Ausdruck gebracht, dass sowohl bei der Analyse als auch bei der Planung starke Interdependenzen zwischen der Gesamtunternehmensebene und der Geschäftsebene bestehen. Entsprechend müssen die Analyseresultate und die Strategien aufeinander abgestimmt werden.

Die Arbeiten auf Gesamtunternehmensebene und auf Geschäftsebene lassen sich durch zwei verschiedene Vorgehensweisen aufeinander abstimmen:

- Entweder wird zuerst auf Gesamtunternehmensebene analysiert und geplant. Auf dieser Grundlage werden dann die Geschäftsstrategien festgelegt. Falls sich bei der Planung der Geschäftsstrategien herausstellt, dass die Vorgaben der Gesamtstrategie unrealistisch sind, werden diese in einer heuristischen Schlaufe überarbeitet.
- Oder es wird der umgekehrte Weg beschritten: Zuerst werden die Analysen und Planungen auf Geschäftsebene realisiert. Sie werden durch die Gesamtstrategie koordiniert und priorisiert. Dies führt in der Regel zu Anpassungen bei allen oder zumindest bei einzelnen Geschäftsstrategien.

Beide Vorgehensweisen sind möglich und werden in der Praxis angewendet. Es hängt vom Einzelfall ab, welches Vorgehen zweckmässiger erscheint. In einem Unternehmen mit ausgeprägt hierarchischem Denken steht die erste Variante im Vordergrund. Sind die Geschäfte sehr unterschiedlich und kennt das Top Management ihre Wettbewerbssituation nur grob, ist es dagegen eher sinnvoll, zunächst auf Geschäftsebene zu analysieren und zu planen.

Der beschriebene Prozess der strategischen Planung stellt ein Standardvorgehen dar. Es ist deshalb vor seiner Anwendung an die spezifischen Bedürfnisse des einzelnen Unternehmens anzupassen.

5.3 Verknüpfung des Prozesses mit den wichtigsten Analyse- und Planungstools

Es existieren viele strategische Analyse- und Planungstools. Es wird deshalb in Abschnitt 5.3 versucht, dem Leser einen Überblick über die wichtigsten Tools zu geben. Die Auswahl der Tools basiert auf den Erfahrungen der Verfasser als Strategieberater und ist deshalb subjektiv. Keine Berücksichtigung fanden reine Datenbeschaffungsmethoden wie beispielsweise die Delphi-Methode oder das strukturierte Interview. Auch statistische Analyseverfahren wie die Regressionsanalyse werden nicht berücksichtigt. Diese Methoden lassen sich in der strategischen Analyse und Planung nur in Kombination mit einem der berücksichtigten Tools sinnvoll einsetzen.

Abbildung 5.2 zeigt die Toolbox der strategischen Analyse und Planung. Folgende Bemerkungen erscheinen dazu notwendig:

- Einerseits werden die Tools den Aufgaben der Umfeldanalyse, der Branchen- und Marktanalyse, der internen Analyse und der Planung zugeordnet. Wie die Abbildung zeigt, gibt es Methoden, die mehrere dieser Aufgaben abdecken. Ein Beispiel sind die Portfoliomethoden (vgl. Kapitel 10). Sie ermöglichen gleichzeitig eine Beurteilung der Attraktivität der von den Geschäften bearbeiteten Märkte und ihrer Wettbewerbsstärke.

<table>
<tr><th>Aufgaben / Schritte</th><th>Analyse des Umfeldes</th><th>Analyse der Branchen und Märkte</th><th>Interne Analyse</th><th>Planung</th></tr>
<tr><td>Schritt 1 „Initialisierung der strategischen Planung“</td><td></td><td></td><td></td><td>▪ Geschäftsdefinition
▪ Projektplanungstechniken</td></tr>
<tr><td rowspan="2">Schritt 2 „Strategische Analyse auf Gesamtebene“</td><td>▪ PESTEL-Analyse
▪ Szenarioanalyse</td><td colspan="2">▪ Boston Consulting Group-Portfolio
▪ McKinsey-Portfolio</td><td rowspan="2"></td></tr>
<tr><td colspan="3">▪ SWOT-Matrix
▪ TOWS-Matrix</td></tr>
<tr><td>Schritt 3 „Erarbeitung der Gesamtstrategie“</td><td></td><td></td><td></td><td>▪ Matrix der Gesamtoptionen
▪ Differenzierte Ansoff-Matrix
▪ Zielportfolio
▪ Materialitätsanalyse
▪ Finanzplanungsansätze
▪ Projektplanungstechniken
▪ Investitionsrechnungen</td></tr>
</table>

Fette Schrift = strategisches Tool
Normale Schrift = anderes Tool

Abbildung 5.2: Toolbox der strategischen Analyse und Planung

<table>
<tr><th>Aufgaben / Schritte</th><th>Analyse des Umfeldes</th><th>Analyse der Branchen und Märkte</th><th>Interne Analyse</th><th>Planung</th></tr>
<tr><td rowspan="3">Schritt 4 „Strategische Analyse eines Geschäfts“</td><td colspan="3">▪ Identifikation der Erfolgsfaktoren</td><td rowspan="3"></td></tr>
<tr><td>▪ PESTEL-Analyse</td><td>▪ Modell der Strategischen Gruppen
▪ Fünf-Kräfte-Modell
▪ Markt-system-Modell
▪ Branchen-segment-analyse</td><td>▪ Generische Geschäfts-strategien
▪ Geschäfts-modell inkl. Canvas
▪ Stärken- und Schwächen-analyse</td></tr>
<tr><td colspan="3">▪ SWOT-Matrix
▪ TOWS-Matrix</td></tr>
<tr><td>Schritt 5 „Erarbeitung einer Geschäfts-strategie“</td><td></td><td></td><td></td><td>▪ Generische Geschäfts-strategien
▪ Geschäfts-modell inkl. Canvas
▪ Blue Ocean-Strategie
▪ Finanz-planungs-Ansätze
▪ Projekt-planungs-techniken
▪ Investitions-rechnungen</td></tr>
<tr><td>Schritt 6 „Finalisierung der strategischen Planung“</td><td></td><td></td><td></td><td>▪ Balanced Scorecard
▪ Finanz-planungs-ansätze</td></tr>
</table>

Fette Schrift = strategisches Tool
Normale Schrift = anderes Tool

Abbildung 5.2: Toolbox der strategischen Analyse und Planung (Forts.)

- Die Tools werden andererseits den sechs Schritten des Strategieprozesses zugeteilt. Diese Zuteilung erfolgt aufgrund der persönlichen Erfahrungen der Verfasser als Strategieberater und ist subjektiv. Beispielsweise können das Fünf-Kräfte-Modell und das Modell der strategischen Gruppen (vgl. Kapitel 18) im Rahmen der strategischen Analyse auf Stufe des Gesamtunternehmens eingesetzt werden. Sie dienen in diesem Fall dazu, die Attraktivität der vom Unternehmen bearbeiteten Branchenmärkte zu vergleichen. Werden sie dagegen, wie in der Toolbox vorgeschlagen, zur Analyse eines Geschäftes angewendet, ergeben sie ein vertieftes Verständnis der Wettbewerbssituation in der Branche.
- Wie die Abbildung zeigt, wird zwischen strategischen Tools und anderen im Rahmen der strategischen Analyse und Planung wichtigen Tools unterschieden. Nur die erstgenannte Kategorie wird in den Teilen II bis VII erklärt. Die Erläuterung der Funktionsweise der zweitgenannten Kategorie würde nach Meinung der Autoren den Rahmen eins Strategiebuches sprengen. Hingegen wird auf ihre Rolle im Strategieplanungsprozess eingegangen.

Teil II: Initialisierung der strategischen Planung

6 Erarbeitung oder Überarbeitung des Leitbildes

6.1 Einleitung

„Nur wer sein Ziel kennt, findet den Weg“ (Laotse). Knapper kann nicht gesagt werden, wieso die obersten Werte und Ziele eine zwingende Voraussetzung für die Erarbeitung der Strategien bilden. Sie sind häufig im Leitbild zusammengefasst. Dies ist der Grund, wieso das Leitbild in Kapitel 4 als wichtiges strategisches Dokument bezeichnet wird.

Da die obersten Werte und Ziele die normative Basis für die Strategieerarbeitung bilden, beginnt der Strategieplanungsprozess mit ihrer Klärung. Durch die Erarbeitung oder – was in der Praxis häufiger der Fall sein dürfte – Überarbeitung des Leitbildes in Unterschritt 1.1 wird sichergestellt, dass sich alle weiteren Analyse- und Planungsarbeiten an den aktuellen obersten Werten und Zielen orientieren.

Die nachfolgenden Ausführungen sind zweigeteilt: Zuerst wird in Abschnitt 6.2 basierend auf Grünig (2021, S. 31 ff.) ein gemeinsames Verständnis des Leitbildes geschaffen. Dazu werden, die Wirkungen und der Inhalt des Leitbildes erläutert. Darauf wird in Abschnitt 6.3 ein Prozess zur Erarbeitung oder Überarbeitung des Leitbildes vorgeschlagen.

6.2 Wirkungen und Inhalt eines Leitbildes

Das Leitbild eines Unternehmens fasst die obersten Werte und Ziele zusammen. Die im Leitbild verankerten Werte und Ziele bilden die normative Basis für die Weiterentwicklung des Unternehmens. Sie sind Ausdruck subjektiver Wertungen; es gibt keine richtigen Werte und Ziele. „Für Werte lebt man, für Werte stirbt man, wenn es notwendig ist. Werte beweist man aber nicht“ (Sombart, 1967, S. 83).

In Anlehnung an David (2011, S. 50) können von einem Leitbild folgende Wirkungen erwartet werden:

- Es ergibt für Führungskräfte, Mitarbeitende und andere Stakeholder eine Orientierung über die obersten Werte und Ziele des Unternehmens.
- Es bildet die normative Basis der strategischen Planung und vieler anderer Entscheidungen und Handlungen.
- Das Leitbild kann zum Commitment der Führungskräfte beitragen. Diese Wirkung wird allerdings nur erreicht, wenn die Führungskräfte die Werte und Ziele des Leitbildes teilen. Dies setzt in der Regel voraus, dass sie in die Erarbeitung oder Überarbeitung des Leitbildes eingebunden werden.

Wie **Abbildung 6.1** zeigt, lassen sich in einem Leitbild vier Komponenten unterscheiden. Sie werden nachfolgend kurz vorgestellt:

- Eine zentrale Bedeutung innerhalb des Leitbildes besitzen die Mission und die Vision. Es handelt sich um zwei kurze, komplementäre Aussagen. „A mission is a general expression of the overriding purpose of the organization [and of its] scope and boundaries" (Cornelissen, 2017, S. 8). „A vision is the desired future state of the organization. It is an aspirational view of the general direction that the organization wants to go in" (Cornelissen, 2017, S. 8). **Abbildung 6.2** zeigt die Mission und die Vision des Biscuit-Herstellers Kambly (2016, S. 9). Es handelt sich nach Auffassung der Verfasser um ein gutes Beispiel: Die Aussagen sind kurz und verständlich und sie ergänzen sich.

- Mission und Vision
- Grobe Umschreibung des Tätigkeitsgebietes
  - Produkte und Dienstleistungen
  - Kunden
  - Geographische Märkte
  - Wertschöpfungsstufen
- Oberste Ziele
  - Gewinn und Gewinnausschüttung
  - Angestrebte Marktpositionen
  - Wachstum
  - Finanzierung
- Oberste Werte

Abbildung 6.1: Mögliche Struktur eines Leitbildes

Mission	Vision
Wir wollen weltweit die Biscuits-Liebhaber mit einzigartigen und qualitativ hochwertigen Produkten immer wieder begeistern. Mit Hingabe, hoher Zuverlässigkeit und Wirtschaftlichkeit verdienen wir das Vertrauen unserer Kunden, Konsumenten und Partner, und damit unseren Lohn.	Kambly ist die weltweit führende Biscuits-Marke im Premium Segment.

Abbildung 6.2: Mission und Vision eines Herstellers von Biscuits
(Kambly, 2016, S. 9)

- Die Mission umschreibt das Tätigkeitsgebiet des Unternehmens meist nur sehr generisch. Deshalb ist eine Konkretisierung sinnvoll. Die Aussagen zum Tätigkeitsgebiet bilden Leitplanken für die Strategieerarbeitung. So kann beispielsweise eine eigene Fertigung ausgeschlossen oder eine Konzentration auf Europa vorgegeben werden. Da diese Leitplanken in der Regel weitgehend subjektiv festgelegt werden, ist es wichtig, dass sie breit gesetzt werden und viel Handlungsspielraum für die strategische Ausrichtung lassen.
- Darauf sind die obersten verfolgten Ziele zu definieren. Wie Abbildung 6.1 zeigt, stehen dabei inhaltlich vier Themen Vordergrund. In allen vier Themenbereichen geht es nicht darum, quantitative Zielvorgaben zu machen. Dies ist erst aufbauend auf detaillierten Analysen im Rahmen der Strategieerarbeitung fundiert möglich. Es handelt sich im Rahmen des Leitbildes vielmehr darum, die Bedeutung eines Zieles z.B. der Gewinnausschüttung, zu umschreiben und grobe Leitlinien zu definieren. So hat beispielsweise eine regional tätige Universalbank festgelegt, dass rund 50% des erzielten Gewinne als Dividenden ausgeschüttet werden sollen.
- Schliesslich definieren die meisten Unternehmen Werte, die sie gegenüber ihren Stakeholdern und im Verhältnis zur natürlichen Umwelt beachten wollen. Sie bilden gleich wie die Umschreibung des Tätigkeitsgebietes eine Rahmenbedingung für die Weiterentwicklung des Unternehmens. **Abbildung 6.3** zeigt die Werte des internationalen Beratungsunternehmens McKinsey.

Adhere to the highest professional standards
- put client interests ahead of the firm's
- observe high ethical standards
- preserve client confidences
- maintain an independent perspective
- manage client and firm resources cost-effectively

Improve our clients' performance significantly
- follow the top-management approach
- use our global network to deliver the best of the firm to all clients
- bring innovations in management practice to clients
- build client capabilities to sustain improvement
- build enduring relationships based on trust

Create an unrivaled environment for exceptional people
- be nonhierarchical and inclusive
- sustain a caring meritocracy
- develop one another through apprenticeship and mentoring
- uphold the obligation to dissent
- govern ourselves as a "one firm" partnership

Abbildung 6.3: Oberste Werte eines internationalen Beratungsunternehmens
(McKinsey, 2019, S. 2 ff.)

6.3 Prozess zur Erarbeitung oder Überarbeitung des Leitbildes

Die Erarbeitung oder Überarbeitung des Leitbildes bildet den Unterschritt 1.1 des Strategieplanungsprozesses. Wie **Abbildung 6.4** zeigt, wird vorgeschlagen, ihn in vier Aufgaben zu unterteilen.

Aufgabe 1.1 A besteht in der Erfassung der Erwartungen der wichtigen Stakeholder (vgl. Haberberg/Rieple, 2008, S. 697 ff.; Wheelen/Hunger, 2010, S. 124 f.):

- Dazu sind zuerst die wichtigen Stakeholdergruppen zu identifizieren. In einer KMU im Familienbesitz dürfte es sich normalerweise um wenige Gruppen handeln. Bei börsenkotierten Unternehmen und bei grossen Staatsunternehmen existieren hingegen in der Regel eine grössere Zahl von Anspruchsgruppen.

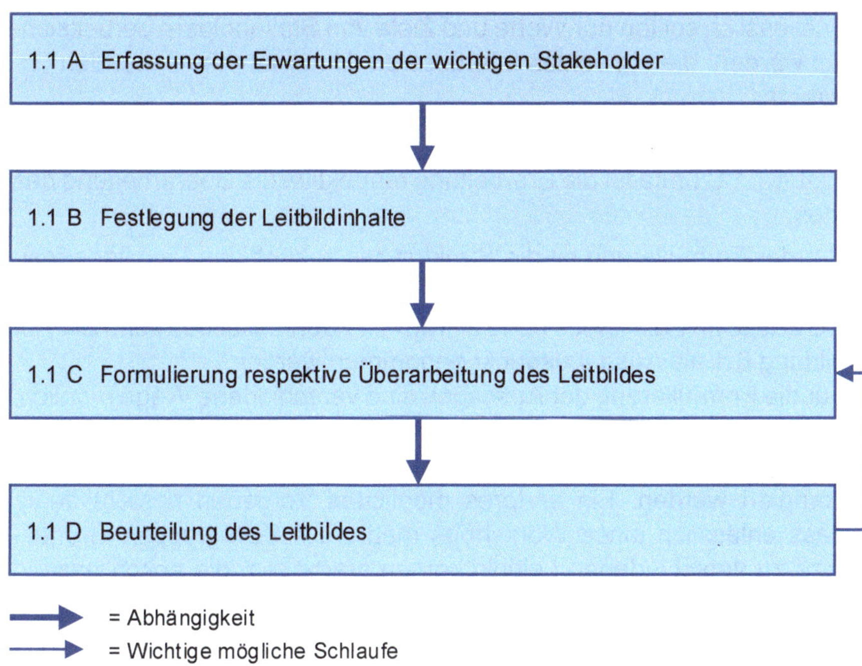

Abbildung 6.4: Prozess zur Erarbeitung oder Überarbeitung des Leitbildes

- Darauf sind die Einstellungen und insbesondere die Erwartungen der Anspruchsgruppen an das Unternehmen zu ermitteln. Um Gemeinsamkeiten und Unterschiede erfassen zu können, sollten dabei alle Stakeholdergruppen in gleicher Weise befragt werden.

In Aufgabe 1.1 B sind die im Leitbild zu verankernden Werte und Ziele festzulegen. Die Basis bilden die Stakeholdererwartungen. Dabei stellt sich die schwierige Frage, welche dieser Erwartungen im zukünftigen Leitbild berücksichtig werden und damit den normativen Rahmen der zukünftigen Strategien bilden. In Anlehnung an Haberberg und Rieple (2008, S. 697 ff.) wird vorgeschlagen, die Erwartungen von Stakeholdergruppen zu berücksichtigen, die gleichzeitig drei Bedingungen erfüllen:

- Die Gruppe hat Einfluss und kann damit die Zukunft des Unternehmens mitgestalten (power).
- Gleichzeitig sollte die Stakeholdergruppe auch moralisch legitimiert sein, die Weiterentwicklung des Unternehmens zu beeinflussen (legitimacy).

- Schliesslich sollten nur Werte und Ziele von Stakeholdern berücksichtigt werden, die ein echtes Interesse am Unternehmen bekunden (interest).

Aufgabe 1.1 C umfasst die Erarbeitung respektive die Überarbeitung des Textes:

- Vor der Formulierung ist die Struktur des zukünftigen Leitbildes festzulegen. Im Falle einer Überarbeitung bildet das bestehende Leitbild die Basis. Im Falle eines neu zu erarbeitenden Leitbildes kann die Abbildung 6.1 als Ausgangspunkt genommen werden.
- Für die Formulierung der Aussagen sind verschiedene Wege möglich. Denkbar ist beispielsweise, dass eine kleine Arbeitsgruppe Vorschläge erarbeitet, die dann in einer grösseren Gruppe diskutiert und korrigiert werden. Ein anderes mögliches Vorgehen besteht darin, dass anlässlich eines Workshops mehrere Arbeitsgruppen Grundsätze zu verschiedenen Leitbildthemen erarbeiten, die anschliessend in der Projektgruppe zu besprechen und zu bereinigen sind.

Schliesslich ist in Aufgabe 1.1 D das Leitbild bezüglich Klarheit und Konsistenz der Aussagen zu überprüfen. Die Botschaften sollten nicht missverstanden werden können und es sollten sich keine Widersprüche zwischen ihnen ergeben. Dies schliesst jedoch nicht aus, dass eine Aussage eine andere bewusst abschwächt. So ist es z.B. möglich, die Erzielung und Ausschüttung von Gewinn als wichtige Ziele des Unternehmens zu statuieren und sie mit der Gewährung überdurchschnittlicher Sozialleistungen zu relativieren.

7 Definition der existierenden strategischen Geschäfte

7.1 Einleitung

Mit der Definition der existierenden strategischen Geschäfte soll eine strategische Sicht auf das eigene Unternehmen geschaffen werden. Die resultierenden Geschäfte bilden die Kernmodule der strategischen Analyse und Planung. Die Definition der strategischen Geschäfte bildet den Unterschritt 1.2 im Strategieplanungsprozess.

Das Kapitel 7 besteht neben der Einleitung aus drei Abschnitten. Die Märkte und Teilmärkte sind die Wettbewerbsarenen (vgl. Day/Nedungadi, 1994, S. 35) der Geschäfte. Deshalb wird in Abschnitt 7.2 zuerst erklärt, was unter einem Markt zu verstehen ist und wie er sich in Teilmärkte unterteilen lässt. Auf dieser Basis zeigt Abschnitt 7.3, was unter einem strategischen Geschäft zu verstehen ist und unterscheidet zwei Arten von Geschäften. Auf den in den Abschnitten 7.2 und 7.3 erarbeiteten Grundlagen wird schliesslich in Abschnitt 7.4 ein Vorgehen zur Definition der existierenden Geschäfte vorgeschlagen. Ein Praxisfenster zeigt, wie dieses Vorgehen angewendet werden kann.

7.2 Märkte und Teilmärkte

7.2.1 Begriff des Marktes

Märkte werden in der Praxis meist über die Nennung des Angebotes (vgl. Grant, 2013, S. 77; Kühn et al., 2020, S. 127) und des geographischen Gebietes (vgl. Kühn et al., 2020, S. 127) definiert. So spricht man etwa vom Schweizer Biermarkt oder vom europäischen Markt für Personenautos.

Die Hauptschwierigkeit einer angebotsorientierten Marktabgrenzung besteht darin, dass Angebote unterschiedlich breit umschrieben werden können. So muss sich z.B. ein Hersteller von Fruchtsäften fragen, ob er als relevanten Markt „alkoholfreie Kaltgetränke“, „Softdrinks“ oder

„Fruchtsäfte“ wählen soll. Leider gibt es keine einfach anwendbare Regel. Wichtig ist, dass die Marktabgrenzung die Wettbewerber einschliesst, die einen spürbaren Einfluss auf den Absatz des eigenen Unternehmens haben. Eine zu enge Marktdefinition klammert relevante Konkurrenten aus und führt damit tendenziell zu einer Selbstüberschätzung. Eine zu breite Marktdefinition ergibt unnötige Mehrkosten, da irrelevante Konkurrenten in die Analyse einbezogen werden. Erfahrungsgemäss können Marketing- und Vertriebsverantwortliche ihre wichtigsten Konkurrenten benennen und sind damit in der Lage, den Markt sinnvoll abzugrenzen. Im Zweifelsfall empfehlen die Autoren, die breitere Marktdefinition zu wählen.

Die Bestimmung des Gebietes ist eine zwingende Anforderung an eine Marktdefinition. Ohne Spezifizierung der geographischen Ausdehnung des Marktes lassen sich weder die relevante Nachfrage noch die relevanten Konkurrenten genügend präzis erfassen. Dies wiederum macht es unmöglich, die im Rahmen der strategischen Planung zentralen Konstrukte der Marktattraktivität und der Wettbewerbsstärke anzuwenden.

7.2.2 Unterteilung in Teilmärkte

Märkte sind häufig heterogene Gebilde. Erst ihre Unterteilung in Teilmärkte ergibt ein genügendes Verständnis. Für die Definition von Teilmärkten bestehen verschiedene Möglichkeiten:

- Häufig werden in der Praxis zur Unterteilung des Marktes Produktgruppen oder Dienstleistungsgruppen verwendet. So gliedert z.B. ein Versicherungsunternehmen seinen Markt in die Teilmärkte „Haushaltsversicherungen“, „Autoversicherungen“, „Unfallversicherungen“, „Krankenversicherungen“, „Rechtsschutzversicherungen“ und „Lebensversicherungen“.
- Kundengruppen drängen sich zur Strukturierung eines Marktes auf, wenn sie unterschiedliche Bedürfnisse und Produktanforderungen haben. Viele Universalbanken unterscheiden beispielsweise als Teilmärkte „Privatpersonen“, „vermögende Privatpersonen“, „KMU“, „grosse Unternehmen“ und „institutionelle Anleger“.
- Geographisch definierte Teilmärkte machen in erster Linie Sinn, wenn die erfolgreiche Bearbeitung verschiedener Ländergruppen unter-

schiedliche Angebote erfordert. So bestehen beispielsweise wesentliche Bedürfnisunterschiede bezüglich Qualität und Preis zwischen Europa und Nordamerika auf der einen Seite und den Schwellenländern auf der anderen Seite. Entsprechend unterteilt ein Hersteller von Rohrsystemen für Hausinstallationen den Markt in die Teilmärkte „Industrieländer" und „Schwellenländer".

- Denkbar sind auch zweidimensionale Unterteilungen. Aus praktischer Sicht sind vor allem Produkt-Kunden-Kombinationen und Produkt-Länder-Kombinationen von Bedeutung.

Es existieren aber auch weitgehend homogene Märkte. Eine Aufteilung in Teilmärkte macht in diesen Fällen keinen Sinn. Beispiele hierfür findet man besonders häufig bei Kleinunternehmen. Man denke etwa an Handwerksbetriebe wie Sanitärinstallateure, die mit einem umfassenden Angebot einen bestimmten regionalen Markt bearbeiten. Aber auch mittlere oder grössere Unternehmen können einen homogenen Markt bearbeiten. Als Beispiele lassen sich Hersteller von Zement, Bauholz oder Stahl anführen. Ihre Märkte bieten nur geringe Möglichkeiten für eine Angebotsdifferenzierung.

7.3 Strategische Geschäfte

7.3.1 Begriff des strategischen Geschäfts

Ausgehend vom ROM-Modell (vgl. Abschnitt 2.3) lässt sich ein strategisches Geschäft definieren als

- Angebot mit Erfolgsbedeutung,
- das in einem Markt eine bestimmte Position einnimmt und
- spezifische Ressourcen nutzt.

Zum Begriff erscheinen zwei Bemerkungen notwendig:

- Wenn die Definition strategischer Geschäfte eine strategische Sicht des eigenen Unternehmens vermitteln soll, muss sie sich von der bestehenden Aufbauorganisation lösen. Zwar kann es vorkommen, dass ein Geschäft einer Organisationseinheit entspricht. Es ist jedoch wichtig zu erkennen, dass Geschäfte a priori etwas anderes als organisatorische Einheiten sind. Die Bestimmung strategischer Geschäfte basiert auf Märkten, Angeboten und Ressourcen, während die Aufbauorganisation von Führungsüberlegungen ausgeht.

- Es ist nicht sinnvoll alle Angebote als strategische Geschäfte in die strategische Analyse und Planung zu integrieren. Ein Angebot ist nur dann zu berücksichtigen, wenn es einen wesentlichen Beitrag zum Erfolg des Unternehmens leistet oder das Potential hat, dies in Zukunft zu tun.

7.3.2 Arten von strategischen Geschäften

Es macht einen Unterschied, ob die strategischen Vorgaben für ein Geschäft mit den Vorgaben für andere Geschäfte abzustimmen sind oder nicht. So kann es z.B. vorkommen, dass ein unrentables Geschäft nicht ohne weiteres desinvestiert werden kann, weil die Produktion gemeinsam mit einem zweiten rentablen Geschäft erfolgt. Müsste das zweite Geschäft allein die gesamten Fixkosten der Produktionsanlage tragen, würde dessen Rentabilität sinken. Auch ein gemeinsam bearbeiteter Markt kann zu Abstimmungsbedarf führen. Dies ist beispielsweise der Fall, wenn zwei Geschäfte verschiedene Marken repräsentieren, die im gleichen Markt verkauft werden. Ohne Abstimmung ihrer Wettbewerbsstrategien besteht die Gefahr, dass sich die Geschäfte kannibalisieren. Um derartige Abhängigkeiten zu berücksichtigen, sind zwei Arten von strategischen Geschäften zu unterscheiden: Strategische Geschäftsfelder und strategische Geschäftsbereiche.

Ein strategisches Geschäftsfeld ist:

- ein Angebot mit Erfolgsbedeutung
- das einen eigenen Markt bearbeitet und
- auf eigenen Ressourcen basiert.
- Die hohe Autonomie ermöglicht es einem Geschäftsfeld, seine Strategie unabhängig zu planen.

Im Gegensatz dazu ist ein strategischer Geschäftsbereich:

- ein Angebot mit Erfolgsbedeutung
- das den gleichen Markt wie andere Geschäftsbereiche bearbeitet und/oder

- auf den gleichen Ressourcen wie andere Geschäftsbereiche basiert.
- Die Interdependenzen führen dazu, das ein Geschäftsbereich seine Strategie mit anderen Geschäftsbereichen abstimmen muss.

Bei der Beurteilung der Ressourcenunabhängigkeit eines Geschäftes sollten nicht zu hohe Anforderungen gestellt werden. Ein Geschäft muss über jene Ressourcen verfügen, die wettbewerbsrelevant sind. Eine gemeinsame Personalabteilung führt beispielsweise in der Regel nicht zu einer Abhängigkeit der Geschäfte. In keinem Fall ist unter der ressourcenmässigen Autonomie eine finanzielle Unabhängigkeit zu verstehen. Die Gesamtstrategie bezweckt ja gerade Mittelumverteilungen: Geschäfte in gesättigten Märkten mit einer starken Marktstellung sollen Free Cash Flows erwirtschaften, die zur Entwicklung von Geschäften in wachsenden Märkten verwendet werden können.

7.3.3 Unterscheidung von Unternehmenstypen aufgrund ihrer strategischen Geschäfte

Ausgehend von den zwei Arten von Geschäften lassen sich drei Typen von Unternehmen unterscheiden:

- Den ersten Typ bilden vorwiegend kleine Unternehmen wie unabhängige Detailhändler oder Handwerksbetriebe. In der Regel ist es nicht sinnvoll, diese in mehrere strategischen Geschäfte zu unterteilen: Ausgehend von einem Set spezifischer Ressourcen offerieren diese Firmen eine Produkt- oder Leistungsgruppe. Dieses Angebot wird in einem klar abgrenzbaren Markt abgesetzt.
- Der zweite Typ umfasst viele mittlere, teilweise aber auch grosse Unternehmen, die über mehrere Angebotsgruppen verfügen. Da die Angebote jedoch den gleichen Markt bearbeiten und/oder auf einem gemeinsamen Set von Ressourcen basieren, haben diese Unternehmen nur strategische Geschäftsbereiche.
- Zum dritten Typ gehören mittlere und die meisten grossen Unternehmen mit mehreren Geschäftsfeldern. Diese können normalerweise in mehrere Geschäftsbereiche unterteilt werden.

Abbildung 7.1 visualisiert die drei Unternehmenstypen. Folgende Bemerkungen erscheinen zur Abbildung notwendig:

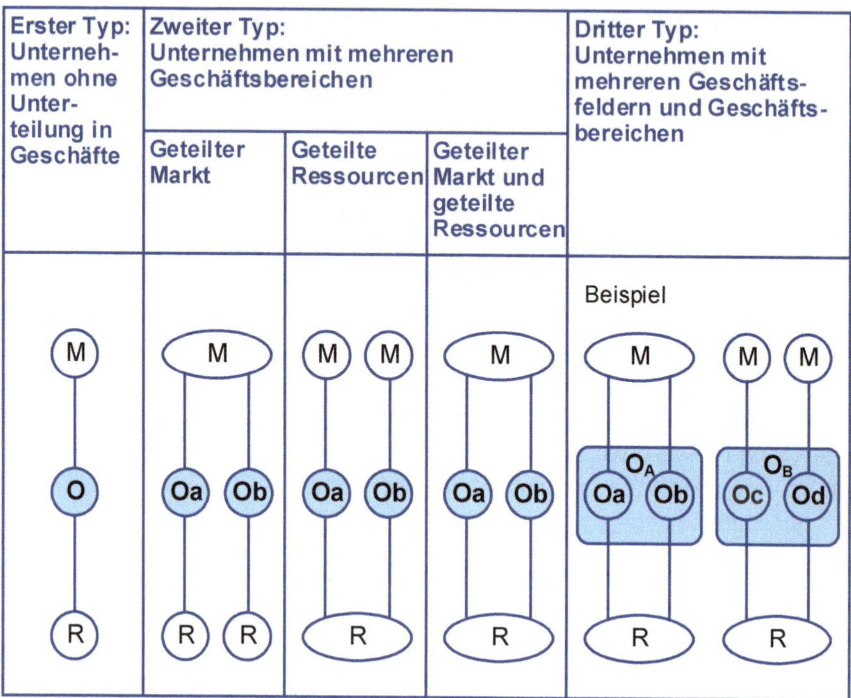

M = Marktposition
O = Offer/Angebot
R = Ressourcen
$O_{a,b,c,d}$ = Geschäftsbereiche
$O_{A,B}$ = Geschäftsfelder

Abbildung 7.1: Unternehmenstypen aufgrund ihrer strategischen Geschäfte

- Aus Übersichtlichkeitsgründen sind in der Abbildung sowohl auf der Ebene der Geschäftsfelder als auch auf der Ebene der Geschäftsbereiche nur je zwei Geschäfte abgebildet.
- Wie der Abbildung entnommen werden kann, sind beim zweiten Typ, den Unternehmen mit mehreren Geschäftsbereichen, drei Fälle zu unterscheiden: Die einzelnen Angebote bilden Geschäftsbereiche, (1) weil sie den gleichen Markt bearbeiten, (2) weil sie auf den gleichen Ressourcen basieren oder (3) weil sie den gleichen Markt bearbeiten und die gleichen Ressourcen nutzen. Entsprechend müssten auch beim dritten Typ, den Unternehmen mit Geschäftsfeldern und Geschäftsbereichen, mehrere Fälle unterschieden werden. Darauf wurde jedoch verzichtet und lediglich ein Fall als Beispiel aufgeführt.

7.4 Prozess zur Definition der existierenden strategischen Geschäfte

Die Definition der existierenden strategischen Geschäfte bildet im Strategieplanungsprozess den Unterschritt 1.2. Wie **Abbildung 7.2** zeigt, besteht er aus fünf Aufgaben.

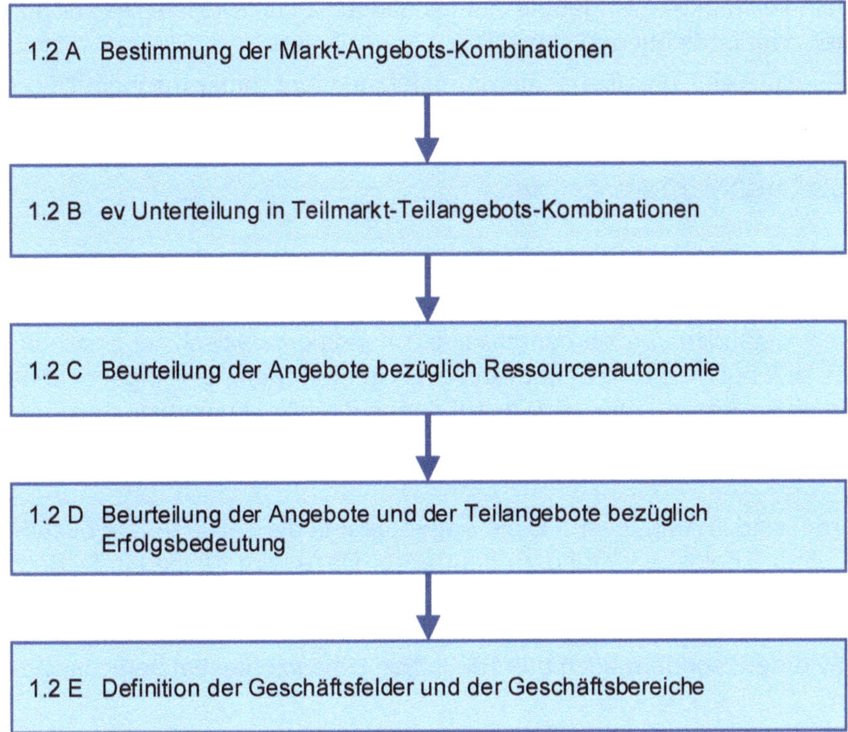

Abbildung 7.2: Prozess zur Definition der existierenden strategischen Geschäfte

In Aufgabe 1.2 A sind die existierenden Markt-Angebots-Kombinationen zu bestimmen. Wie die Umschreibung der Aufgabe zum Ausdruck bringt, handelt es sich um eine Verbindung von Aussensicht und Innensicht:

- Die Aussensicht besteht in der Bestimmung der bearbeiteten Märkte. Wie in Unterabschnitt 7.2.1 gezeigt wurde, handelt es sich bei einem Markt um eine Wettbewerbsarena, die durch eine Angebotskategorie und ein geographisches Gebiet bestimmt ist.

- Die Aussensicht steht zwar klar im Vordergrund. Die Abgrenzung der Märkte sollte aber so vorgenommen werden, dass sich daraus auch eine übersichtliche und nachvollziehbare Aufteilung des eigenen Angebotes ergibt.

In Aufgabe 1.2 B sind die Markt-Angebots-Kombinationen unter Umständen in Teilmarkt-Teilangebots-Kombinationen zu unterteilen. Dies ist nur unter zwei Bedingungen sinnvoll:

- Es muss sich um einen heterogenen Markt (vgl. Unterabschnitt 7.2.2) handeln.
- Das Unternehmen bearbeitet mehrere Teilmärkte und verfügt damit über mehrere Teilangebote.

Aufgabe 1.2 C beinhaltet die Beurteilung der Angebote bezüglich ihrer Ressourcenautonomie. Wie bereit gezeigt (vgl. Unterabschnitt 7.3.2), ist eine vollständige ressourcenmässige Autonomie praktisch nie gegeben. Dies ist jedoch auch nicht notwendig. Es genügt, wenn ein Angebot über diejenigen Ressourcen verfügt, auf denen ihre Wettbewerbsvorteile basieren.

Darauf sind in Aufgabe 1.2 D die Angebote und die Teilangebote bezüglich ihrer Erfolgsbedeutung zu beurteilen. Dazu wird häufig ein %-Satz des Umsatzes definiert, der erreicht werden muss. Ein solches Relevanzmass sollte allerdings nicht nur auf den aktuellen Umsatz angewendet werden, sondern auch das zukünftige Umsatzpotential berücksichtigen.

Schliesslich sind in Aufgabe 1.2 E die existierenden Geschäftsfelder und Geschäftsbereiche zu definieren:

- Angebote mit Ressourcenautonomie und Erfolgsbedeutung sind Geschäftsfelder.
- Teilen mehrere Angebote mit Erfolgsbedeutung ihre Ressourcen, bilden sie gemeinsam ein Geschäftsfeld.
- Die Teilangebote mit Erfolgsbedeutung sind Geschäftsbereiche.
- Alle Angebote und Teilangebote ohne Erfolgsbedeutung sind Nebenaktivitäten. Es ist möglich aber nicht zwingend, sie als solche aufzuführen.

Praxisfenster 7.1 zeigt die Anwendung des Prozesses für einen Hersteller von Nahrungsmitteln und Pharmazeutika.

Praxisfenster 7.1: Geschäftsdefinition für einen Hersteller von Nahrungsmitteln und Pharmazeutika

Die Food AG ist ein mittelgrosses Schweizer Unternehmen. Es besitzt eine divisionale Organisation mit drei führungs- und ressourcenmässig relativ autonomen Sparten. Die nachfolgende **Abbildung** gibt einen Überblick über die Sparten und ihre Angebote.

Sparten	Produkte	Umsatzanteile	Märkte
Babynahrung	Verschiedene Produkttypen unter eigener Marke und als Private Labels	63%	CH
Nahrungsmittel	Fertigmahlzeiten auf Sojabasis	10%	CH
	Müesli	11%	CH
Pharmaprodukte	Rheumamittel	1%	CH
	Ginseng-Produkte	15%	CH, D, USA

Sparten und Angebote der Food AG

Die Bestimmung der Markt-Angebots-Kombinationen in Aufgabe 1.2 A führt zu folgendem Resultat:

- Das Kerngeschäft, die „Babynahrung“ ist als Markt-Angebots-Kombination gesetzt.
- Die Sparte Nahrungsmittel wird in die zwei Markt-Angebots-Kombinationen „Fertigmahlzeiten“ und „Müesli“ aufgeteilt. Die erstgenannte Kombination ist breiter definiert als das Angebot, weil die Fertigmahlzeiten auf Sojabasis in Konkurrenz zu anderen Fertigmahlzeiten stehen.

- Schliesslich wird die Sparte „Pharmaprodukte" in die zwei Markt-Angebots-Kombinationen „Rheumamittel" und „Ginseng-Produkte" aufgeteilt.

Die Aufteilung der Markt-Angebots-Kombinationen in Teilmarkt-Teilangebots-Kombinationen in Aufgabe 1.2 B führt zu folgendem Ergebnis:

- Es wird entschieden, die Markt-Angebots-Kombination „Babynahrung" einerseits in die Produkttypen „Milchen", „Breie" und „Glasnahrung" aufzuteilen. Andererseits ist zwischen dem Fachhandel und den Grossverteilern zu unterscheiden. Im Fachhandel werden die Produkte unter der eigenen Marke verkauft. Für die Grossverteiler ist die Food AG praktisch ausschliesslich Lieferant von Private Label Produkten. Die Kombination von Produkttypen und Absatzkanälen ergibt sechs Teilmarkt-Teilangebots-Kombinationen.
- Auf eine Aufteilung der Markt-Angebots-Kombination „Fertigmahlzeiten" verzichtet die Food AG, weil sie nur einen Teilmarkt bearbeitet.
- Die Markt-Angebots-Kombination „Müesli" wird in die Teilmarkt-Teilangebots-Kombinationen „Bio-Müesli" und „übrige Müesli" aufgeteilt.
- Bei den Rheumamitteln handelt es sich um einen homogenen Markt. Eine Unterteilung ist deshalb nicht sinnvoll.
- Schliesslich beschliesst die Food AG, die „Ginseng-Produkte" in die zwei Teilmarkt-Teilangebots-Kombinationen „Deutscher Sprachraum" und „USA" aufzuteilen. Die Begründung liegt einerseits in Unterschieden im Sortiment und in der Kommunikation. Andererseits unterscheiden sich die zwei geographischen Teilmärkte auch in der Wettbewerbssituation.

Die Beurteilung der ressourcenmässigen Autonomie der Angebote in Aufgabe 1.2 C ergibt für die Babynahrung eine weitgehende Unabhängigkeit von den anderen Angeboten. Die Fertigmahlzeiten und die Müesli hängen hingegen bezüglich Einkauf, Produktion und Verkauf stark zusammen. Gleiches gilt für die Rheumamittel und die Ginseng-Produkte.

Zusammenfassung der Geschäftsdefinition in der Food AG

Resultat 1.2 A: Markt-Angebots-Kombinationen	Resultat 1.2 B: Teilmärkte-Teilangebots-Kombinationen	Resultat 1.2 C: Ressourcen-autonomie	Resultat 1.2 D: Erfolgs-bedeutung	Resultat 1.2 E: Geschäftsfelder und Geschäftsbereiche
Babynahrung Schweiz	Milchen Fachhandel	Einkauf, Produktion und Verkauf allein	relevant	**SGF Babynahrung**: SGB Milchen Fachh.; SGB Breie Fachh.; SGB Glasn. Fachh.; SGB Milchen Grossv.; SGB Breie Grossv.; SGB Glasn. Grossv.
	Milchen Grossverteiler		relevant	
	Breie Fachhandel		relevant	
	Breie Grossverteiler		relevant	
	Glasnahrung Fachhandel		relevant	
	Glasnahrung Grossverteiler		relevant	
Fertigmahlzeiten Schweiz	-	Einkauf, Produktion und Verkauf für Fertigmahlzeiten und Müesli gemeinsam	relevant	**SGF Nahrungmittel**: SGB Fertig-mahlz.; SGB Bio-Müesli; SGB Übrige Müesli
Müesli Schweiz	Bio-Müesli		relevant	
	Übrige Müesli		relevant	
Rheumamittel Schweiz	-	Einkauf, Produktion und Verkauf für Rheumamittel und Ginseng-Produkte gemeinsam	nicht relevant	**SGF Pharma**: SGB Ginseng CH + D; SGB Ginseng USA; NA Rheuma-mittel
Ginseng-Produkte Schweiz, Deutschland und USA	CH und D		relevant	
	USA		relevant	

SGF = Strategisches Geschäftsfeld SGB = Strategischer Geschäftsbereich NA = Nebenaktivitäten

Für die Beurteilung der aktuellen und der zukünftigen Erfolgsbedeutung in Aufgabe 1.2 D wird eine Schwelle von 5% vom Umsatz definiert. Sie wird von den Rheumamitteln klar unterschritten. Auch das Teilangebot „Glasnahrung Grossverteiler" erreicht die 5% nicht. Aufgrund seines Zukunftspotentials wird es jedoch als relevant betrachtet.

Die Definition der Geschäftsfelder und Geschäftsbereiche in Aufgabe 1.2 E ergibt drei Geschäftsfelder mit zwei bis sechs Geschäftsbereichen.

Die vorangehende **Abbildung** fasst die Resultate der fünf Aufgaben zusammen.

8 Vorbereitung des Strategieplanungsprojektes

8.1 Einleitung

Die Durchführung der strategischen Analysen und die Erarbeitung der Strategien sind eine anspruchsvolle Aufgabenstellung. Es lohnt sich deshalb, ihre Erfüllung vorzubereiten. Diese Vorbereitungsarbeiten sind Gegenstand von Unterschritt 1.3.

Das Kapitel 8 ist zweigeteilt. Zuerst wird in Abschnitt 8.2 gezeigt, dass die Strategieerarbeitung alle Merkmale eines Projektes erfüllt und deshalb als solches geplant werden kann. Darauf wird in Abschnitt 8.3 ein Prozess zur Vorbereitung eines Strategieplanungsprojektes vorgeschlagen.

8.2 Strategieplanung als Projekt

Die kurzfristig-dispositiven und die mittelfristig-operativen Pläne werden in den meisten Unternehmen jährlich neu erstellt oder überarbeitet. Planungsrichtlinien oder die Usanz regeln, wann im Jahresablauf ein bestimmter Plan erstellt oder aktualisiert wird, wie diese Arbeit abläuft und wer an ihr wie beteiligt ist. Die strategische Planung in diesem Sinne zu verstehen und zu handhaben, wäre jedoch problematisch. Entscheidungen über Märkte, Wettbewerbsstrategien oder Investitionen in Schlüsselressourcen gestatten keine routinemässige Behandlung. Strategieplanungen

- betreffen komplexe Zusammenhänge,
- sind in ihren Problemstellungen jeweils einzigartig,
- können in unregelmässigen Abständen notwendig werden und
- haben einen grossen Einfluss auf das Schicksal des Unternehmens.

Diese Charakterisierung der Strategieerarbeitung enthält alle Merkmale, die normalerweise zur Umschreibung von Projekten (vgl. Project Management Institute, 2013, S. 3) verwendet werden. Es liegt deshalb nahe, die Strategieerarbeitung als Projekt zu interpretieren. Wie bei jedem anderen Projekt auch, lohnt sich eine gute Vorbereitung. Dadurch lassen sich die Effektivität und die Effizienz eines Strategieplanungsprozesses wesentlich verbessern.

8.3 Prozess zur Vorbereitung des Strategieplanungsprojektes

Wie **Abbildung 8.1** zeigt, umfasst die Vorbereitung des Strategieplanungsprojektes in Unterschritt 1.3 fünf Aufgaben. Sie werden nachfolgend beschrieben.

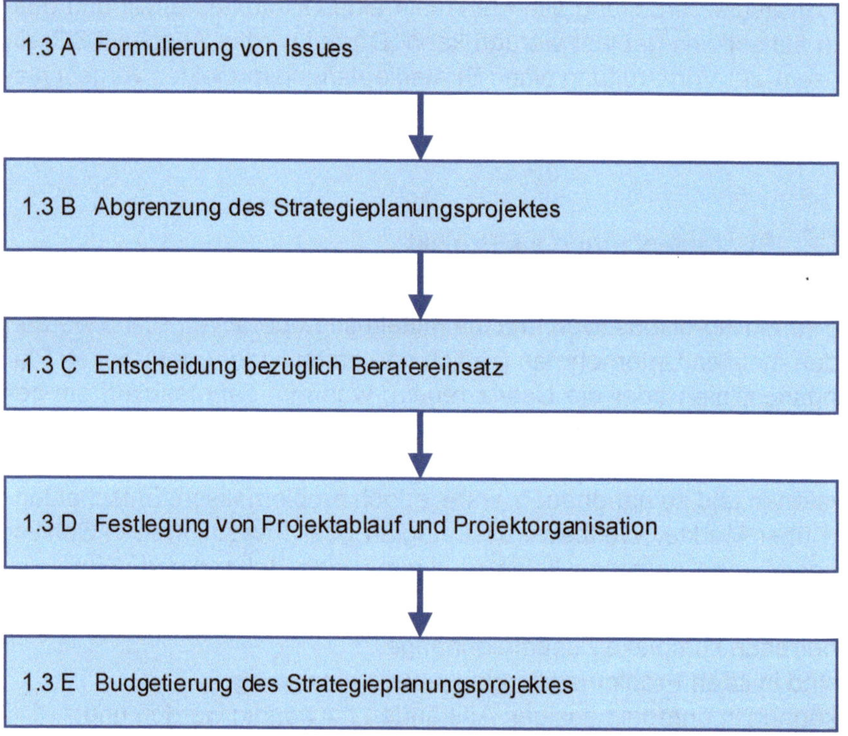

Abbildung 8.1: Prozess zur Vorbereitung des Strategieplanungsprojektes

Eine neue Strategie ist nur dann zu erarbeiten, wenn es einen spezifischen Grund dafür gibt. Als Aufgabe 1.3 A sind deshalb zuerst Fragen zu formulieren. „Start with the issues“ (Dye/Sibony, 2007, S. 42).

Die Issues, die zu einem Strategieplanungsprojekt führen können, sind sehr vielfältig. Die folgenden Beispiele sollen das grosse Spektrum zeigen:

- Europäische Billig-Airline: Wie kann das Unternehmen zurück in die Gewinnzone geführt werden?
- Schweizerische Privatbank: Welche Konsequenzen hat FATCA (Foreign Account Tax Compliance Act)?
- Automobilbauer: Welche Bedeutung hat Wasserstoff als Energiequelle?
- Dänischer Spielzeugproduzent: Wie kann im chinesischen Markt ein Umsatzwachstum sichergestellt werden, das mindestens dem Marktwachstum entspricht?
- Schweizer Sport-Detailhändler: Welche Konsequenzen ergeben sich aus dem Eintritt von Decathlon in den Schweizer Markt?
- Italienischer Maschinenbauer: Wie kann der Übergang zu digitalen Steuerungen erreicht werden?

Um die Analyse- und Planungsarbeiten zu fokussieren, ist in Aufgabe 1.3 B das Strategieprojekt inhaltlich abzugrenzen. Die Issues schaffen dafür eine gute Basis. Es sind grundsätzlich nur jene Geschäfte und Funktionen in die Analyse und Planung einzubeziehen, die von den Issues betroffen sind.

In Aufgabe 1.3 C ist über die allfällige Unterstützung durch einen Berater zu entscheiden.

Wer die Möglichkeit eines Beraters in Erwägung zieht, sollte vor seiner Auswahl dessen Aufgaben definieren. Wie **Abbildung 8.2** zeigt, kann ein Berater Beiträge auf drei Ebenen leisten:

- Auf der Ebene der Projektführung kann der Berater den Kunden durch Mitarbeit bei der Planung des Projektablaufs, durch Moderation von einzelnen Sitzungssequenzen und im Extremfall durch Übernahme der Projektleitung unterstützen. Die zuletzt genannte Funktion wird dem Berater insbesondere dann übertragen, wenn firmeninterne Konflikte dazu führen, dass ein aussenstehender und damit neutraler Leiter der Strategieerarbeitung eingesetzt werden muss. Der gravierende Nachteil dieser Lösung liegt jedoch darin, dass die Konflikte nach Projektabschluss meist wieder ausbrechen und damit die Strategieumsetzung gefährden.

Ebenen	Mögliche Aufgaben		
Beiträge zur Projektführung	Planung des Projektablaufs	Moderation von Sitzungs-sequenzen	Leitung des Projekts inkl. der Sitzungen (nicht sinnvoll)
Methodische Beiträge	Vorschlag und Erklärung von Methoden	Anwendung von Methoden	
Inhaltliche Beiträge	Beurteilung von Resultaten	Einbringen von Markt- und Technologie-kenntnissen	Erarbeitung der Analyse und der Strategie (nicht sinnvoll)

☐ = sinnvolle Beratersaufgaben ⬚ = nicht sinnvolle Berateraufgaben

Abbildung 8.2: Mögliche Aufgaben eines Strategieberaters

- Die methodischen Beiträge können im Vorschlag von Methoden und in der mehr oder weniger starken Unterstützung bei ihrer Anwendung liegen. Vor allem kleinere Beratungsunternehmen sehen das Schwergewicht der Unterstützung ihrer Kunden häufig auf dieser Ebene.
- Ein Hauptbeitrag grosser, vielfach international tätiger Strategieberatungsfirmen dürfte auf der inhaltlichen Ebene anzusiedeln sein. Über ihr Netzwerk können sie Know-how über spezifische Märkte und Technologien zur Verfügung stellen. Problematisch ist es hingegen, wenn Berater beauftragt werden, selbstständig Analysen durchzuführen und Strategien zu erarbeiten. Die Delegation der Hauptarbeit an einen Aussenstehenden ist nicht nur eine kostspielige Lösung. Es sind damit noch zwei weitere gewichtige Nachteile verbunden. Einerseits entsteht der durch die Arbeiten generierte Wissenszuwachs nicht bei den Firmenangehörigen, sondern beim Berater. Andererseits sind die Führungskräfte zu wenig eingebunden und identifizieren sich deshalb nur ungenügend mit den Strategien. Eine hohe Identifikation ist jedoch im Hinblick auf die Strategieumsetzung entscheidend.

Eine klare Vorstellung bezüglich der Beraterfunktion erleichtert nicht nur die Beraterauswahl, sondern auch den Vertragsabschluss mit dem gewählten Beratungsunternehmen erheblich.

Aufbauend den bisherigen Resultaten lassen sich in Aufgabe 1.3 D der Projektablauf, der Zeitplan, die Projektorganisation und die mitarbeitenden Personen festlegen.

Es ist denkbar, dass das Unternehmen über ein bewährtes und von den Führungskräften geschätztes Vorgehen zur Abwicklung von Strategieplanungsprojekten verfügt. Sofern eine externe Projektbegleitung erfolgt, ist wahrscheinlich, dass die Beratungsfirma einen Vorschlag bezüglich des Ablaufs unterbreitet. Last but not least besteht die Hoffnung, dass sich der in Abschnitt 5.2 vorgeschlagene Strategieplanungsprozess als hilfreich erweist.

Der Projektablauf ist durch einen Zeitplan zu konkretisieren. Dabei sind folgende Punkte zu beachten:

- Eine rasche und konzentrierte Projektabwicklung ist zweifellos wünschenswert. Es macht aber auch keinen Sinn, unrealistische Zeitvorgaben zu formulieren. Die Mitglieder der Arbeitsgruppen haben sich auch während des Projektes um ihre übrigen Aufgaben zu kümmern und können sich deshalb nicht vollständig der strategischen Planung widmen. Insbesondere wenn eine umfassende Analyse notwendig erscheint, dauert ein Strategieplanungsprojekt erfahrungsgemäss oft mehrere Monate. Gleiches gilt für Projekte, in deren Rahmen für ein Unternehmen oder einen Unternehmensbereich zum ersten Mal eine Strategie erarbeitet wird.
- Die Verfügbarkeit der Schlüsselpersonen stellt bei der Erstellung des Zeitplanes eine wichtige Rahmenbedingung dar. Deshalb kann es sinnvoll sein, den Zeitplan erst zu erstellen, nachdem die Projektorganisation und die involvierten Personen bestimmt sind.
- Falls der Projektabschluss vorgegeben ist, empfiehlt es sich, den Zeitplan ausgehend vom gesetzten Abschlussdatum, also „von hinten nach vorne" zu erstellen. Dabei ist für die Planung genügend Zeit einzuberechnen und bei Bedarf eher bei der Analyse, z.B. durch Bereitstellung zusätzlicher, eventuell externer Arbeitskapazitäten, Zeit einzusparen.

Die Projektorganisation schafft die personellen und strukturellen Voraussetzungen, um die Aufgaben mit der notwendigen Qualität wahrnehmen zu können. **Abbildung 8.3** zeigt eine mögliche Projektorganisation für ein grosses Unternehmen. Dem Vorschlag liegt ein Planungsprojekt zugrunde, das die Erarbeitung einer Gesamtstrategie, mehrerer Geschäftsstrategien und gewisser funktionaler Strategien beinhaltet. Die Projektorganisation entspricht damit einem Strategieplanungsprojekt gemäss dem Vorgehensvorschlag von Abschnitt 5.2.

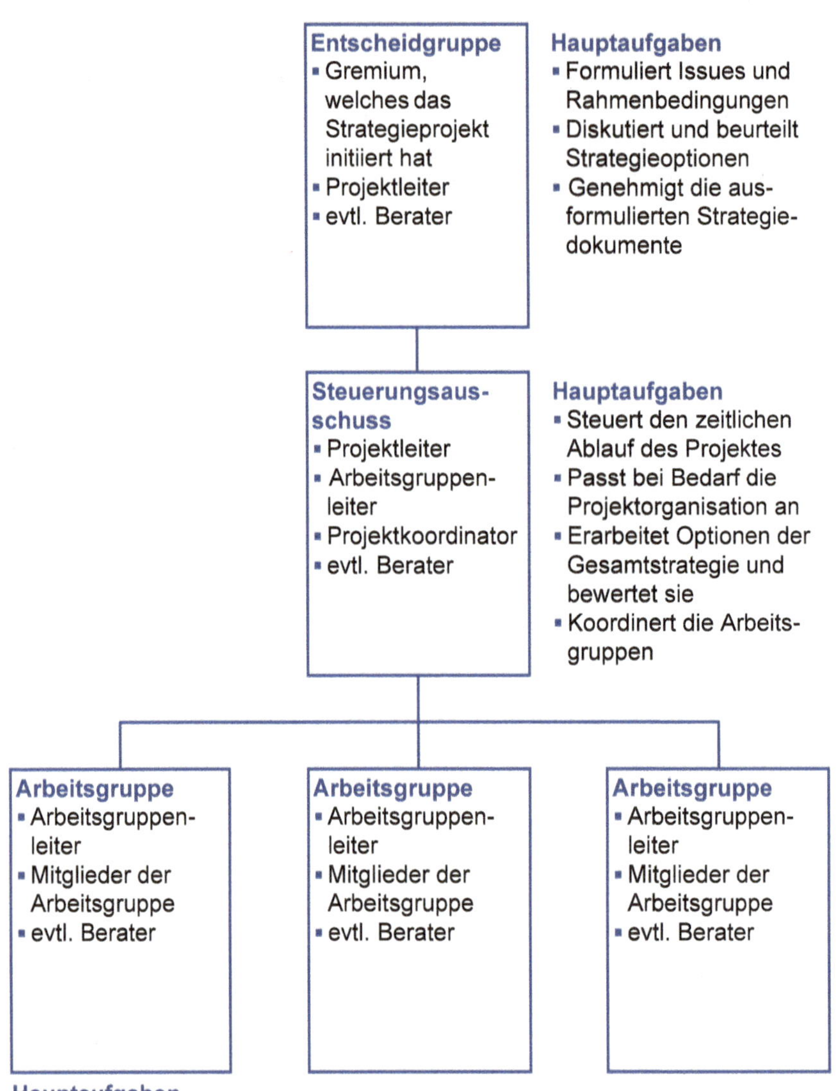

Abbildung 8.3: Mögliche Organisation für ein Strategieplanungsprojekt

Noch wichtiger als die Projektorganisation ist eine gute personelle Besetzung der vorgesehenen Funktionen und Gremien. „Bring together the right people" (Dye/Sibony, 2007, S. 43). Nachfolgend werden zuerst die Anforderungen an die Projektleitung und anschliessend an die Mitglieder der Arbeitsgruppen diskutiert.

Die Auswahl des Projektleiters, der Arbeitsgruppenleiter und des Projektkoordinators sollte folgende Bedingungen erfüllen:

- Beim Projektleiter und bei den Arbeitsgruppenleitern sollte es sich wenn möglich um die Linienmanager handeln. „Those who carry out strategy must also make it" (Beinhocker/Kaplan, 2002, S. 53). Die mit diesem Grundsatz erreichte Identität von Planern und Realisierern ist vor allem unter dem Gesichtspunkt der Arbeitsmotivation empfehlenswert. Sie besitzt zudem zwei weitere Vorteile: Einerseits setzen sich dadurch diejenigen Personen mit der Situation und den Handlungsmöglichkeiten auseinander, die das erworbene Wissen auch in ihrer täglichen Arbeit nutzbringend verwenden können. Andererseits erhöht die Personalunion von Planer und Realisierer die Chance, dass konkrete und umsetzbare Strategien entstehen.
- In grösseren Strategieprojekten ist ein Projektkoordinator zu bestimmen. Dieser sollte während der Projektdauer zu einem erheblichen Teil für das Projekt freigestellt sein. Sonst kann er seine Aufgaben der Sitzungs- und Workshoporganisation, der Dokumentenaufbereitung und -verteilung sowie der Termin- und Kostenüberwachung nicht wahrnehmen.

Die Arbeitsgruppen sind so zusammenzusetzen, dass sie vier Anforderungen gerecht werden:

- Sie sollten heterogen sein und ein breites Wissen abdecken (vgl. Baer et al., 2013, S. 197; Johnson et al., 2011, S. 506). Um die zukünftige Marschrichtung festzulegen, sind fundierte Kenntnisse in den Bereichen Markt, Technologie und Rechnungswesen notwendig.
- Führungskräfte neigen dazu, Geschäfte auch dann weiterzuführen, wenn sie dauerhaft zu Verlusten führen. „There is considerable evidence that managers are reluctant to exit from a losing course of strategic action" (Hayward/Shimizu, 2006, S. 541). Um dieser Gefahr entgegenzuwirken, sollten die Arbeitsgruppen auch Personen umfassen, die nicht an der Erarbeitung und Implementierung der bisher geltenden Strategien beteiligt waren. „We find it useful to include individuals

who did not create, and therefore are not emotionally bound to the status quo" (Lafley et al., 2012, S. 60).

- Drittens sollte jede Arbeitsgruppe über Methodenwissen zur strategischen Analyse und Planung verfügen. Vielfach können diese methodischen Kenntnisse nur durch den Beizug von Beratern sichergestellt werden.
- Schliesslich muss die Arbeitsgruppe auch über Arbeitskapazität verfügen, um in nützlicher Frist Tätigkeiten wie z.B. das Beschaffen und Verdichten von Marktdaten realisieren zu können. Diese Anforderung spricht dafür, neben „gestandenen" Managern auch Nachwuchskräfte, eventuell auch Trainees, in die Arbeitsgruppen zu integrieren.

Schliesslich ist in Aufgabe 1.3 E ein Budget zu erstellen. Das Strategieplanungsprojekt ist dabei nach den gleichen Grundsätzen zu budgetieren und abzurechnen, wie sie auch für andere Projekte im Unternehmen gelten.

Das Budget sollte alle Kosten für die Strategieerarbeitung umfassen. Neben externen Kosten sind auch die von Unternehmensangehörigen zu leistenden Stunden zu budgetieren. Es sind häufig diese internen Stunden und nicht die Beraterhonorare, die zu hohen Strategieplanungskosten führen.

Nicht in das Budget des Strategieplanungsprojektes gehören die Kosten der Strategieimplementierung. Sie erstrecken sich in der Regel über mehrere Jahre, verteilen sich auf zahlreiche Realisierungsprojekte und erreichen ein Vielfaches der Strategieplanungskosten. Ein Überblick über die mit der Strategieimplementierung verbundenen Ausgaben entsteht erst in Schritt 6 des vorgeschlagenen Vorgehens (vgl. Abschnitt 5.2).

Teil III: Strategische Analyse auf Gesamtebene

9 Analyse des globalen Umfeldes

9.1 Einleitung

Die Umfeldanalyse beschäftigt sich mit allen Aspekten, die das Unternehmen und seine Märkte beeinflussen. Mit ihrer Hilfe soll ein Bild der heutigen Situation und vor allem der zukünftigen Entwicklung des Umfeldes geschaffen werden. Für die grosse Mehrheit der Unternehmen beschränkt sich die Analyse auf das Umfeld eines Branchenmarktes und weniger Länder. Dies ist z.B. für einen schweizerischen Schokoladeproduzenten der Fall. Für ihn ist das Umfeld des Schokolademarktes in der Schweiz und in den wichtigen Exportmärkten zu analysieren. Relevant sind zudem die Produktionsbedingungen in der Schweiz. Grosse international tätige Konzerne wie Nestlé haben hingegen das Umfeld vieler Branchenmärkte und zahlreicher Länder in die Analyse einzubeziehen. Dies bedeutet de facto, dass in grossen Unternehmen normalerweise parallel mehrere Umfeldanalysen für die verschiedenen Branchenmärkte und Regionen durchgeführt werden müssen.

Das Umfeld der meisten Unternehmen ist turbulent und komplex. Deshalb erweist sich die Analyse des globalen Umfelds in der Regel als anspruchsvoll (vgl. Volberda et al., 2011, S. 53). Für ihre Durchführung stehen zwei Methoden, die PESTEL-Analyse und die Szenarioanalyse, im Vordergrund (vgl. Johnson et al., 2011, S. 50; Lynch, 2000, S. 109). Sie werden in den Abschnitten 9.2 und 9.3 kurz vorgestellt. In Abschnitt 9.4 wird darauf aufbauend ein Vorschlag zur Durchführung einer globalen Umfeldanalyse unterbreitet.

9.2 PESTEL-Analyse

Der Ausdruck „PESTEL“ stammt von den englischsprachigen Bezeichnungen der sechs wichtigsten Umfeldsphären des Unternehmens und seiner Wettbewerbsarenen (vgl. Carpenter/Sanders, 2009, S. 109 ff.; Johnson et al., 2011, S. 51; Lynch, 2000, S. 109):

- Political environment
- Economic environment
- Sociocultural environment
- Technological environment
- Ecological environment
- Legal environment

Die sechs Umfeldsphären sind sehr umfassend und beinhalten eine Vielzahl von Einzelelementen. **Abbildung 9.1** zeigt dies anhand von Fragen, die Carpenter und Sanders (2009, S. 110) vorschlagen. Wie die Autoren betonen, erhebt ihr Fragenkatalog keinen Anspruch auf Vollständigkeit.

Um mit der PESTEL-Analyse strategierelevante Erkenntnisse gewinnen zu können, sind folgende Punkte zu beachten:

- Es muss verhindert werden, dass allgemeingültige Aussagen mit wenig Relevanz für die zukünftigen Strategien gemacht werden. Deshalb sind in jeder der sechs Umfeldsphären diejenigen Elemente zu identifizieren, welche die Entwicklung des Unternehmens und seiner Märkte wesentlich beeinflussen. Nur diese Elemente bilden die Analysegegenstände. Vor allem in KMUs ist eine Fokussierung auf wenige Themen sinnvoll. Die Autoren sind sich allerdings bewusst, dass die Auswahl der in die Analyse einzubeziehenden Elemente heikel ist. Werden wichtige Elemente vergessen, entsteht kein vollständiges Bild des Umfeldes und seiner Entwicklung. Werden hingegen zu viele Elemente einbezogen, ergibt sich ein allgemeines Bild der Zukunft, in welchem die strategierelevanten Entwicklungen untergehen (vgl. Lynch, 2000, S. 110).
- Die Aussagen dürfen sich nicht allein auf die Vergangenheit und die Gegenwart beziehen. Die Analyse liefert nur dann einen Rahmen für die zukünftige Strategie, wenn sie sich mit der Zukunft auseinandersetzt. Die PESTEL-Analyse ist hierzu geeignet, falls sich das Strategieplanungsteam an einer wahrscheinlichen Entwicklung orientieren kann. Courtney, Kirkland und Viguery sprechen in diesem Fall treffend von „A clear enough future“ (1997, S. 68 ff.). Sind hingegen mehrere Umfeldszenarien denkbar, genügt eine PESTEL-Analyse nicht. In

Political environment	Technological environment
▪ How stable is the political environment? ▪ What are local taxation policies and how do these affect your business? ▪ Is the government involved in trading agreements such as EU, NAFTA, ASEAN, or others? ▪ What are the foreign-trade regulations? ▪ What are the social-welfare policies?	▪ What is the level of research funding in government and industry and are those levels changing? ▪ What is the government and industry's level of interest and focus on technology? ▪ How mature is the technology? ▪ What is the status of intellectual-property issues in the local environment? ▪ Are potentially disruptive technologies in adjacent industries creeping in at the edges of the focal industry?
Economic environment	**Ecological environment**
▪ What are the current and projected GDP and GDP per capita? ▪ What are current and projected interest rates? ▪ What is the level of inflation, what is it projected to be, and how does this projection reflect the growth of your market? ▪ What are local employment levels per capita and how are they changing? ▪ What are exchange rates between critical markets and how will they affect production and distribution of your goods?	▪ What are local environmental issues? ▪ Are there any pending ecological or environmental issues relevant to your industry? ▪ How do the activities of international pressure groups affect your business? ▪ Are there environmental-protection laws? ▪ What are the regulations regarding waste disposal and energy consumption?
Sociocultural environment	**Legal environment**
▪ What are local lifestyle trends? ▪ What are the current demographics and how are they changing? ▪ What is the level and distribution of education and income? ▪ What are the dominant local religions and what influence do they have on consumer attitudes and opinions? ▪ What is the level of consumerism and what are popular attitudes toward it? ▪ What are the attitudes toward work and leisure?	▪ What are the regulations regarding monopolies and private property? ▪ Does intellectual property have legal protections? ▪ Are there relevant consumer laws? ▪ What is the status of employment, health, and product-safety laws?

Abbildung 9.1: Mögliche Inhalte einer PESTEL-Analyse
(in Anlehnung an Carpenter/Sanders, 2009, S. 110)

diesem Fall ist zusätzlich eine Szenarioanalyse (vgl. Abschnitt 9.3) notwendig.

- Es ist wichtig, aus den identifizieren Entwicklungen Schlussfolgerungen abzuleiten. Ergeben sich aus einer Veränderung eines Umfeldfaktors keine Konsequenzen für das Unternehmen, fragt sich, ob er wirklich relevant ist.
- Die Analyseresultate sind tabellarisch oder in einem Framework (vgl. Osterloh/Grand, 1994, S. 279 f.; Porter, 1991, S. 97 ff.) zusammenfassen. Beispiele solcher Zusammenfassungen finden sich in Abschnitt 17.2.

9.3 Szenarioanalyse

„It isn't what we don't know that hurts. It's what we know that ain't so" (Rogers). Ein geeigneter Ansatz um zu verhindern, dass die Strategien auf falschen Annahmen basieren, ist die Szenarioanalyse. Szenarien sind in Anlehnung an von Reibnitz (1987, S. 15) mögliche Umfeldsituationen. Sie können darüber hinaus auch die Entwicklungen beinhalten, die aus der Gegenwart zu diesen Situationen führen. Je weiter das Unternehmen in die Zukunft blickt, desto stärker unterscheiden sich die möglichen Umfeldszenarien. Dies wird durch den Trichter gemäss **Abbildung 9.2** gut zum Ausdruck gebracht.

Es existieren zahlreiche methodische Ansätze, um Umfeldszenarien zu entwickeln (vgl. z.B. Bradfield et al., 2005, S. 795 ff.). Teilweise sind sie komplex und entsprechend auch aufwändig. Sie eigenen sich deshalb in erster Linie für wissenschaftliche Studien wie z.B. die bekannten Szenarien des Club of Rome zur Entwicklung der Welt (vgl. Meadows et al., 1979; Meadows et al., 2010) und für sehr grosse Unternehmen. Der Zielsetzung des vorliegenden Buches entsprechend, wird auf diese komplexen Methoden nicht eingegangen, sondern ein einfaches Vorgehen vorgeschlagen. Es basiert auf Schwartz (1991, S. 226 ff.) und van der Heijden et al. (2002, S. 202 ff.) und umfasst drei Schritte:

- Zuerst sind die Einflussfaktoren im relevanten Umfeld des Unternehmens zu identifizieren und nach ihrer Bedeutung und nach ihrer Prognostizierbarkeit (predictability) zu ordnen. Die PESTEL-Analyse (vgl. Abschnitt 9.2) bildet eine gute Grundlage für die Erfüllung dieser Aufgabe.

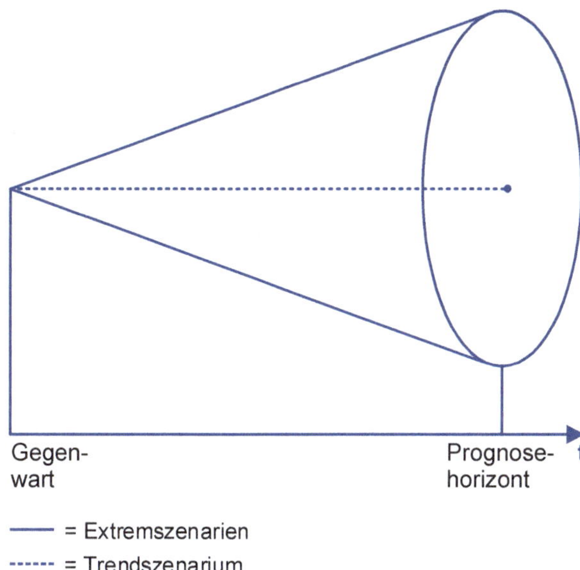

Abbildung 9.2: Trichtermodell zur Visualisierung der Szenarioanalyse
(in Anlehnung an von Reibnitz, 1987, S. 30)

- Darauf sind die zwei Faktoren auszuwählen, welche die grösste Bedeutung und die schlechteste Prognostizierbarkeit aufweisen. Für jeden dieser Faktoren sind zwei sich klar unterscheidbare mögliche Ausprägungen zu wählen. Die Kombinationen dieser Ausprägungen führen zu vier Szenarien. Den Szenarien sollten keine Wahrscheinlichkeiten zugeordnet werden. Dies würde zu einer Fokussierung auf das wahrscheinlichste Szenarium führen und damit der beabsichtigten Öffnung des strategischen Denkens zuwiderlaufen (vgl. Ogilvy/Schwartz, 1998, S. 16).
- Schliesslich sind die Szenarien zu beschreiben. „Scenarios are narratives of alternative environments" (Ogilvy/Schwartz, 1998, S. 1). Dabei geht es nicht nur darum, die Fakten zusammenzutragen. Damit die Szenarien für die mit der Strategieplanung beauftragten Personen eine Orientierungshilfe sind, müssen sie ganzheitlich und bildhaft sein. Die PESTEL-Analyse (vgl. Abschnitt 9.2) bietet eine mögliche Struktur für die Beschreibung der Szenarien.

Abbildung 9.3 fasst das beschriebene Vorgehen zusammen.

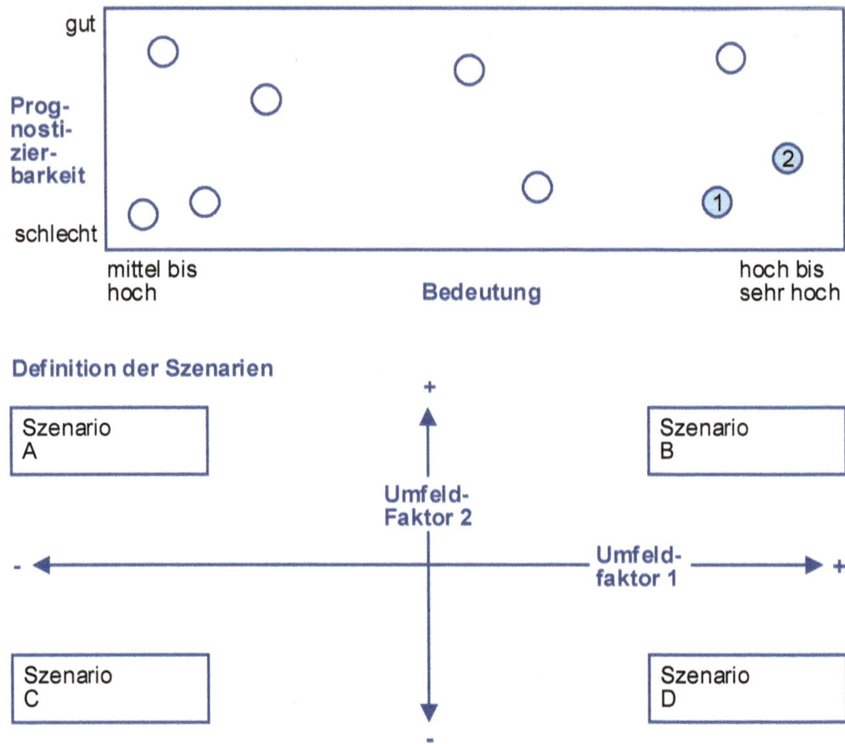

Beschreibung der Szenarien

Abbildung 9.3: Erarbeitung von Szenarien

Praxisfenster 9.1 fasst die Szenarioanalyse eines Elektrizitätsunternehmens zusammen, die weitgehend auf dem Vorgehen gemäss Abbildung 9.3 basiert.

Praxisfenster 9.1: Szenarioanalyse eines schweizerischen Elektrizitätsunternehmens

Nach Fukushima erarbeitete ein schweizerischer Elektrizitätskonzern als Grundlage der strategischen Planung vier Szenarien. Zuerst wurden wichtige Umfeldsfaktoren, wie z.B. die Entwicklung der Nachfrage im Versorgungsgebiet und die Veränderung der Kapazitäten im Hochspannungsnetz prognostiziert. Zwei Umfeldfaktoren wurden aufgrund dieser Prognosen nicht nur als wichtig, sondern auch als schwer vorhersehbar eingestuft. Es handelte sich um die Regulierungsdichte und um die Kooperation der Schweiz mit der Europäischen Union. Auf der Basis dieser zwei Faktoren wurden vier Szenarien gemäss nachfolgender Abbildung definiert. Diese wurden anschliessend beschrieben und visualisiert.

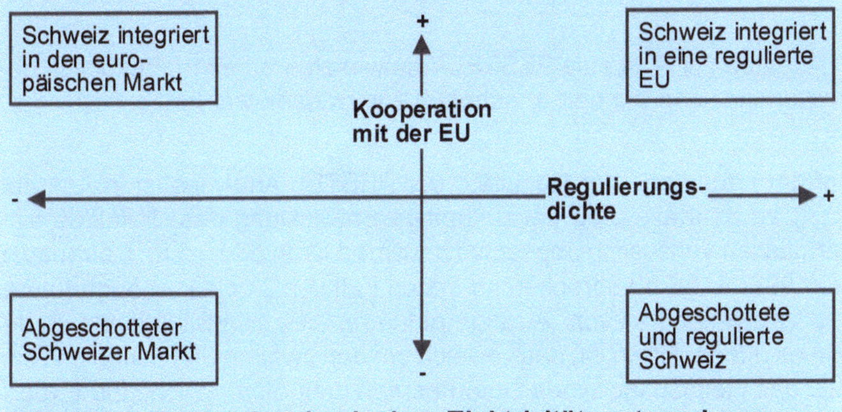

Szenarien eines schweizerischen Elektrizitätsunternehmens

9.4 Prozess zur Analyse des globalen Umfeldes

Die Analyse des globalen Umfeldes bilden den Unterschritt 2.1 im Strategieplanungsprozess. Wie **Abbildung 9.4** zeigt, besteht er aus drei Aufgaben.

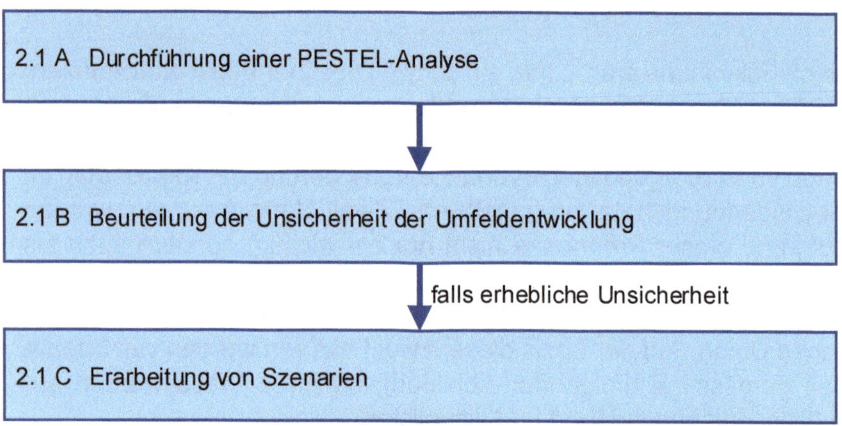

Abbildung 9.4: Prozess zur Analyse des globalen Umfeldes

In Aufgabe 2.1 A ist eine PESTEL-Analyse zu erarbeiten. Bezüglich des Vorgehens kann auf den Abschnitt 9.2 verwiesen werden.

Auf der Grundlage der Resultate der PESTEL-Analyses ist in Aufgabe 2.1 B zu beurteilen, ob die zukünftige Entwicklung des Umfeldes einigermassen verlässlich abgeschätzt werden kann oder nicht. Courtney et al. (1997, S. 68 ff.) sprechen im ersten Fall von „A clear enough future“ und im zweiten Fall von „A range of futures“. Es gibt Situationen, in denen es offensichtlich ist, dass es sich um den zweiten Fall handelt. Wenn z.B. das Heimatland eines Unternehmens mit einem wichtigen Exportmarkt über ein Freihandelsabkommen verhandelt, sind die Umfeldszenarien mit und ohne Vertragsabschluss zu berücksichtigen. Courtney et al. (1997, S. 70) bezeichnen diesen Fall als „Alternate futures“. Es handelt sich um einen Spezialfall von „A range of futures“. In der Regel ist es jedoch nicht von vorneherein klar, ob eine geringe oder eine erhebliche Unsicherheit vorliegt. Die Verfasser empfehlen in dieser Situation eine generelle Diskussion in der Strategiegruppe über die zukünftige Umfeldentwicklung. Zeigt sich ein Konsens bezüglich der grossen Linien dieser Entwicklung, spricht dies für „A clear enough future". Kommen hingegen unterschiedliche Auffassungen zum Vorschein, handelt es sich um den Fall von „A range of futures".

Im Fall von „A range of futures" ist in Aufgabe 1.2 C eine Szenarienanalyse gemäss Abschnitt 9.3 zu realisieren.

10 Portfolioanalyse

10.1 Einleitung

Die Portfolioanalyse bildet den Unterschritt 2.2 im Strategieplanungsprozess.

Die Portfolioanalyse hat ihren Ursprung in der Kapitalmarkttheorie und dient dort zur Optimierung von Rendite und Risiko von Wertschriftenportefeuilles. In den 70ger Jahren des letzten Jahrhunderts erkannten Unternehmensberatungsfirmen eine Analogie zwischen einem Wertschriftenportefeuille und einem diversifizierten Unternehmen. In beiden Fällen geht es nämlich darum, eine Kombination von mehreren Investitionen zu beurteilen. Basierend auf dieser Analogie entwickelten sie die strategischen Portfolioansätze. Sie ermitteln die Marktattraktivität und die Wettbewerbsstärke der strategischen Geschäfte (vgl. Kapitel 7) eines diversifizierten Unternehmens und beurteilen darauf aufbauend das Geschäftsportfolio.

Nachfolgend werden in den Abschnitten 10.2 und 10.3 zuerst die beiden wichtigsten Methoden der Portfolioanalyse vorgestellt. Anschliessend wird in Abschnitt 10.4 ein Vorgehen zur Portfolioanalyse vorgeschlagen.

10.2 Boston Consulting Group-Portfolio

10.2.1 Portfolio-Matrix

Das Boston Consulting Group-Portfolio (vgl. Hedley, 1977, S. 9 ff.; Henderson, 1970) verwendet als vertikale Achse das inflationsbereinigte reale Marktwachstum und als horizontale Achse den im Vergleich zum grössten Konkurrenten bestimmten relativen Marktanteil. Sowohl das reale Marktwachstum als auch der relative Marktanteil sind wert- und nicht mengenmässig zu berechnen. Zur Darstellung des relativen Marktanteils im Portfolio wird eine logarithmische Skala verwendet. Der Grund dafür liegt in der Erfahrungskurve (vgl. Unterabschnitt 10.2.2).

Die beiden Achsen werden in je zwei Bereiche unterteilt:

- Für die vertikale Achse – das reale Marktwachstum – wird empfohlen, als Trennlinie das für das Unternehmen relevante Wirtschaftswachstum in den vergangenen Jahren zu wählen. Ein international tätiger diversifizierter Konzern wählt das Weltwirtschaftswachstum und ein national tätiges Bauunternehmen das Wachstum der Bauwirtschaft im entsprechenden Land.
- Die horizontale Achse – der relative Marktanteil – wird bei einem Wert von 1 unterteilt. Der relative Marktanteil zeigt das Verhältnis des eigenen Marktanteils zum Marktanteil des grössten Konkurrenten. Geschäfte mit einem relativen Marktanteil von mehr als 1 haben eine führende Stellung im relevanten Markt oder Teilmarkt.

Wie **Abbildung 10.1** zeigt, resultieren vier Arten von Geschäften:

- Stars sind Marktleader in überdurchschnittlich wachsenden Märkten.
- Cash Cows sind Marktleader in unterdurchschnittlich wachsenden Märkten.

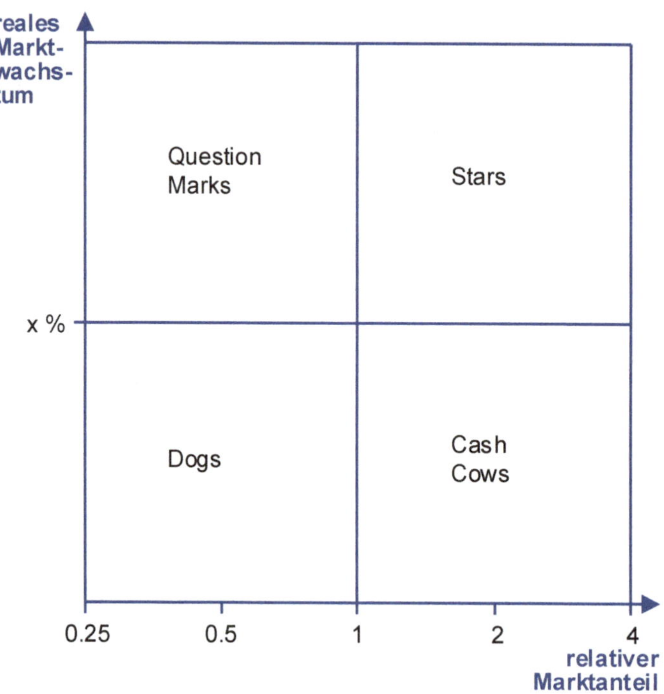

Abbildung 10.1: Boston Consulting Group-Portfolio

- Dogs bearbeiten unterdurchschnittlich wachsende Märkte. Ihre Marktpositionen können von „schwach" bis „nahe beim Marktleader" reichen.
- Question Marks bearbeiten überdurchschnittlich wachsende Märkte. Ihre Marktpositionen können von „schwach" bis „nahe beim Marktleader" reichen.

Wie **Abbildung 10.2** zeigt, haben die vier Arten von Geschäften einen Bezug zur Mittelgenerierung oder -verwendung.

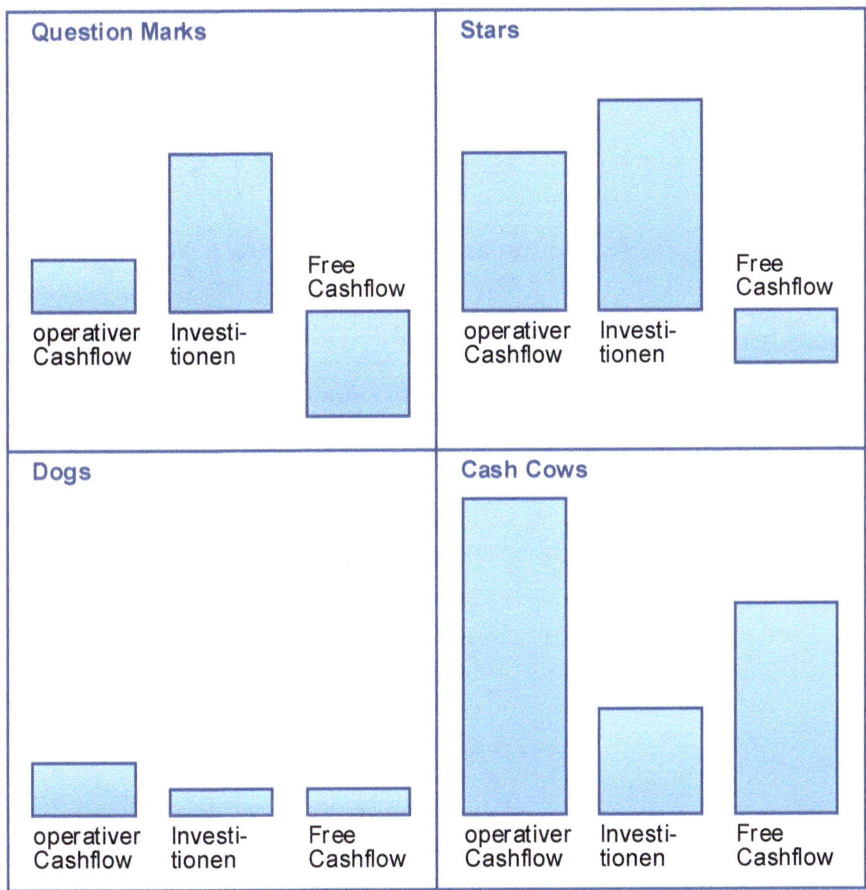

Abbildung 10.2: Portfolioposition und Mittelfluss im Boston Consulting Group-Ansatz
(basiert auf Max/Majluf, 1991, S. 157 f.)

10.2.2 Grundlagen

Hinter dem realen Marktwachstum als Variable zur Messung der Marktattraktivität steht der Marktlebenszyklus. Er wird in **Vertiefungsfenster 10.1** vorgestellt.

Die Wahl des relativen Marktanteils als Variable zur Messung der Wettbewerbsstärke wird in der Literatur mit der Erfahrungskurve begründet (vgl. Hedley, 1977, S. 10). Das Gesetz wird in **Vertiefungsfenster 10.2** erklärt.

Vertiefungsfenster 10.1: Marktlebenszyklus

Das Vertiefungsfenster basiert auf Kühn et al. (2020, S. 170 ff.).

Die nachfolgende **Abbildung** zeigt den Normalverlauf eines Marktlebenszyklus mit den üblicherweise unterschiedenen Entwicklungsphasen Einführung, Wachstum, Reife, Sättigung und Rückgang.

Ein Marktlebenszyklus wird durch eine Angebotsinnovation ausgelöst. Der oder die Erstanbieter versuchen in der Einführungsphase mit einer oft noch mit Kinderkrankheiten behafteten Produktversion

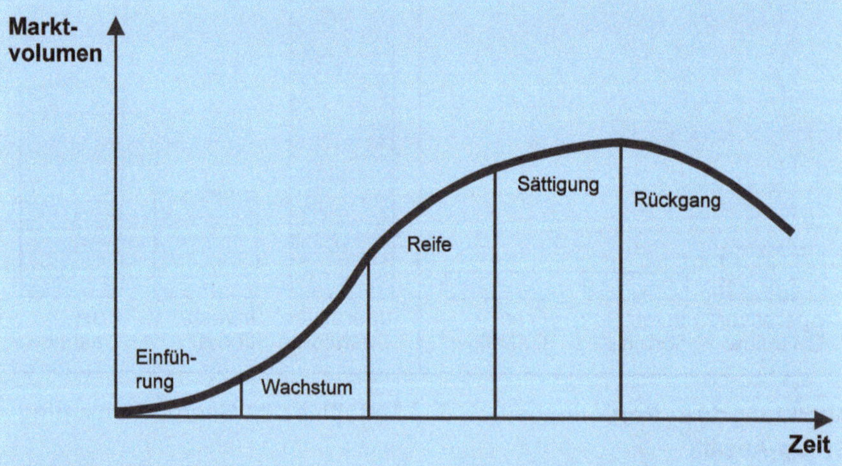

Marktlebenszyklus

erste Umsätze zu erzielen. Dabei werden an Innovationen interessierte Produktverwender angesprochen. Ihre Bearbeitung verursacht erhebliche Marketinginvestitionen und führt trotz hohen Preisen häufig zu Verlusten. Da das Unternehmen nur unsichere Informationen bezüglich der Kundenbedürfnisse besitzt, kommt es häufig vor, dass sich eine Innovation als Flop erweist.

In der Wachstumsphase erhöht sich normalerweise die Zahl der Anbieter und der Produktvarianten. Neue Anbieter werden durch überdurchschnittliche Wachstumsraten und steigende Gewinne angezogen. Die Zunahme der Zahl der Produktvarianten hängt einerseits mit den neuen Anbietern zusammen: Sie setzen auf Produktvariationen, um Wettbewerbsvorteile zu erringen. Andererseits entwickeln auch die Ersteinsteiger Produktvarianten, um die Nachfrage besser abzudecken. Die grössere Angebotsvielfalt entspricht dabei durchaus einem Bedürfnis, in dem die Produktverwender aufgrund ihrer Erfahrungen mit der ersten Produktgeneration spezifischere Anforderungen entwickeln. Die einsetzende Bedürfnisdifferenzierung führt zur Herausbildung von Marktsegmenten. Typisch für die Wachstumsphase sind auch die Verbreiterung der Distribution und die Verschärfung des Wettbewerbs. So konnte beispielsweise im Markt für Smartphones beobachtet werden, wie mit dem Eintritt mehrerer Anbieter in der Wachstumsphase nicht nur die Zahl der Produktvarianten, sondern gleichzeitig auch der Preisdruck wesentlich zugenommen hat.

In der Reifephase führen sinkende Wachstumsraten des Marktvolumens zu einer Intensivierung des Wettbewerbs. Umsatzgewinne eines Wettbewerbers führen immer häufiger zu Umsatzverlusten von anderen Wettbewerbern. Oft wird der Konkurrenzkampf noch dadurch verstärkt, dass die Nachahmung erfolgreicher Marktleistungen die Produktunterschiede verringert oder gar zum Verschwinden bringt. Dieser Umstand steigert die Bedeutung der Marketingkommunikation, der Zusatzleistungen und insbesondere des Preises. Die Konsequenzen sind steigende Marketingkosten und schrumpfende Margen. Die Reifephase beginnt oft schon nach wenigen Jahren, da durch professionelles Marketing die Wachstumsphase rasch durchlaufen wird. Dies war beispielsweise im Markt für Flachbildschirme der Fall.

Die Sättigungsphase verschärft die Probleme der Reifephase. Oft entsteht ein ausgesprochener Verdrängungswettbewerb, der eine Strukturbereinigung auslöst. Aber manchmal beruhigt sich die Wettbewerbssituation auch. Alle Konkurrenten merken, dass Marktanteilsgewinne nur über exorbitante Kosten möglich sind. Dies führt dann zu einer Situation, in der die Marktanteile weitgehend stabil bleiben.

Einzelne Märkte bleiben oft über viele Jahre in der Sättigungsphase. Man denke etwa an den Waschmittelmarkt, den Möbelmarkt oder den Schuhmarkt. Bei anderen Märkten ist dagegen mit kürzeren Sättigungsphasen und früher einsetzendem Rückgang zu rechnen. Dieser wird durch Bedürfnisänderungen und/oder durch das Auftreten von Substitutionsprodukten ausgelöst. Beispiele finden sich insbesondere in Märkten, in denen technologische Entwicklungen eine Rolle spielen. Ein Beispiel bietet der Markt für MP3-Player, der seit mehreren Jahren durch Smartphones stark bedrängt wird.

Abschliessend ist auf den Unterschied zwischen Markt- und Produktlebenszyklen hinzuweisen. Die auf der strategischen Ebene wichtigen Marktlebenszyklen beziehen sich auf breit definierte Produktgruppen wie z.B. Orangensaft oder Joghurt. Sie sind langfristig. Produktlebenszyklen betreffen hingegen spezifische Produktvarianten wie z.B. ballaststoffreicher Orangensaft oder ein mit Vitaminen versetztes Joghurt. Neue Produktevarianten werden in jeder Marktentwicklungsphase eingeführt und oft nach kurzer Zeit durch Nachfolgeprodukte abgelöst.

Vertiefungsfenster 10.2: Erfahrungskurve

Das Vertiefungsfenster basiert auf Hill und Jones (2013, S. 123 ff.).

Die Erfahrungskurve gemäss nachfolgender **Abbildung** wurde in der Flugzeugproduktion entdeckt und anschliessend in einer grossen

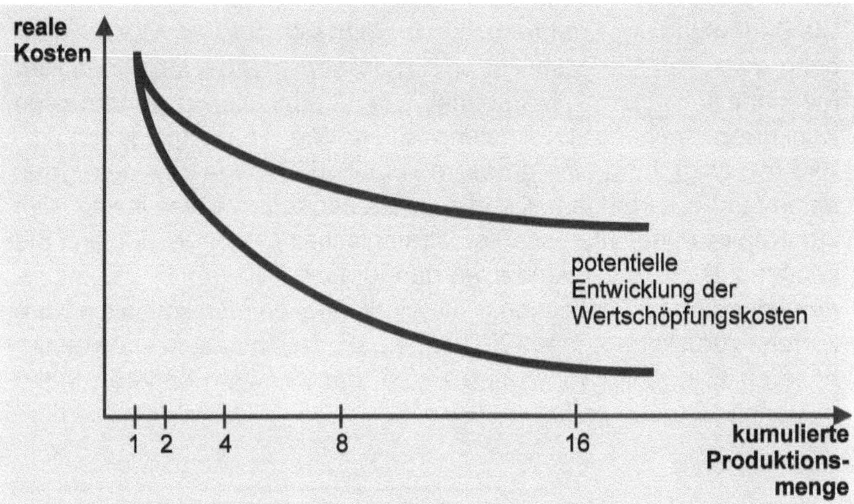

Erfahrungskurve

Zahl von Branchen nachgewiesen. Sie besagt, dass mit jeder Verdoppelung der kumulierten Menge ein Kostensenkungspotential von 20 bis 30% bei den realen Wertschöpfungskosten pro Stück entsteht.

Bei der Bestimmung und Interpretation konkreter Erfahrungskurven sind folgende Eigenheiten zu beachten:

- Die Erfahrungskurve bezieht sich auf die inflationsbereinigten Kosten. Sie umfasst nur die mit der eigenen Wertschöpfung verbundenen Kosten. Da jedoch auch die Lieferanten von Erfahrungskurveneffekten profitieren, sollten auch bei den beschafften Produkten Einsparungen möglich sein.
- Es handelt sich bei der Erfahrungskurve nicht um einen automatischen Effekt, sondern um ein Kostensenkungspotential. Um dieses zu nutzen, werden Kostenbewusstsein, Rationalisierungen und Reengineeringprojekte vorausgesetzt.
- Die Erfahrungskurve gilt sowohl für einzelne Unternehmen als auch für Branchen als Ganzes. Sie gilt nur, solange die Technologie nicht grundsätzlich ändert. So war z.B. in der Herstellung von Fernsehgeräten zu beobachten, dass mit der Einführung von Farbfernsehern eine neue Erfahrungskurve ausgelöst wurde.

Die Bedeutung der Erfahrungskurve ergibt sich aus dem Zusammenhang zwischen der kumulierten Produktionsmenge, dem relativen Marktanteil – dem Marktanteil im Verhältnis zum grössten Konkurrenten – und der Kostenposition. Wie die nachfolgende **Abbildung** zeigt, führt eine grössere kumulierte Menge zu einem grösseren relativen Marktanteil und zu Kostenvorteilen. Diese lassen sich zur Realisierung interessanter strategischer Optionen nutzen. Sie können z.B. dazu verwendet werden, um mit Hilfe von Preissenkungen oder durch Investitionen in die Marketingkommunikation die Konkurrenz zurückzudrängen. Sie können aber auch dazu dienen, einen höheren Free Cash Flow zu erzielen, der in einem anderen Markt eingesetzt werden kann.

Unternehmen	Variablen	Werte Ende Jahr 1	Werte Ende Jahr 2	Werte Ende Jahr 4
Marktleader mit Produktionsmenge von 2'000 Stk. pro Jahr	Kumulierte Produktionsmenge	2'000	4'000	8'000
	relativer Marktanteil	2.0	2.0	2.0
	Wertschöpfungskosten	0.7 - 0.8	0.49 - 0.64	0.343 - 0.512
Nummer 2 mit Produktionsmenge von 1'000 Stk. pro Jahr	Kumulierte Produktionsmenge	1'000	2'000	4'000
	relativer Marktanteil	0.5	0.5	0.5
	Wertschöpfungskosten	1	0.7 - 0.8	0.49 - 0.64

Zusammenhang von kumulierter Produktionsmenge, relativem Marktanteil und Wertschöpfungskosten

10.2.3 Empfehlungen zu den Geschäften und zum Gesamtportfolio

Bereits durch die Bezeichnung der vier Typen von Geschäften kommt zum Ausdruck, dass mit ihnen eine Vorstellung bezüglich des strategischen Verhaltens verbunden ist. Dieses Verhalten wird mit den sogenannten Normstrategien zum Ausdruck gebracht. Eine stichwortartige Beschreibung geht aus **Abbildung 10.3** hervor. Die Normstrategien basieren allein auf einer unterschiedlichen Stellung der Geschäfte im Portfolio. Sie berücksichtigen weder die speziellen Verhältnisse in den einzelnen Märkten noch die spezifischen Stärken und Schwächen der Geschäfte. Sie geben deshalb lediglich erste Anhaltspunkte und sind im Rahmen der Erarbeitung der Geschäftsstrategien auf ihre Zweckmässigkeit zu hinterfragen. Eine besonders kritische Haltung ist gegenüber den Normstrategien für Question Marks und Dogs angebracht. Die in zahlreichen Märkten festzustellende Heterogenität der Nachfrage hat zur Folge, dass auch Marktpositionen mit einem relativen Marktanteil von kleiner 1 langfristig attraktiv sein können. Dies ist dann der Fall, wenn ein Anbieter in einem Teilmarkt eine starke Position aufgebaut hat. In dieser Situation sollten auch Unternehmen, die nur an zweiter, dritter oder noch niedrigerer Position stehen, eine Cash Cow- resp. Star-Strategie als Option ins Auge fassen. Beispiele hierfür finden sich in vielen Branchen. Man denke etwa an Personenwagen oder Zigaretten. In beiden Branchen halten jeweils mehrere Anbieter interessante Marktpositionen, die sie dank profilierten Angeboten auch verteidigen können. Ferner ist vor einer Überinterpretation des Ausdrucks „Cash Cow“ zu warnen. Cash Cows sind mittelfristig für den Erfolg des Unternehmens entscheidend. In Märkten, die nicht degenerieren sondern auf hohem Niveau stagnieren (vgl. Vertiefungsfenster 10.1) kann ein Cash Cow-Geschäft langfristig überdurchschnittliche Gewinne sichern. Cash Cow-Geschäfte sind somit nicht auszubluten, sondern sie sollten mit ausreichend Mitteln ausgestattet werden, damit sie als Gewinnbasis des Unternehmens möglichst lange erhalten bleiben.

Die Normstrategien gehen implizit von der Annahme aus, dass es sich bei den Geschäften um strategisch weitgehend autarke Geschäftsfelder handelt (vgl. z.B. Grant, 2013, S. 369). Bei der Festlegung von Geschäftsbereichsstrategien sind dagegen die Auswirkungen auf die Kostensituation und die Marktpositionen der zum gleichen Geschäftsfeld

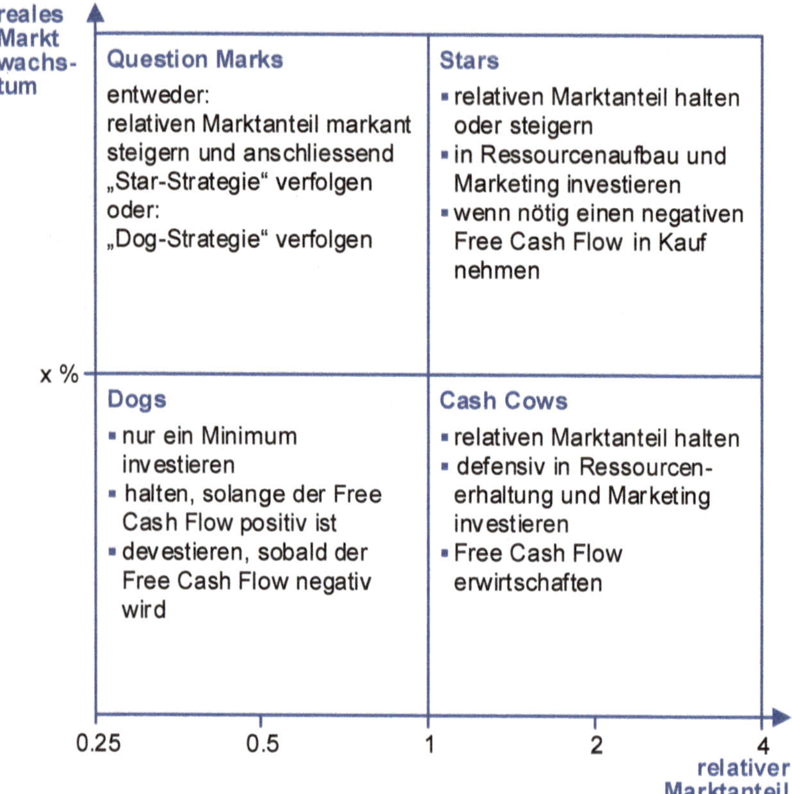

Abbildung 10.3: Normstrategien im Boston Consulting Group-Ansatz

gehörenden anderen Geschäftsbereiche zu berücksichtigen. Die Devestition eines Geschäftsbereichs kann zu höheren Durchschnittskosten der verbleibenden Geschäftsbereiche führen oder ihre Absatzchancen verringern. Deshalb sind die Normstrategien zur Beurteilung eines Portfolios von Geschäftsbereichen besonders vorsichtig anzuwenden.

Schon der aus dem Wertschriftenmanagement übertragene Begriff des Portfolios suggeriert, dass es auch Empfehlungen zum Portfolio insgesamt gibt. Als Grundidee ist ein Portfolio anzustreben, das ein Gleichgewicht zwischen reifen, Cash erzeugenden und zukunftsträchtigen, Cash benötigenden Geschäften ergibt. Dadurch kann einerseits sichergestellt werden, dass das Unternehmen in Märkte mit einer hohen zukünftigen Marktattraktivität investiert. Andererseits wird über die Geschäfte in den gesättigten Märkten zumindest eine teilweise Selbstfinanzierung sichergestellt (vgl. Hill/Jones, 1992, S. 289). Konkret sollte in einem BCG-Portfolio ein namhafter Teil des Umsatzes mit Geschäften im Cash Cow-Bereich erzielt werden. Daneben muss das Portfolio Stars als künftige Umsatz- und Cash-Erzeuger enthalten. Einige Question Marks stören nicht, weil sie dem Unternehmen Handlungsspielraum verschaffen. Geschäfte im Dog-Bereich sind möglichst zu vermeiden, da sie weder Cash bringen noch zukunftsträchtig sind. Eine Ausnahme zu dieser Regel bilden Geschäfte, die zwar eine Dog-Position einnehmen, aber eine klare Nischenstrategie verfolgen. Sie lassen sich von der Rendite her oft mit den Cash Cows vergleichen und deshalb auch entsprechend behandeln.

Abbildung 10.4 zeigt drei Beispiele von unausgeglichenen und ein Beispiel eines ausgeglichenen Portfolios. Dem ersten Portfolio fehlen die zukunftssichernden Geschäfte. Den finanzielle Überschüsse erzeugenden Cash Cows steht ein einziges Geschäft im Question Mark-Bereich gegenüber. Es operiert zwar in einem zukunftsträchtigen Feld, besitzt aber eine schlechte Wettbewerbsposition. Im zweiten Beispiel fehlen die Geschäfte, die einen Free Cash Flow abwerfen, um die zahlreichen Zukunftsoptionen im Star- und Question Mark-Bereich nutzen zu können. Das dritte Portfolio befriedigt weder von seinen Zukunftschancen noch von seinem aktuellen Free Cash Flow her. Das vierte Beispiel schliesslich weist ein sinnvolles Verhältnis zwischen mittelgenerierenden und zukunftsträchtigen Geschäften auf.

10.3 McKinsey-Portfolio

10.3.1 Portfolio-Matrix

Wie **Abbildung 10.5** zeigt, unterscheidet sich das McKinsey-Portfolio vom Boston Consulting Group-Portfolio äusserlich durch die Verwendung einer Neunfelder- anstatt eine Vierfelder-Matrix. Viel wesentlicher ist jedoch die unterschiedliche Benennung der Achsen und das damit verbundene komplexere Vorgehen zur Positionierung der Geschäfte: Das McKinsey-Portfolio verwendet mit der Marktattraktivität und der Wettbewerbsstärke zur Bestimmung der Portfoliopositionen der Geschäfte zwei mehrdimensionale Konstrukte.

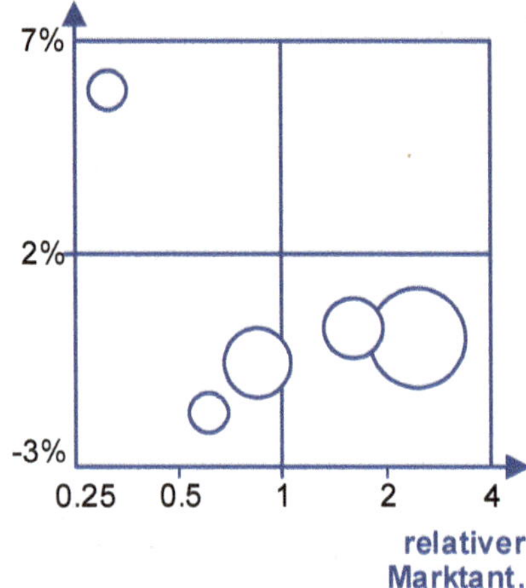

Portfolio mit ungenügendem
Cash Flow

reales
Marktw.

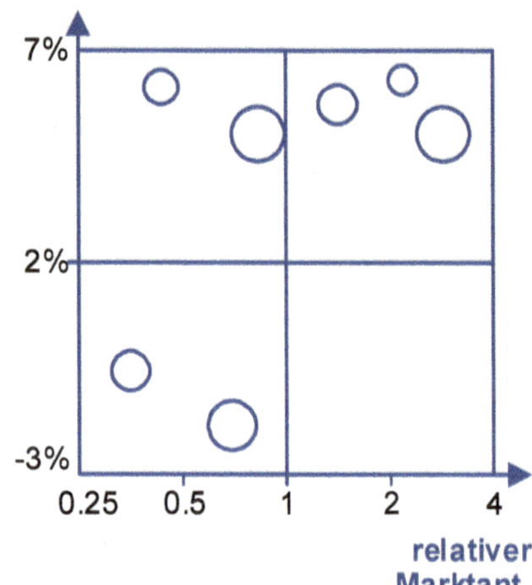

Portfolio mit ungenügendem
Zukunfspotential und Cash Flow

reales
Marktw.

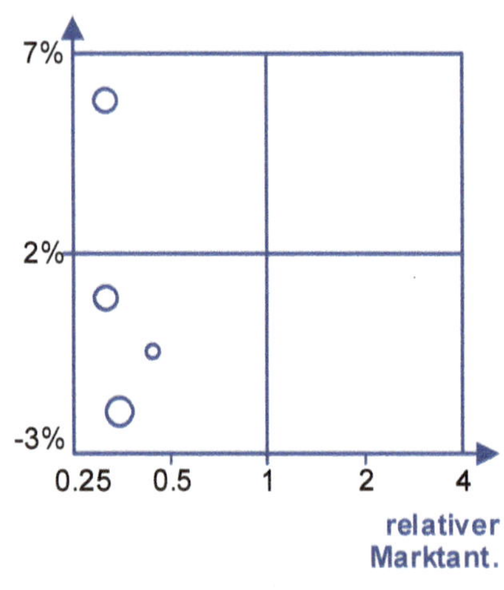

Ausgeglichenes
Portfolio

reales
Marktw.

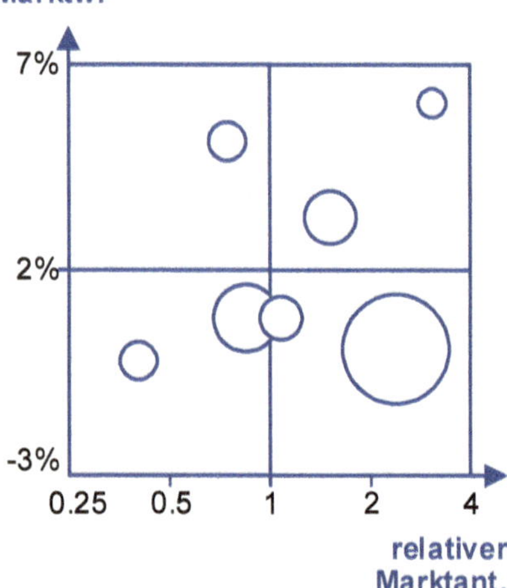

○ = aktueller Umsatz der Geschäfte

Abbildung 10.4: Beispiele von Boston Consulting Group-Portfolios

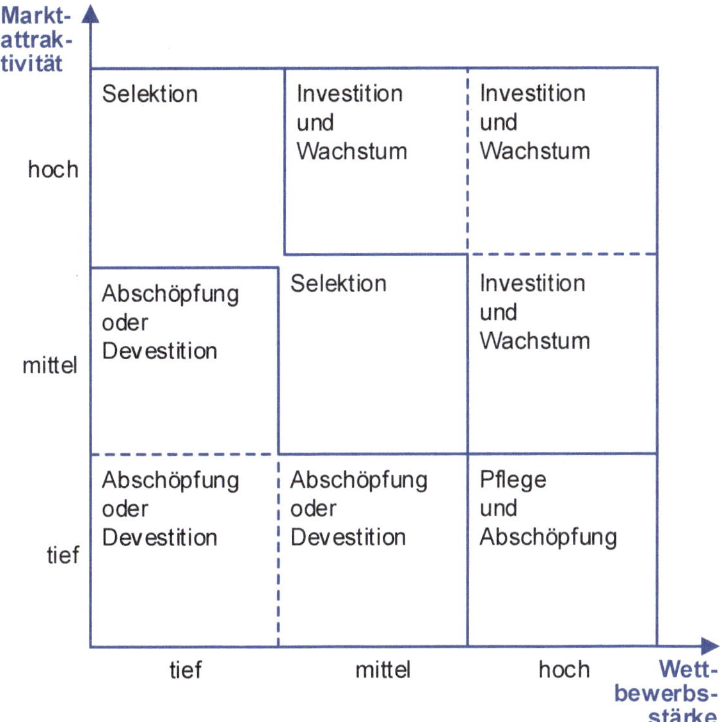

Abbildung 10.5: McKinsey-Portfolio

Für die Positionierung der strategischen Geschäfte im Portfolio wird ein Vorgehen in drei Schritten vorgeschlagen (vgl. Hill/Jones, 1992, S. 281 f.; Thompson/Strickland, 2003, S. 331 ff.):

- Zuerst sind die Beurteilungskriterien festzulegen und allenfalls zu gewichten. Es finden sich in der Literatur verschiedene Kriterienkataloge. Ein guter Vorschlag stammt von Hill und Jones (1992, S. 281 f.). Die empfohlenen zweimal sieben Kriterien gehen aus **Abbildung 10.6** hervor.
- Darauf sind die Geschäfte auf der Basis einer vorgegebenen Skala bezüglich der einzelnen Kriterien zu bewerten. Dabei ist wichtig, dass die Bewertungen der verschiedenen Geschäfte bezüglich eines Kriteriums konsistent sind. Um dies sicherzustellen ist in einer Tabelle festzulegen, welche absoluten Grössen – z.B. welche Marktanteile – welche Skalenwerte ergeben.
- Schliesslich müssen aus den Einzelbewertungen die aggregierten Werte der Marktattraktivität und der Wettbewerbsstärke der Geschäfte berechnet werden.

Criteria for assessing market attractiveness	Criteria for assessing competitive strength
Market size	Market share
Market growth	Technological know-how
Industry profitability	Product quality
Capital intensity	After-sales service/maintenance
Technological stability	Price competitiveness
Competitive intensity	Low operating costs
Cyclical independence	Productivity

Abbildung 10.6: Kriterien von Hill und Jones zur Bestimmung der Marktattraktivität und der Wettbewerbsstärke
(in Anlehnung an Hill/Jones, 1992, S. 281 f.)

Praxisfenster 10.3 zeigt ein Beispiel zur Bestimmung der Istpositionen im McKinsey-Portfolio.

Praxisfenster 10.3: Bestimmung der Istpositionen der Geschäfte im McKinsey-Portfolio

Ein Unternehmen besitzt drei strategische Geschäftsfelder, die in einem McKinsey-Portfolio positioniert werden sollen. Das Strategieplanungsteam beschliesst, die Marktattraktivität über die drei Kriterien „Marktgrösse“, „Marktwachstum“ und „Wettbewerbsintensität“ zu erfassen. Die Wettbewerbsstärke soll über die Kriterien „Marktanteil“, „Produktqualität“ und „Wertschöpfungskosten“ beurteilt werden. Die beiden Kriterien „Marktwachstum“ und „Marktanteil“ erhalten ein doppeltes Gewicht.

Die erste **Abbildung** zeigt das Resultat der 18 Einzelbewertungen. Den Bewertungen liegt eine Skala von 1 bis 4 zugrunde. Der Wert 1 bedeutet „völlig unattraktiv“ respektive „ausgeprägte Wettbewerbsschwäche“. Der Wert 4 wird mit „sehr attraktiv“ respektive „aus-geprägte Wettbewerbsstärke“ umschrieben.

Die ausgefüllte Tabelle ermöglicht die Erstellung des Istportfolios gemäss der zweiten **Abbildung.**

Kriterien	Krit. Gew.	Geschäft A		Geschäft B		Geschäft C	
		ungew. Bew.	gew. Bew.	ungew. Bew.	gew. Bew.	ungew. Bew.	gew. Bew.
Bestimmung der Marktattraktivität							
Marktgrösse	0.25	4	1	2	0.5	2	0.5
Marktwachstum	0.5	1	0.5	4	2	1	0.5
Wettbewerbsintensität	0.25	1	0.25	3	0.75	1	0.25
Insgesamt	-	-	1.75	-	3.25	-	1.25
Bestimmung der Wettbewerbsstärke							
Marktanteil	0.5	4	2	2	1	1	0.5
Produktqualität	0.25	3	0.75	3	0.75	2	0.5
Wertschöpfungskosten	0.25	2	0.5	2	0.5	2	0.5
Insgesamt	-	-	3.25	-	2.25	-	1.5

Bestimmung von Marktattraktivität und Wettbewerbsstärke

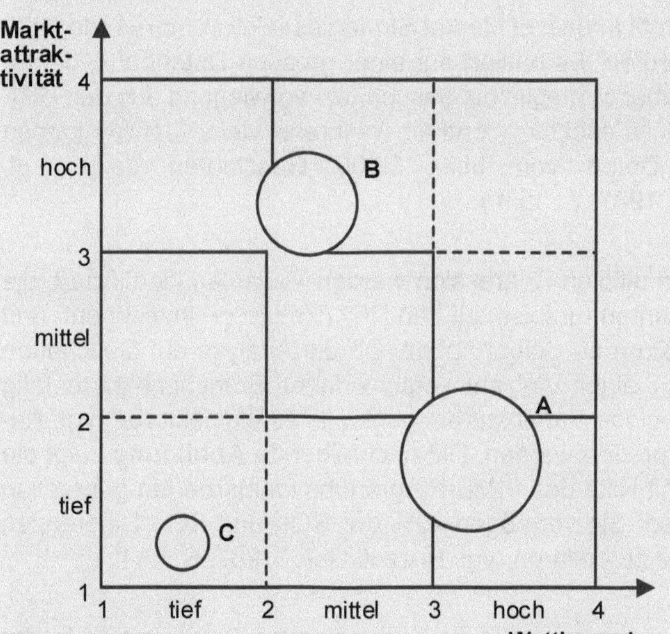

Istportfolio

10.3.2 Grundlagen

Wie im vorangehenden Abschnitt gezeigt, hat die Strategieplanungsgruppe sinnvolle Kriterien zur Beurteilung der Marktattraktivität und der Wettbewerbsstärke auszuwählen. Als Kriterien drängen sich dabei generelle Erfolgsfaktoren (vgl. Kapitel 16) auf.

Das PIMS (Profit Impact of Market Strategies)-Programm ist die wichtigste Studie zu den generellen Erfolgsfaktoren und damit eine gute Basis für die Auswahl der Kriterien zur Bestimmung von Marktattraktivität und Wettbewerbsstärke. **Vertiefungsfenster 10.4** stellt das Programm vor.

Vertiefungsfenster 10.4: Das PIMS-Programm

Das Vertiefungsfenster basiert auf Buzzell und Gale (1987).

Das PIMS (Profit Impact of Market Strategies)-Programm wurde 1972 ins Leben gerufen. Es basiert auf einer grossen Datenbank, die Informationen über strategische Geschäfte – vorwiegend aus den USA und dem Industriesektor – enthält. Während vielen Jahren kamen quantitative Daten von über 2'600 Geschäften dazu (vgl. Buzzell/Gale, 1987, S. 35 ff.).

Mit Hilfe der multiplen Regression werden Variablen identifiziert, die einen signifikanten Einfluss auf den ROI (Return on Investment) und den ROS (Return on Sales) haben. Da die Analyse auf Geschäften basiert, die in einer Vielzahl verschiedener Branchenmärkte tätig sind, können diese Variablen als generelle Erfolgsfaktoren (vgl. Kapitel 16) interpretiert werden. Die nachfolgende **Abbildung** zeigt die wichtigsten mit Hilfe des PIMS-Programms identifizierten generellen Erfolgsfaktoren. Sie vermögen 40% der ROI- und ROS-Differenzen der Geschäfte zu erklären (vgl. Buzzell/Gale, 1987, S. 45 ff.).

Das PIMS-Programm hat in der strategischen Planung und in der Strategieberatung grosse Beachtung gefunden. Es hat auch die Entwicklung strategischer Analyse- und Planungstools beeinflusst.

Generelle Erfolgsfaktoren	Wirkung auf ROI und ROS
Nicht beeinflussbare Erfolgsfaktoren	
Reales Marktwachstum	+
Marktentwicklungsphase	
▪ Wachstum	+
▪ Abschwung	-
Anstieg der Verkaufspreise	+
Konzentration der Einkäufe auf wenige Anbieter	+
Typische Auftragsgrösse der Kunden	
▪ gering	+
▪ hoch	-
Bedeutung der Produkte für die Kunden	
▪ niedrig	+
▪ hoch	-
Grad der gewerkschaftlichen Organisierung	-
Branchenexporte	+
Branchenimporte	-
Standardisierte Produkte	+
Beeinflussbare Erfolgsfaktoren	
Marktanteil	+
Qualität der Produkte im Vergleich zur Konkurrenz	+
Umsatzanteil neuer Produkte	-
F&E-Aufwendungen in % des Umsatzes	-
Marketingaufwendungen in % des Umsatzes	-
Wertschöpfung in % des Umsatzes	+
Anlagevermögensintensität	-
Durchschnittsalter von Anlagen und Ausrüstung	+
Arbeitsproduktivität	+
Lagerbestand in % des Umsatzes	-
Kapazitätsauslastung	+

\+ = positiver Wirkung
\- = negativer Wirkung

Generelle Erfolgsfaktoren des PIMS-Programms
(in Anlehnung an Buzzell/Gale, 1987, S. 46 f.)

Gleichzeitig ist jedoch auch berechtigte Kritik geübt worden. Sie bezieht sich einerseits auf die wissenschaftliche Vorgehensweise und die mangelnde Offenlegung der statistischen Resultate (vgl. Kreilkamp, 1987, S. 379 ff. und S. 398 ff.). Anderseits werden einzelne Resultate in Frage gestellt. So zeigt beispielsweise eine neuere Metanalyse einen geringeren Einfluss des Markanteils auf die finanzielle Performance (vgl. Edeling/Himme, 2018, S. 1 ff.).

10.3.3 Empfehlungen zu den Geschäften und zum Gesamtportfolio

Auch zum McKinsey-Portfolio gibt es Empfehlungen für das strategische Verhalten der Geschäfte in den verschiedenen Sektoren des Portfolios. Diese ebenfalls als Normstrategien bezeichneten Leitlinien sind in **Abbildung 10.7** zusammengefasst. Sie sollten wie im Boston Consulting Group-Ansatz nicht als geplante Strategien unreflektiert übernommen, sondern kritisch hinterfragt werden.

Die vorgeschlagene Abgrenzung der Bereiche und die damit verknüpften Normstrategien sind nicht völlig mit den Vorschlägen der Literatur identisch. Das Feld unten rechts wird in der Literatur dem Selektionsbereich zugeordnet. Dies ist jedoch schwer nachvollziehbar, da die starke Position des Geschäftes eine Pflege und Mittelabschöpfung geradezu aufdrängt.

Analog zum Boston Consulting Group-Ansatz finden sich auch in den Ausführungen zum McKinsey-Ansatz Aussagen zum Gesamtportfolio: Es wird empfohlen, einen Ausgleich zwischen reifen Geschäften mit Mittelüberschuss und wachsenden Geschäften mit Mittelbedarf anzustreben. Im McKinsey-Portfolio fällt allerdings die Konkretisierung dieser Forderung nicht leicht. Dies, weil der Zusammenhang zwischen den Typen von Geschäften und ihrem Free Cash-Flow weniger klar ist als im Boston Consulting Group-Ansatz.

Ein ausgeglichenes Portfolio dürfte zwischen den Geschäften im Bereich „Investition und Wachstum“ und den Geschäften des Bereichs

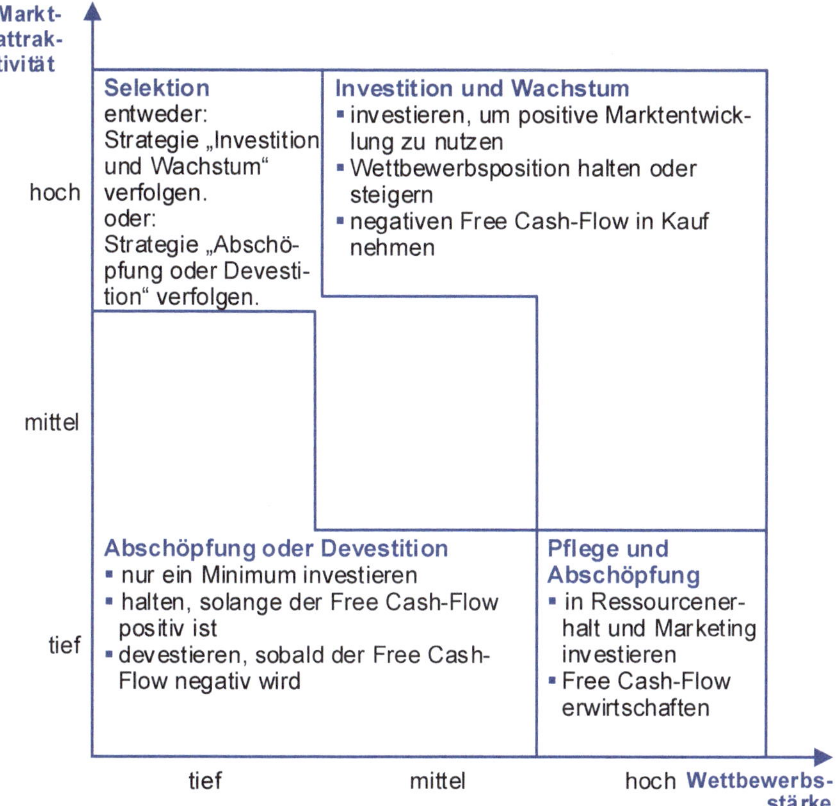

Abbildung 10.7: Normstrategien im McKinsey-Portfolio

„Pflege und Abschöpfung" zu schaffen sein. Bezüglich anderer Geschäfte lässt sich festhalten, dass ihr Anteil am Portfolio nicht allzu hoch sein sollte, weil mit ihnen weder Cash erzeugt noch die Zukunft gesichert werden kann.

10.4 Prozess der Portfolioanalyse

Die Portfolioanalyse bildet den Unterschritt 2.2 im Strategieplanungsprozess. Wie **Abbildung 10.8** zeigt, besteht er aus drei Aufgaben.

Bevor mit der eigentlichen Portfolioanalyse begonnen werden kann, sind in Aufgabe 2.2 A zwei methodische Entscheidungen zu treffen.

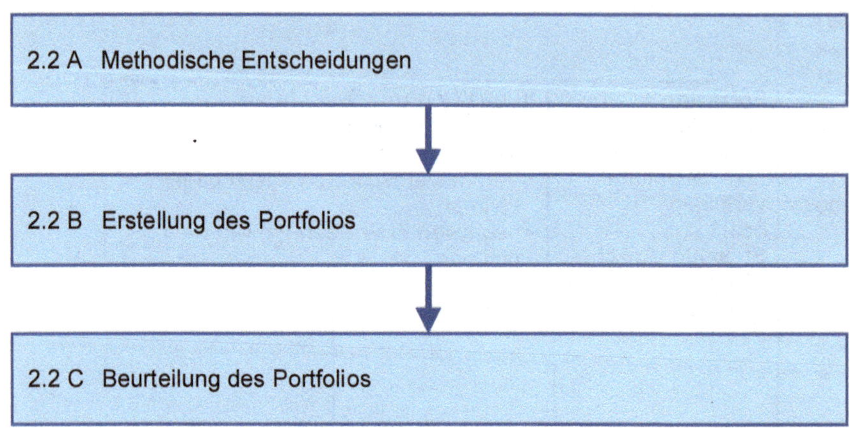

Abbildung 10.8: Prozess der Portfolioanalyse

Die wichtigere methodische Entscheidung besteht in der Wahl der Portfoliomethode. Die beiden Ansätze haben folgende Vor- und Nachteile:

- Im Boston Consulting Group-Portfolio lässt sich die Istposition der Geschäfte nach klaren Kriterien vornehmen. Demgegenüber ist die Istposition im Portfolio nach McKinsey abhängig von der Auswahl der Kriterien zur Messung der Marktattraktivität und der Wettbewerbsstärke, von der Gewichtung dieser Kriterien und von der Bewertung der Geschäfte bezüglich der qualitativen Kriterien. Da die Geschäftsverantwortlichen unter Umständen davon ausgehen, dass die Istposition ihres Geschäfts im Portfolio einen Einfluss auf die Mittelzuteilung hat, werden sie sich oft für eine günstige Istposition einsetzen.
- Das Boston Consulting Group-Portfolio verwendet mit dem realen Marktwachstum und dem relativen Marktanteil zwar zwei wichtige Erfolgsfaktoren. Daneben existieren jedoch eine Reihe weiterer Bestimmungsfaktoren des langfristigen Erfolges, die beim Boston Consulting Group-Ansatz unberücksichtigt bleiben.
- Die Boston Consulting Group-Methode ist zur Beurteilung der finanziellen Ausgewogenheit des Portfolios eher geeignet als der McKinsey-Ansatz.

Alles in allem gesehen ist in vielen Fällen das Boston Consulting Group-Portfolio vorzuziehen: Die harten Beurteilungskriterien beschränken den Spielraum für subjektives Ermessen. Die mit der Methode verbundene Einschränkung auf zwei Variablen lässt sich im Rahmen der Erarbeitung der Geschäftsstrategien kompensieren.

Neben der Wahl des Portfolioansatzes muss in Aufgabe 2.2 A die Zahl der benötigten Portfoliopläne bestimmt werden. Dieses Problem ist meistens rasch gelöst. Wenn beispielsweise ein kleiner Uhrenetablisseur vier strategische Geschäftsbereiche besitzt, lassen sich diese problemlos in einer Portfolio-Matrix abbilden. Auch für ein Graphikunternehmen, das aus den Geschäftsfeldern Schriftenmalerei, Photo-Litho und Druckerei besteht, wobei sich das Geschäftsfeld Druckerei aus vier Geschäftsbereichen zusammensetzt, stellen sich keine Probleme. Auch in diesem Fall können die zwei Geschäftsfelder Schriftenmalerei und Photo-Litho und die vier Geschäftsbereiche des Druckereibereiches in einem Portfolio dargestellt werden. Die Frage, ob mehrere Portfoliopläne unterschieden werden sollen, stellt sich erst, wenn mehr als ca. zehn Geschäfte zu beurteilen sind. In diesem Fall wird empfohlen, die Geschäftsstruktur des Gesamtunternehmens mit Hilfe einer Hierarchie von Portfolio-Matrizen darzustellen und zu analysieren. Ein Chemiekonzern mit den vier Geschäftsfeldern „Pharma", „Dünger", „Farben- und Lösungsmittel" und „Vitamine", die alle mehrere Geschäftsbereiche umfassen, könnte beispielsweise fünf Portfolios auf zwei Ebenen erstellen. Die erste Ebene bildet ein Portfolio, das die vier Geschäftsfelder zeigt. Auf der zweiten Ebene sind vier Portfolios mit den Geschäftsbereichen der vier Geschäftsfelder vorstellbar.

In Aufgabe 2.2 B ist das Istportfolio zu erstellen. In Abschnitt 10.2 wurden für das Boston Consulting Group-Portfolio und in Abschnitt 10.3 für das McKinsey-Portfolio das Vorgehen zur Portfolioerstellung vorgestellt.

Es bewährt sich, vor der Erstellung des Portfolios alle Grundlagen in einer Tabelle zusammenzustellen und auf ihre Konsistenz hin zu überprüfen. Die Tabelle sollte für die strategischen Geschäfte folgende Informationen enthalten:

- relevanter Markt
- reales Marktwachstum resp. Ermittlung der Marktattraktivität
- relativer Marktanteil resp. Ermittlung der Wettbewerbsstärke
- Umsatz

In Aufgabe 2.2 C ist das Istportfolio zu beurteilen. Wie **Abbildung 10.9** zeigt, sind zwei Gesichtspunkte zu bewerten:

- Zuerst sind die einzelnen Geschäfte zu beurteilen. Wie attraktiv sind die bearbeiteten Märkte? Welche Wettbewerbspositionen haben sie?

Beurteilung der Istpositionen der einzelnen Geschäfte	Beurteilung des Istportfolios ingesamt
▪ Marktattraktivität, insb. Marktwachstum	▪ Ausgeglichenheit
▪ Wettbewerbsstärke, insb. Marktanteil	▪ Synergiepotential
▪ Finanzielle Resultate	▪ Robustheit

Abbildung 10.9: Kriterien zur Beurteilung des Istportfolio

Welche finanziellen Resultate ergeben sie?

- Der zweite Beurteilungspunkt betrifft das Istportfolio insgesamt. Besteht eine Balance zwischen Geschäften in reifen Märkten, die Cash-Flow produzieren, und Geschäften mit Zukunftspotential, die Investitionsmittel benötigen? Bestehen im Portfolio positive Synergien? Ist das Portfolio robust? In Anlehnung an Fink et al. (2000, S. 40 ff.) ist ein Portfolio „robust", wenn es in allen Umfeldszenarien zumindest das Überleben des Unternehmens ermöglicht. Es liegt auf der Hand, dass die Beurteilung der Robustheit eine sehr schwierige Aufgabe darstellt. Um sie zu beurteilen, ist das Portfolio den Umfeldszenarien (vgl. Abschnitt 9.3) gegenüberzustellen.

Praxisfenster 10.5 zeigt die Durchführung der Portfolioanalyse in einer schweizerischen Detailhandelsgruppe.

Praxisfenster 10.5: Portfolioanalyse in einer schweizerischen Detailhandelsgruppe

Das seit drei Generationen im Besitz der Familie Baer stehende Warenhaus Baer hat seinen Sitz in der Agglomeration St. Gallen. Aufgrund seines umfassenden Angebots konnte es bisher seine dominierende Stellung in der Region verteidigen. Die nachfolgende **Abbildung** zeigt die Sortimentsteile mit ihren Umsätzen 20XX. Die Konkurrenten des Warenhauses sind einerseits die Grossverteiler und andererseits die Fachgeschäfte. Bei einem geschätzten Gesamtmarktvolumen 20XX in der Agglomeration St. Gallen von CHF 800 Mio. besitzt das Warenhaus Baer einen Marktanteil von 24%. Der

Produktgruppe	Umsatz 20XX in Mio. CHF
Textilien/Bekleidung/Schuhe	70
Körperpflege	10
Nahrungs- und Genussmittel	20
Haushaltsartikel	40
Sportartikel	25
Unterhaltungselektronik	20
Modeschmuck/Accessoires	2
Zeitschriften/Taschenbücher	2
Blumen	1
diverse Sortimentsbereiche	2
Totalumsatz	192

Umsätze der Produktgruppen des Warenhauses 20XX

grösste Konkurrent erreicht dagegen nur einen Marktanteil von 19%. Das reale Wachstum der schweizerischen Volkswirtschaft beträgt 20XX 2%.

Im Hinblick auf das zunehmende ökologische Bewusstsein der Verbraucher haben die Eigentümer des Warenhauses Baer vor drei Jahren das Angebot von Body Shop angenommen und einen Franchise-Vertrag für die Kantone St. Gallen, Appenzell und Thurgau abgeschlossen. Das Sortiment der Body Shops beinhaltet nur Produkte, die auf natürlichen Stoffen basieren und ohne Tierversuche entwickelt werden. Unterdessen sind Body Shops in den Städten Rorschach, Wil und St. Gallen eröffnet worden. Die Umsatzentwicklung der drei Läden bestätigt die positive Einschätzung der Marktchancen. Bei einem realen Marktwachstum von 4% im Bereich Naturkosmetik erzielen die Body Shops im laufenden Jahr einen Umsatz von CHF 1.0 Mio. in Rorschach, CHF 1.5 Mio. in Wil und CHF 2.5 Mio. in St. Gallen.

Schon vor Jahren kam der Eigentümer auf die Idee, die Werbeabteilung des Warenhauses zu verselbständigen. Er erhoffte sich dadurch eine geringere Betriebsblindheit und ein verstärktes unternehmerisches Denken der Mitarbeiter der Abteilung. Die durch Auslagerung gegründete Agentur „Kreativ" nahm anfänglich nur wenige fremde Aufträge an, um vorübergehende Überkapazitäten zu nutzen. Die Fremdaufträge konnten kontinuierlich gesteigert werden und machten im vergangenen Jahr 60% des Umsatzes von CHF 4.0 Mio. aus. Da in der Region Ostschweiz die Werbeaus-gaben stagnieren, herrscht eine erbitterte Konkurrenz. Die Kreativ ist mit 7% Marktanteil in ihrem Marktgebiet mehr als 3-mal kleiner als ihr grösster Konkurrent, eine national tätige Agentur mit Sitz in Zürich.

Die geschilderten Aktivitäten der Baer-Gruppe lassen sich zu den strategischen Geschäftsfeldern und Geschäftsbereichen gemäss der nachfolgenden **Abbildung** gruppieren. Die Sortimentsteile „Modeschmuck/Accessoires", „Zeitschriften/Taschenbücher" und „Blumen" werden aufgrund ihrer geringen Bedeutung als Nebenaktivitäten betrachtet.

Strategische Geschäftsfelder	**Strategische Geschäftsbereiche**
Warenhaus	Textilien/Bekleidung/Schuhe Körperpflege Nahrungs- und Genussmittel Haushaltsartikel Sportartikel Unterhaltungselektronik
Body Shops	-
Werbeagentur Kreativ	-

Strategische Geschäfte

Als Portfoliomethode wird in Aufgabe 2.2 A der Boston Consulting Group-Ansatz gewählt. Es wird ferner entschieden, die Geschäftsfelder und die Geschäftsbereiche des Warenhauses in ein Portfolio zu integrieren.

In Aufgabe 2.2 B wird aufgrund einer Zusammenstellung der relevanten Informationen zu den Geschäften das Istportfolio erstellt. Die nachfolgenden **Abbildungen** zeigen die zugrundeliegenden Basisdaten und das darauf aufgebaute Portfolio.

Geschäftsfelder und Geschäftsbereiche	**geographisch relevanter Markt**	**reales Marktwachstum 20XX**	**nicht konsolidierter Umsatz 20XX in Mio. CHF**	**Umsatz 20XX des stärksten Konkurrenten in Mio. CHF**	**relativer Marktanteil**
Warenhaus	Agglomeration St. Gallen	1%	192.0	150.0	1.28
▪ Textilien etc.		-2%	70.0	85.0	0.82
▪ Körperpflege		1%	10.0	13.0	0.77
▪ Nahrungsmittel etc.		0%	20.0	100.0	0.20
▪ Haushaltsartikel		1%	40.0	24.0	1.67
▪ Sportartikel		4%	25.0	16.0	1.56
▪ Unterhaltungselektr.		5%	20.0	20.0	1.00
Body Shops	Ost-CH	4%	5.0	1.7	2.94
Werbeagentur	Ost-CH	0%	4.0	13.3	0.30

Basisdaten des Istportfolios 20XX

Die Beurteilung des Istportfolios in Aufgabe 2.2 C basiert auf der Annahme, dass sich das reale Marktwachstum bestenfalls auf dem aktuellen Niveau halten wird. Einzelne Geschäftsleitungsmitglieder erwarten sogar eine Abschwächung um ein bis zwei Prozentpunkte.

Die Baer-Gruppe hat mit dem Warenhaus insgesamt eine starke Position im Cash Cow-Bereich und verfügt mit den Body Shops, den Sportartikeln und der Unterhaltungselektronik über drei Geschäfte mit Zukunftspotential. Deshalb wird das Portfolio insgesamt als ausgeglichen beurteilt.

Handlungsbedarf wird einerseits im Warenhaussortiment gesehen. Neben der schwachen Stellung des Geschäftsbereiches „Nahrungsmittel" existieren Produktgruppen mit Umsätzen im Prozentbereich oder darunter. Andererseits wird beschlossen, das Geschäftsfeld

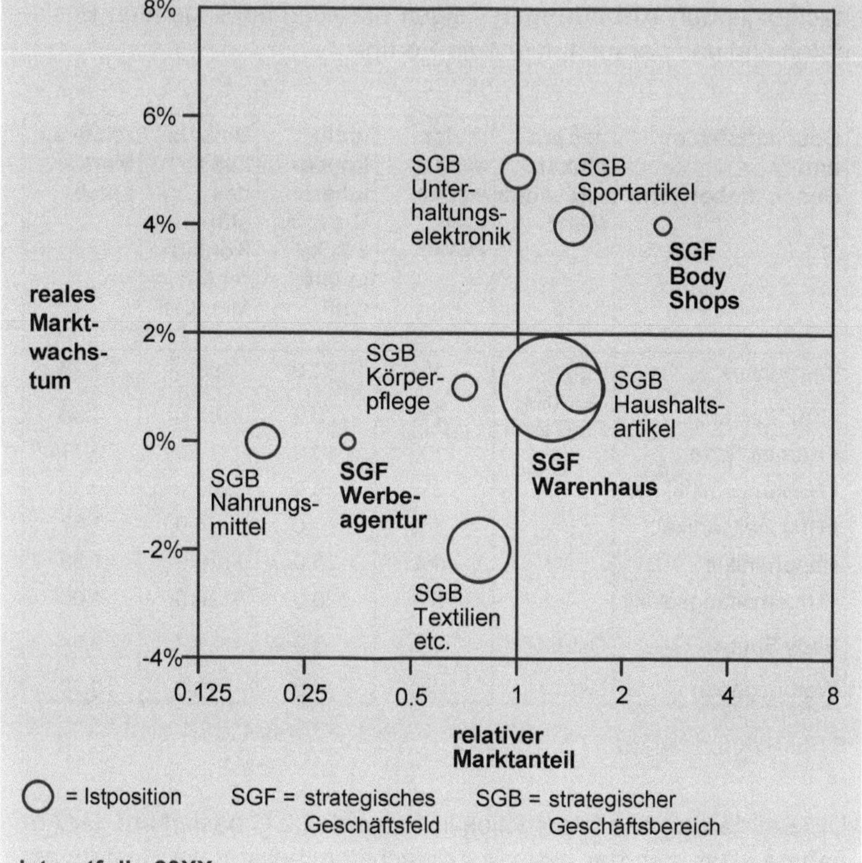

Istportfolio 20XX

„Werbeagentur" genauer anzusehen. Dabei sollen neben der finanziellen Zukunft die Vor- und Nachteile einer Inhouse-Agentur analysiert werden. Schliesslich soll untersucht werden, ob sich nicht positiv Synergien zwischen den Geschäftsfeldern „Warenhaus" und „Body Shops" schaffen lassen.

11 Diagnose der strategischen Herausforderungen auf Gesamtebene

11.1 Einleitung

Die in den Unterschritten 2.1 und 2.2 durchgeführten Analysen ergeben normalerweise viele Gesichtspunkte, die im Rahmen der Erarbeitung der Gesamtstrategie beachtet werden sollten. Um eine kohärente Ausgangslage für die Strategieerarbeitung zu schaffen, braucht es nach Meinung der Verfasser eine Synthese der Analysen. Sie besteht in der Formulierung der zentralen Herausforderungen auf Ebene des Gesamtunternehmens und bildet den Unterschritt 2.3 des Strategieplanungsprozesses. „Before a strategy can be developed, the problem it is supposed to address needs to be formulated" (Baer et al., 2013, S. 197).

Strategische Analysen werden in der Praxis häufig durch eine SWOT-Matrix zusammengefasst. Dieser weit verbreitete Ansatz wird in Abschnitt 11.2 kurz vorgestellt und einer kritischen Beurteilung unterzogen. Abschnitt 11.3 erläutert anschliessend die TOWS-Matrix, eine Weiterentwicklung der SWOT-Matrix. Sie bildet die Basis des in Abschnitt 11.4 präsentierten Vorgehensvorschlages.

11.2 SWOT-Matrix

Wie **Abbildung 11.1** zeigt, basiert SWOT auf einem einfachen Raster, der eine strukturierte Zusammenfassung der Erkenntnisse einer strategischen Analyse ermöglicht. Kay (1995, S. 358) spricht im Zusammenhang mit der SWOT-Matrix von einem „organizing framework". Die Analyseresultate werden einerseits in interne und externe und andererseits in positive und negative Aussagen unterteilt.

Die vier sich daraus ergebenden Aussagekategorien lassen sich in Anlehnung an Pearce und Robinson (2009, S. 159) wie folgt umschreiben:

- Stärke (strength): Wettbewerbsvorteil im Vergleich zu den Konkurrenten

Strengths/ Stärken	Weaknesses/ Schwächen
Opportunities/ Chancen	Threats/ Gefahren

Abbildung 11.1: SWOT-Matrix

- Schwäche (weakness): Wettbewerbsnachteil im Vergleich zu den Konkurrenten
- Chance (opportunity): Eine aus Unternehmenssicht hauptsächlich positive Entwicklung des Umfeldes
- Gefahr (threat): Eine aus Unternehmenssicht hauptsächlich negative Entwicklung des Umfeldes

Die SWOT-Matrix ermöglicht es, auf einfache Art die gewonnenen Analyseresultate zu ordnen und einen Überblick zu gewinnen. Sie ist deshalb bei Führungskräften sehr beliebt (vgl. Kay, 1995, S. 358). Die grosse Verbreitung der SWOT-Matrix in der Praxis darf allerdings nicht darüber hinwegtäuschen, dass mit ihrer Anwendung auch Schwierigkeiten und Nachteile verbunden sind:

- Die Unterteilung der Analyseresultate in interne und externe Elemente ist in der Regel einfach vorzunehmen. Dagegen kann die Unterscheidung von positiven und negativen Elementen Schwierigkeiten bereiten. Dies gilt vor allem bezüglich der externen Elemente. Beispielsweise ist das hohe Wirtschaftswachstum in China eine Chance für viele europäische und nordamerikanische Unternehmen, weil es Geschäftsmöglichkeiten bietet. Das Marktwachstum kann aber für ein bereits in China tätiges KMU auch eine Gefahr sein, weil es grosse Konkurrenten nach China lockt und damit die aufgebaute Marktposition gefährdet. Auch ein abrupter technologischer Wandel kann Chance oder Gefahr sein. Wie Gilbert und Bower (2002, S. 94 ff.) zeigen, hängt es von der Haltung ab, die das Management dazu einnimmt. Grant (2013, S. 11) verzichtet aufgrund dieser Schwierigkeit auf die Unterscheidung positiver und negativer Analyseresultate und differenziert lediglich zwischen internen und externen Elementen. Nach Meinung der Verfasser lassen sich jedoch die meisten Analyseresultate den positiven oder den negativen Aussagen zuteilen. Dies setzt allerdings eine gründliche Arbeit voraus, was bei vielen SWOT-Analysen nicht der Fall ist. Ein Analyseresultat wie z.B. das überdurchschnittliche Wirtschaftswachstum in China kann nur als positiv oder negativ qualifiziert werden, wenn es in einen grösseren Kontext gestellt wird. Falls das Unternehmen kostendeckend nach China exportieren kann, ist es eine Chance. Ist das Unternehmen bereits stark in China engagiert und müssen aufgrund des Wachstums jedes Jahr neue Konkurrenten erwartet werden, ist es eine Gefahr.

- Wird die SWOT-Matrix nicht zur Zusammenfassung der Resultate anderer Analysen, sondern stand alone eingesetzt, muss mit oberflächlichen und stark subjektiv gefärbten Aussagen gerechnet werden. „Managers rely [in this case] on preconceived, often inherited and biased views" (Johnson et al., 2011, S. 106).
- Die in Abbildung 11.1 visualisierte SWOT-Matrix erlaubt lediglich die strukturierte Auflistung von bereits gewonnenen Analyseresultaten. Er bietet jedoch keine zusätzlichen Erkenntnisse (vgl. Kay, 1995, S. 358) und ergibt keine strategischen Herausforderungen. Die SWOT-Analyse verkommt deshalb häufig zu einem „listing exercise" (Barney, 2011, S. 10) nach dem Motto „Stärken entwickeln, Schwächen abbauen, Chancen nutzen und Gefahren abbauen." Um dies zu vermeiden, müssen die Chancen und Gefahren mit den Stärken und Schwächen verknüpft werden. Dies tut die im folgenden Abschnitt vorgestellte TOWS-Matrix.

11.3 TOWS-Matrix

Die TOWS-Matrix gemäss **Abbildung 11.2** geht auf Weihrich (1982, S. 54 ff.) zurück. Ein Vergleich der Abbildungen 11.1 und 11.2 zeigt den Unterschied auf einen Blick: Die TOWS-Matrix listet nicht einfach Stärken, Schwächen, Chancen und Gefahren auf, sondern sie verknüpft die Stärken und Schwächen mit den Chancen und Gefahren. Diese Verknüpfungen ermöglichen die Ableitung strategischer Herausforderungen. Eigentlich ist die TOWS-Matrix nichts anderes als eine intelligentere SWOT-Analyse!

Die Ableitung der strategischen Herausforderung kann auf analytischen Weg (vgl. Weihrich, 1982, S. 61 f.) oder direkt erfolgen. Die Verfasser

Interne Elemente / Externe Elemente	**Strengths/ Stärken**	**Weaknesses/ Schwächen**
Opportunities/ Chancen	Ableitung von strategischen Herausforderungen durch die Verknüpfung von Stärken und Schwächen mit Chancen und Gefahren	
Threats/ Gefahren		

Abbildung 11.2: TOWS-Matrix
(in Anlehnung an Weihrich, 1982, S. 60)

empfehlen den direkten Weg: Aus einer Kombination von Stärken, Schwächen, Chancen und/oder Gefahren wird direkt eine Herausforderung abgeleitet. **Praxisfenster 11.1** illustriert das empfohlene Vorgehen an einem Beispiel.

Praxisfenster 11.1: Diagnose der strategischen Herausforderungen in einem Weinhandelsunternehmen

Die Vino GmbH ist eine Weinhandelsgesellschaft mit einer hohen Bekanntheit im schweizerischen Alpenraum:

- Im Zentrum steht der Grosshandel. Die Vino GmbH hat eine starke Position im Alpenraum. Sie selektioniert im In- und Ausland Weine vor allem im oberen Preissegment. Zu den Lieferanten bestehen zum Teil langjährige Beziehungen. Die Vino GmbH versucht jedoch, jedes Jahr auch neue Weine neuer Lieferanten ins Sortiment aufzunehmen. Die Produkte werden mit einem Aussendienst an Hotels und Restaurants sowie an Detailhändler verkauft. Neben unabhängigen Detailhändlern gehört auch ein Grossverteiler zur Kundschaft.
- Über Direktmarketing mit Seminaren, Mailings und Telefonverkauf ist die Vino GmbH auch auf der Detailhandelsstufe tätig. Die Stammkunden sind ältere Liebhaber auserlesener Weine in der ganzen Schweiz. Bei diesen Kunden besitzt die Vino GmbH eine starke Position.

Diagnose strategischer Herausforderungen

Interne Elemente / Externe Elemente	S_1 **Positive Synergien zwischen den Geschäften**	S_2 **Starke Stellung als Grosshändler im oberen Preissegment im Alpenraum**	S_3 **Starke Stellung im oberen Preis-segment im Direktvertrieb in der Schweiz**	S_4 **Starke portugiesische Weinmarke im oberen Preissegment**	W_1 **Schwache Stellung bei jungen Wein-geniessern**	W_2 **Wenig Angebote im grossen Teilmarkt des mittleren Preis-segmentes**
O_1 **Überdurchschnitt-liches Bevölkerungs-wachstum im Alpenraum**						
O_2 **Steigene Bedeutung des Onlinehandels**						
O_3 **Wachsendes Segment junger Weingeniesser**						
T_1 **Zunehmende Präsenz der Grossverteiler im Alpenraum**						
T_2 **Zunehmende Anstrengungen der Grosshändler bei Hotels und Restaurants im Alpenraum**						

Strategische Herausforderung 1: Stärkung Grosshandelsposition
- Verknüpfung von S_2, W_2, O_1, T_1 und T_2
- Intensivierung der Bearbeitung der Hotels und Restaurants und des unabhängigen Detailhandels. Verteidigung der Position im Grossverteiler. Erweiterung des Angebotes im mittleren Preissegment. Ev. Akquisition eines Weinproduzenten im mittleren Preissegment.

Strategische Herausforderung 2: Verteidigung Detailhandelsposition im oberen Preissegment
- Verknüpfung von S_3 und O_2
- Intensivierung der Bearbeitung der existierenden Privatkunden. Aufbau von Kundenbindungs-programmen und Investition in eine Onlineplattform.

Strategische Herausforderung 3: Aufbau Detailhandelsposition im mittleren Preissegment
- Verknüpfung von W_1, W_2, O_2 und O_3
- Aufbau eines neuen Onlinekanals, der sich an junge Weingeniesser richtet. Basiert auf Angebot im mittleren Preissegment. Ev. Akquisition eines Weinproduzenten im mittleren Preissegment. Kann lediglich in der Logistik vom existierenden Direktvertrieb profitieren.

S = Stärke W= Schwäche T = Gefahr O = Chance

- Vor einigen Jahren konnte ein langjähriger Lieferant übernommen werden. Es handelt sich um ein grosses portugiesisches Weingut im oberen Preissegment, dessen Name dank der Anstrengungen der Vino GmbH in der Schweiz bekannt ist.

Die vorangehende **Abbildung** zeigt die wichtigsten Stärken, Schwächen, Chancen und Gefahren der Vino GmbH und die sich daraus ergebenden Herausforderungen. Wie aus der Abbildung hervorgeht, ergeben sich Herausforderungen erst, wenn mehrere Stärken, Schwächen, Chancen und Gefahren verknüpft werden.

11.4 Prozess zur Diagnose der strategischen Herausforderungen auf Gesamtebene

Die Diagnose der strategischen Herausforderungen auf Gesamtebene bildet den Unterschritt 2.3 des Strategieplanungsprozesses. Wie **Abbildung 11.3** zeigt, besteht er aus zwei Aufgaben.

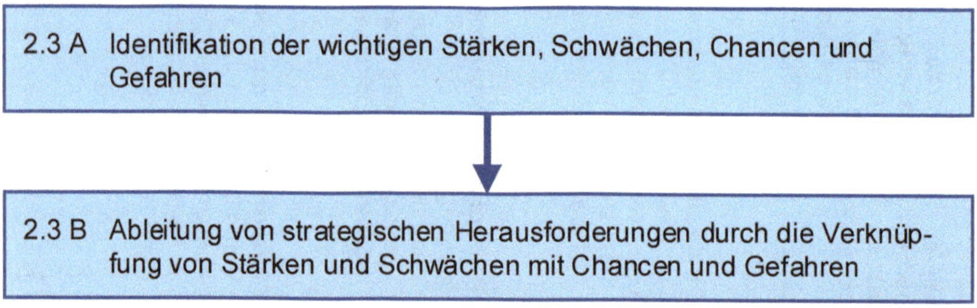

2.3 A Identifikation der wichtigen Stärken, Schwächen, Chancen und Gefahren

↓

2.3 B Ableitung von strategischen Herausforderungen durch die Verknüpfung von Stärken und Schwächen mit Chancen und Gefahren

Abbildung 11.3: Prozess zur Diagnose der strategischen Herausforderungen auf Gesamtebene

In Aufgabe 2.3 A sind die wichtigen Stärken, Schwächen, Chancen und Gefahren zu identifizieren. Um zu vermeiden, dass oberflächliche und stark durch persönliche Interessen beeinflusste Aussagen gemacht werden, muss diese Aufgabe auf den durchgeführten Analysen aufbauen:

- Die globale Umfeldanalyse zeigt primär Chancen und Gefahren. Sie ergeben sich aus den Entwicklungen im Unternehmensumfeld. Beispielsweise können zunehmende Regulierungen in wichtigen Märkten die Margen drücken und damit eine Gefahr darstellen. Ein anderes Beispiel ist die Entstehung einer kaufkräftigen Mittelschicht in den Schwellenländern. Sie kann neue Absatzmöglichkeiten schaffen und damit eine Chance darstellen.

- Die Portfolioanalyse erlaubt sowohl die Ableitung von Chancen und Gefahren als auch von Stärken und Schwächen. Wie in Kapitel 10 gezeigt wurde, enthalten die Portfolioansätze stets Informationen zur Marktattraktivität und zur Wettbewerbsstärke der Geschäfte. Sie besitzen damit eine externe Dimension aus der sich Chancen und Gefahren ableiten lassen und eine interne Dimension, welche die Identifikation von Stärken und Schwächen erlaubt. Wird ein Boston Consulting Group-Portfolio erstellt, handelt es sich bei den Stärken und Schwächen bloss um Marktpositionen. Eine Portfolioanalyse mit Hilfe des McKinsey-Ansatzes vermag hingegen Stärken und Schwächen auf allen drei Ebenen des ROM-Modells (vgl. Abschnitt 2.3) aufzuzeigen. Neben Stärken und Schwächen auf Ebene der einzelnen Geschäfte ergibt die Portfolioanalyse auch ein Gesamtbild der aktuellen Situation. Ein ausgeglichenes Portfolio bildet eine Stärke, während fehlende Cash Cows oder Stars eine Schwäche darstellen.

In Aufgabe 2.3 B sind die Stärken und Schwächen mit den Chancen und Gefahren zu verknüpfen und daraus Herausforderungen abzuleiten. Praxisfenster 11.1 zeigt, wie dies gemacht werden kann.

In ihrer Beratungstätigkeit haben die Verfasser auf Stufe Gesamtunternehmen häufig vergleichbare strategische Problemstellungen angetroffen. Diese für westeuropäische Unternehmen als typisch zu betrachtenden Herausforderungen werden nachfolgend kurz vorgestellt:

- Stagnierende Heimmärkte legen die Erschliessung von Wachstumsmärkten nahe.
- Hohe Konkurrenzintensität in den bearbeiteten Märkten und sinkende Margen verlangen Rationalisierungen und Produktionsverlagerungen in Länder mit tiefen Kosten.
- Viele Geschäfte mit schwachen Marktpositionen legen eine Konzentration der zukünftigen Tätigkeiten nahe.
- Ein im Konkurrenzvergleich veraltetes Produktportfolio verlangt Entwicklungsprojekte oder die Übernahme innovativer Unternehmen. Pharmaproduzenten stehen z.B. in unregelmässigen Abständen vor

dieser Herausforderung. Gleiches lässt sich auch für Flugzeug- und Automobilbauer sagen.

- Die in vielen Branchen beobachtbare Konsolidierung kann ein Unternehmen vor die Grundsatzentscheidung stellen, sich zu spezialisieren oder sich mit Konkurrenten zusammenzuschliessen.

Teil IV: Erarbeitung der Gesamtstrategie

12 Erarbeitung und Beurteilung von strategischen Optionen für das Unternehmen

12.1 Einleitung

Die strategische Analyse auf Gesamtebene mündete in die Diagnose strategischer Herausforderungen (vgl. Kapitel 11). Darauf aufbauend könnten nun direkt Ziele, Massnahmen und Investitionen definiert und damit die zukünftige Gesamtstrategie formuliert werden. Wie der Titel des Kapitels 12 zeigt, schlagen die Verfasser jedoch vor, zuerst in Unterschritt 3.1 strategische Optionen für das Unternehmen zu erarbeiten und zu beurteilen. Die am besten bewertete Option umschreibt grob die zukünftige Gesamtstrategie. Sie ist anschliessend durch die Festlegung von Zielen, Massnahmen und Investitionen zu konkretisieren. Dieses Vorgehen führt zu einem Zusatzaufwand. Die Autoren sind jedoch überzeugt, dass er sich lohnt:

- Häufig besteht nach der Analyse, manchmal sogar schon vor der Analyse, eine Vorstellung bezüglich der zukünftigen Strategie. Sie beschränkt sich in der Regel auf eine Optimierung der bisherigen Strategie. Die Forderung, verschiedene Optionen für die Weiterentwicklung des Unternehmens zu formulieren, führt zu einer Öffnung im Denken und zur Diskussion innovativer Varianten. Dies ist in Anbetracht der grossen Bedeutung der Gesamtstrategie für die Zukunft des Unternehmens zentral.
- Die anschliessende Gegenüberstellung zeigt für alle Optionen Vor- und Nachteile. Häufig schneidet die ursprünglich anvisierte Strategie am Besten ab. Sie kann aber durch die Elimination erkannter Schwächen und durch die Integration von Stärken der anderen Optionen noch verbessert werden. Manchmal zeigt die Gegenüberstellung der Optionen jedoch gravierende Nachteile der ursprünglich anvisierten Option und die schliesslich gewählte Strategie basiert im Kern auf einer anderen Option.

Inhaltlich geht es im Unterschritt 3.1 darum, Optionen für das zukünftige Geschäftsportfolio zu entwickeln und zu bewerten. Ausgangspunkt sind die strategischen Herausforderungen, die das Geschäftsportfolio betreffen. Zwei Beispiele zeigen solche Herausforderungen:

- Ein Hersteller von Polymerprodukten für die Baubranche erkennt als strategische Herausforderung ein Wachstumsproblem, weil er stärker als seine Konkurrenten auf die stagnierenden Märkte in Westeuropa und Nordamerika fokussiert ist.
- Ein Retailer identifiziert als strategische Schwäche seinen Mix der Distributionskanäle: Ein grosser Teil des Umsatzes wird in Supermärkten erzielt. Kleinflächige Formate mit langen Öffnungszeiten und e-shops sind im Konkurrenzvergleich hingegen schwach vertreten.

In Unterschritt 2.3 können auch Herausforderungen diagnostiziert werden, die sich nicht als Ansatzpunkte für strategische Optionen eignen. Beispiele sind die Vereinfachung der Prozesse und die stärkere Präsenz in den sozialen Medien. Solche Herausforderungen sind in den Unterschritten 3.2 und 3.3 bei der Bestimmung der strategischen Ziele, Massnahmen und Investitionen wieder aufzunehmen. Sie bilden nicht Gegenstand der nachfolgenden Überlegungen. **Abbildung 12.1** fasst die Aussagen zusammen.

Die Erarbeitung strategischer Optionen basiert auf der von den Autoren entwickelten Matrix der Gesamtoptionen und auf der differenzierten Ansoff Matrix. Die beiden Tools werden in den Abschnitten 12.2 und 12.3 vorgestellt. Anschliessend wird in Abschnitt 12.4 ein Prozess zur Erarbeitung und Beurteilung von strategischen Optionen auf Stufe Gesamtunternehmen vorgeschlagen.

12.2 Matrix der Gesamtoptionen

Um strategische Optionen auf Stufe des Gesamtunternehmens zu erarbeiten, schlagen die Verfasser die Matrix der Gesamtoptionen gemäss **Abbildung 12.2** vor. Wie die Abbildung zeigt, wird empfohlen, nur wenige Optionen zu erarbeiten. Sie sollten sich jedoch klar voneinander unterscheiden. Die der Option zugrundeliegende Grundidee respektive

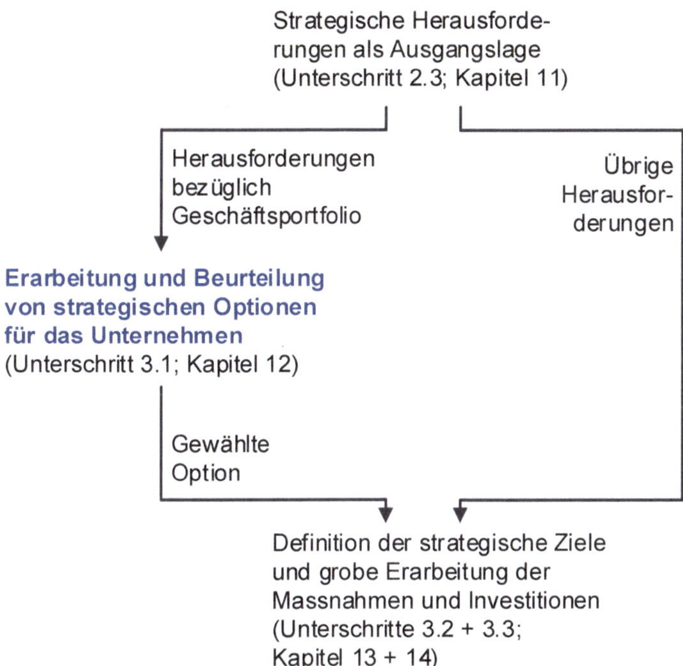

Abbildung 12.1: Situierung des Kapitels

Absicht ist in einer kurzen prägnanten Umschreibung zusammenzufassen (Zeile 1). Darauf ist für jedes existierende Geschäft die verfolgte Stossrichtung zu zeigen. Dabei ist zwischen den vier Möglichkeiten „halten“, „ausbauen“, „fokussieren“ und „devestieren“ zu wählen (Zeilen 2 bis 5). Schliesslich sind allenfalls geplante Diversifikationen zu nennen (Zeile 6). Durch die Beschränkung auf die Grundidee respektive Absicht und die Stossrichtungen der Geschäfte werden die Unterschiede der Optionen deutlich hervorgehoben. Entsprechend basiert die Wahl der besten Option nur auf den wichtigen Vor- und Nachteilen der Optionen.

Zur Erarbeitung der strategischen Optionen auf Unternehmensebene wird folgendes Vorgehen vorgeschlagen:

- Zuerst sind die strategischen Geschäfte zu identifizieren, für welche die zukünftige Stossrichtung klar erscheint. Sie sind in allen strategischen Optionen in gleicher Weise einzuplanen. Typische Beispiele sind Cash cows mit einer starken Marktposition in einem stagnierenden Markt. Für sie macht in den meisten Fällen nur die Stossrichtung

Beschreibung \ Option	Option A	Option B	Option C
Grundidee resp. Absicht der Option			
Bestehende Geschäfte, die gehalten werden			
Bestehende Geschäfte, die ausgebaut werden			
Bestehende Geschäfte, die fokussiert werden			
Bestehende Geschäfte, die devestiert werden			
Neu aufzubauende Geschäfte; Diversifikationen			

Abbildung 12.2: Matrix der Gesamtoptionen

„halten" Sinn. Aber auch für ein Geschäft, das über Jahre hinweg hohe Verluste ergeben hat, ist die Stossrichtung eigentlich klar. Es sollte nach dem Grundsatz „lieber ein Ende mit Schrecken als ein Schrecken ohne Ende" aufgegeben werden. Die Devestition eines Geschäftes ist zwar oft mit Einmalkosten wie Sozialplänen verbunden. Aber eine solche Investition erweist sich normalerweise als rentabel.

- Anschliessend sind auf der Basis der übrigen Geschäfte und der attraktiv erscheinenden Diversifikationsmöglichkeiten Optionen zu formulieren. Dabei ist der Grundsatz der Konzentration der Kräfte zu beachten. Dies bedeutet, dass pro Option nur wenige Geschäfte ausgebaut resp. neu aufgebaut werden sollten.

Praxisfenster 12.1 zeigt die Anwendung der Matrix der Gesamtoptionen am Beispiel eines Produzenten von Kunststoffteilen.

Praxisfenster 12.1: Matrix der Gesamtoptionen eines Produzenten von Kunststoffteilen

Die Polymer SA ist eine Herstellerin von Kunststoffteilen für die Maschinenindustrie und für die Hersteller von Unterhaltungselektronik. Das in Frankreich domizilierte Unternehmen besteht aus drei Geschäftsfeldern:

- In Frankreich werden qualitativ hochstehende, sehr kleine Kunststoffzahnräder für die Maschinenindustrie hergestellt (Geschäftsfeld 1). Im bearbeiteten Nischenmarkt ist die Polymer SA die Nummer 1 in Europa (Geschäftsbereich 1.1). Auch der Einstieg in Japan und Südkorea vor einigen Jahren gestaltete sich erfolgreich. Das Unternehmen erreicht heute in diesen Märkten als Nummer 3 bereits eine gute Marktposition (Geschäftsbereich 1.2).
- Für die Unterhaltungselektronikindustrie produziert die Polymer SA Gehäuse (Geschäftsfeld 2). Aus einem Werk in Frankreich werden praktisch alle Hersteller von qualitativ hochstehenden Unterhaltungselektronikgeräten rund um den Globus beliefert. Die Polymer SA liefert allerdings nur Gehäuse für Premiumprodukte. In diesem kleinen aber preislich interessanten Teilmarkt ist das Unternehmen unbestritten die Nummer 1.
- Vor fünf Jahren hat die Polymer SA in China ein Werk für Standardgehäuse für Unterhaltungselektronik eröffnet. Sie verkauft die Produkte unter einer Zweitmarke an chinesische und südostasiatische Produzenten (Geschäftsfeld 3). Die im Businessplan vorgesehene Umsatz- und Ertragsentwicklung wurde jedoch massiv verfehlt und das Geschäftsfeld produziert auch im fünften Jahr tiefrote Zahlen. Die Kunden bevorzugen die chinesischen Lieferanten, die zwar qualitativ schlechter aber trotz Preisabschlägen der Polymer SA immer noch 10 bis 20% günstiger anbieten.

Die folgende **Abbildung** zeigt die Matrix mit den drei Gesamtoptionen der Polymer SA. Die Matrix lässt sich wie folgt kommentieren:

- Die drei Optionen haben gemeinsam, dass die Nr. 1-Positionen des Geschäftsbereichs 1.1 „Zahnräder Europa“ und des Geschäftsfeldes 2 „Premium Unterhaltungselektronikgehäuse“ zu halten sind. Auch beim Geschäftsbereich 1.2 „Zahnräder Asien“ sollte die erreichte Marktposition mindestens verteidigt werden.

Beschreibung / Option	Option A	Option B	Option C
Grundidee resp. Absicht der Option	Zahnräder Asien ausbauen	Zahnräder Nordamerika aufbauen	In PC- und Tablets-Gehäuse einsteigen
Bestehende Geschäfte, die gehalten werden	▪ Zahnräder Europa (GB1.1) ▪ Premium-Unterhaltungs-elektronik-gehäuse (GF2)	▪ Zahnräder Europa (GB1.1) ▪ Premium-Unterhaltungs-elektronik-gehäuse (GF2) ▪ Zahnräder Asien (GB1.2)	▪ Zahnräder Europa (GB1.1) ▪ Premium-Unterhaltungs-elektronik-gehäuse (GB2.1) ▪ Zahnräder Asien (GB1.2)
Bestehende Geschäfte, die ausgebaut werden	Zahnräder Asien (GB1.2)		
Bestehende Geschäfte, die devestiert werden	Standard-Unterhaltungs-elektronikgehäuse China (GF3)	Standard-Unterhaltungs-elektronikgehäuse China (GF3)	Standard-Unterhaltungs-elektronikgehäuse China (GF3)
Neu aufzu-bauende Geschäfte; Diversifikationen		Zahnräder Nordamerika (GB1.3)	PC- und Tablets-Gehäuse (GB2.2)

GF = Geschäftsfeld GB = Geschäftsbereich

Matrix der Gesamtoptionen der Polymer SA

Nach fünf Jahren Misserfolg im Geschäftsfeld 3 „Standard-Unterhaltungselektronikgehäuse“ erscheint eine Devestition zwingend. Die damit verbundenen ausserordentlichen Abschreibungen werden allerdings die Resultate der kommenden Jahre stark belasten und den Handlungsspielraum entsprechend einschränken.

- Weil die Schliessung des Werkes in China bedeutende Mittel absorbiert, lässt sich nur eine Wachstumsinitiative realisieren. Zur Diskussion stehen drei Ideen: (A) Der Geschäftsbereich 1.2 „Zahnräder Asien“ könnte ausgebaut werden. Neben einer Stärkung der Position in Japan und Südkorea würde die Option auch den Einstieg in Südostasien beinhalten. (B) Einstieg ins Zahnradgeschäft in Nordamerika. Dadurch würde im Geschäftsfeld 1 ein dritter Geschäftsbereich entstehen. (C) Produktion von PC- und Tablet-Gehäusen. Es ist vorgesehen, das Premiumsegment zu bearbeiten und in der Startphase die Produkte im Gehäusewerk in Frankreich zu produzieren. Das Geschäftsfeld 2 würde bei Realisierung der Option folglich in die zwei Geschäftsbereiche 2.1 „Unterhaltungselektronikgehäuse“ und 2.2 „PC- und Tablet-Gehäuse“ aufgeteilt.

12.3 Differenzierte Ansoff Matrix

Wie in Abschnitt 12.2 gezeigt, können strategische Optionen auch den Aufbau neuer Geschäfte respektive Diversifikationen beinhalten. Häufig lassen sich wesentliche Verbesserungen des Geschäftsportfolios sogar nur auf diese Weise erzielen. Dies gilt insbesondere für Unternehmen, die einen grossen Teil ihrer Geschäfte in stagnierenden oder sogar schrumpfenden Märkten haben. Sie kommen nur über Diversifikationen zu einem ausgeglichenen Portfolio (vgl. Kapitel 10).

Die von Grünig und Morschett (2017, S. 61) vorgeschlagene differenzierte Ansoff-Matrix gemäss **Abbildung 12.3** gibt einen Überblick über die Möglichkeiten zum Aufbau neuer Geschäfte. Sie erleichtert die systematische Erarbeitung von Diversifikationsmöglichkeiten und verhindert, dass interessante Optionen übersehen werden. Nachfolgend werden die verschiedenen Diversifikationsformen und die mit ihnen verbundenen Herausforderungen kommentiert.

Ausgehend von den existierenden Endabnehmern und geographischen Märkten lassen sich zwei Arten von „related diversifications“ realisieren:

- Es können zusätzliche Produkte und Dienstleistungen angeboten werden. Solche horizontalen Diversifikationen kommen in der Praxis häufig vor. So haben beispielsweise die schweizerischen Grossverteiler ihren Umsatz durch Fachmärkte in den Bereichen Elektronik, Sport und Do-it-yourself wesentlich vergrössert. Die Risiken einer horizontalen Diversifikation sind beschränkt. Die Wertschöpfungsstufe – im genannten Beispiel der Detailhandel – und die Kunden sind bekannt. Neu sind lediglich die zusätzlich angebotenen Produkte. Falls die damit verbundenen Schwierigkeiten als hoch beurteilt werden, kann die neue Produktgruppe gemeinsam mit einem Partner aufge-

Markets / Products and services	Existing end-users and geographic markets	New customers in existing geographic markets	Similar customers in new geographic markets	New customers in new geographic markets
Existing products and services	Improved market penetration	Customer diversification (∗)	Geographical diversification (∗)	Geographical and customer diversification (∗)
New products and services at the same level of the industry value chain	Horizontal diversification (∗)	Related lateral diversification (∗) Unrelated lateral diversification		
New products and services at a different level of the industry value chain	Vertical forward diversification (∗)			
	Vertical backward diversification (∗)			

(∗) = related diversification

Abbildung 12.3: Differenzierte Ansoff-Matrix
(Grünig/Morschett, 2017, S. 61)

baut werden. Diesen Weg beschritt beispielsweise Migros bei ihrer Diversifikation in den Do-it-yourself-Bereich: Die Partnerschaft mit OBI bringt Sortimentskompetenz und Economies of Scale im Einkauf.

- In den meisten Branchen erfolgt die Wertschöpfung über mehrere Stufen. Porter spricht in diesem Zusammenhang vom Value System (1985, S. 59 ff.). **Abbildung 12.4** zeigt beispielsweise das Wertschöpfungssystem in der Uhrenindustrie. Durch eine Vorwärts- oder Rückwärtsintegration lässt sich die Wertschöpfungstiefe erweitern. Bei einer derartigen vertikalen Diversifikation bleiben die Letztabnehmer

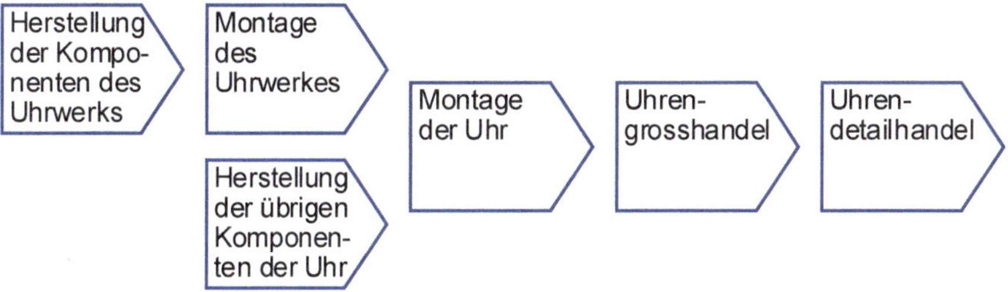

Abbildung 12.4: Wertschöpfungssystem der Uhrenindustrie

und ihre Bedürfnisse die gleichen. Hinzu kommen jedoch neue Herausforderungen auf den neuen Wertschöpfungsstufen. Diese können erheblich sein. Weil die Swatch Group ihre Konkurrenten nicht mehr unbeschränkt mit Uhrenkomponenten beliefern will und wenig andere Lieferanten existieren, sind viele Uhrenanbieter gezwungen, sich rückwärts zu integrieren. Damit sind grosse technische Herausforderungen und hohe Investitionen verbunden. Es finden sich in der Uhrenindustrie auch Beispiele von Vorwärtsintegrationen: So haben verschiedene Hersteller von Luxusuhren mit dem Aufbau eigener Läden die Detailhandelsmarge dazugewonnen und gleichzeitig ihr Marketing verstärkt.

Auch die bestehenden Produkte und Dienstleistungen bieten Möglichkeiten für „related diversifications“:

- Es lassen sich neue Kundensegmente erschliessen. Ein Schweizer Lebensmittelhändler hat einen Grosshändler für Hotels, Restaurants und Kantinen übernommen und dadurch für seine Produkte eine noch wachsende Kundengruppe dazugewonnen. Die neuen Kunden stellen meist andere Anforderungen an die Produkte und Dienstleistungen. Ihre Erfüllung kann Investitionen und Prozessanpassungen notwendig machen. Beispielsweise setzt die Belieferung von Hotels, Restaurants und Kantinen andere Packungsgrössen, andere Produktspezifikationen, eine andere Distribution und ein anderes Marketing voraus.
- Häufig sind geographische Diversifikationen zu beobachten. Viele westeuropäische und nordamerikanische Unternehmen bauen z.B. für ihre Produkte und Dienstleistungen Positionen in den BRICS-Staaten und in anderen Wachstumsmärkten auf. Der Einstieg in einen neuen geographischen Markt ist immer mit Risiken verbunden. Auch grosse internationale Erfahrung und gründliche Recherchen geben

keine Erfolgsgarantie. So scheiterte z.B. Carrefour zweimal im Schweizer Markt und Nestlé schaffte mit seinen Milchprodukten den Durchbruch im vietnamesischen Markt nicht. Noch grösser ist die Misserfolgsquote von geographischen Diversifikationen bei KMUs.

- Manchmal führt eine geographische Diversifikation gleichzeitig zur Bearbeitung einer neuen Kundengruppe. Beispielsweise verkaufen schweizerische Maschinenproduzenten ihre Produkte in Westeuropa und Nordamerika häufig direkt an die Produktverwender. In den Wachstumsmärkten mit ihren andersartigen politischen, rechtlichen und kulturellen Rahmenbedingungen erweist sich dieser Weg hingegen oft nicht als sinnvoll. Es drängt sich die Zusammenarbeit mit Generalvertretern auf.

Alle bisher beschriebenen Diversifikationsmöglichkeiten nutzen als Basis die bisher bearbeiteten Letztabnehmer und Märkte oder existierende Produkte und Dienstleistungen. Sie stellen deshalb ausnahmslos verbundene Diversifikationen dar. Dies gilt für die nachfolgend beschriebenen lateralen Diversifikationen nur teilweise. Laterale Diversifikationen können mit den bisherigen Geschäften verbunden oder auch völlig unabhängig von diesen sein. Es sind somit „related lateral diversifications“ und „unrelated lateral diversifications“ zu unterscheiden.

Von einer lateralen Diversifikation wird gesprochen, wenn neue Produkte oder Dienstleistungen für neue Kunden oder neue geographische Märkte angeboten werden. Weil sowohl das Angebot als auch der Markt neu sind, fehlt bei den lateralen Diversifikationen eine Verbindung zu den bestehenden Aktivitäten auf diesen zwei Ebenen. Ein Bezug zu den bestehenden Tätigkeiten kann somit nur auf der Ebene der Ressourcen existieren:

- Eine „related lateral diversification“ liegt vor, wenn die neuen Angebote auf bestehenden Ressourcen aufbauen. Wie Prahalad und Hamel (1990, S. 79 ff.) ausführen, sind es häufig bereits existierende Kompetenzen, die einem Unternehmen den erfolgreichen Einstieg in eine neue Produktgruppe und damit verbunden in einen neuen Markt ermöglichen. Ein klassisches Beispiel bietet Canon. Wie aus **Abbildung 12.5** hervorgeht, basieren die Kameras, die Kopiergeräte und Drucker und die Rechner auf den gleichen technologischen Kompetenzen (vgl. Prahalad/Hamel, 1990, S. 89). Auch wenn ein Unterneh-

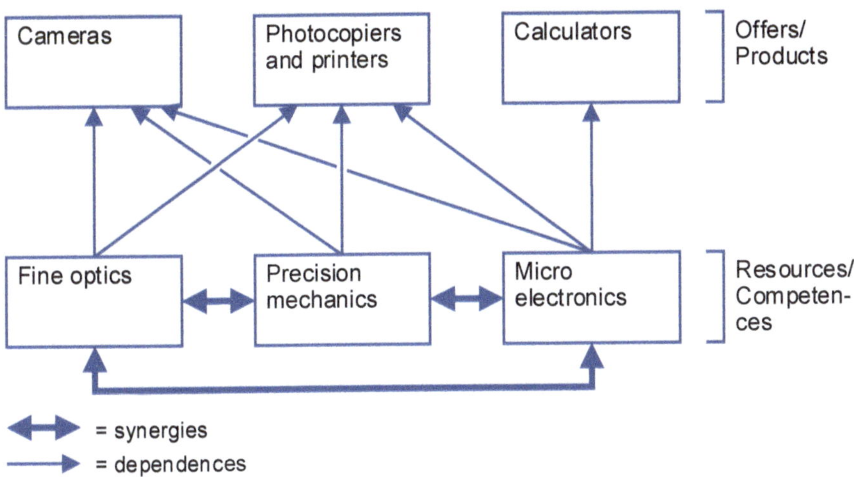

Abbildung 12.5: Produkte und Kompetenzen von Canon
(in Anlehnung an Prahalad/Hamel, 1990, S. 90)

men zur Realisierung einer Diversifikation auf etablierte Ressourcen zurückgreifen kann, betritt es mit der lateralen Diversifikation eine neue Wettbewerbsarena. Dort steht es etablierten Konkurrenten mit jahrelanger Erfahrung und gefestigten Kundenbeziehungen gegenüber. Deshalb sind auch mit „related lateral diversifications" in vielen Fällen erhebliche Risiken verbunden.

- „Unrelated lateral diversifications" besitzen auf keiner Ebene des ROM-models (vgl. Abschnitt 2.3) einen Bezug zu den bestehenden Aktivitäten. Beispiele sind die Diversifikation des Zigarren- und Zigarillofabrikanten Villiger in den Fahrradmarkt oder die Diversifikation des Taschenmesserproduzenten Victorinox in das Bekleidungsgeschäft. In beiden Fällen scheiterte das Vorhaben. Im Fall von Victorinox blieb ein im Vergleich zum Unternehmen grosser Verlust von CHF 70 Mio. zurück (vgl. Handelszeitung, 2018). „Unrelated lateral Diversifications" erscheinen aus Risikosicht im Allgemeinen nur vertretbar, wenn sie über Akquisitionen erfolgen. Aber es gibt neben dem Risiko noch einen zweiten Grund, der gegen diese Diversifikationsform spricht: Wie Palich et al. (2000, S. 155 ff.) zeigen, performen heterogene Unternehmen mit wenig Synergien ihrer Aktivitäten generell schlechter als Unternehmen mit verbundenen Geschäften (vgl. **Vertiefungsfenster 12.2**).

Vertiefungsfenster 12.2: Diversifikationsgrad-Performance-Studie

Das Vertiefungsfenster basiert auf Palich et al. (2000, S. 155 ff.)

Es gibt zahlreiche empirische Studien, welche die Wirkung des Diversifikationsgrades auf die Performance untersuchen. Die Arbeit von Palich et al. fasst in einer Metaanalyse 55 dieser Studien zusammen. Die Analyse, die dank dem gewählten methodischen Ansatz auf einer grossen Zahl von Beobachtungen basiert, ergibt einen eindeutigen Befund.

Eine Verbreiterung des Tätigkeitsgebietes bzw. eine Erhöhung des Diversifikationsgrades verbessert die Performance – gemessen als Profitabilität und Wachstum – solange positive Synergien zwischen den Aktivitäten existieren. Entsteht durch eine weitere Verbreiterung des Spektrums der Aktivitäten ein Unternehmen mit teilweise unverbundenen Geschäften, sinkt die Performance wieder. Den fehlenden positiven Synergien stehen in diesem Fall steigende Kosten der Führung und Koordination gegenüber. Die nachfolgende **Abbildung** zeigt das umgekehrte U-Modell, das die Ergebnisse der Metaanalyse graphisch zusammenfasst.

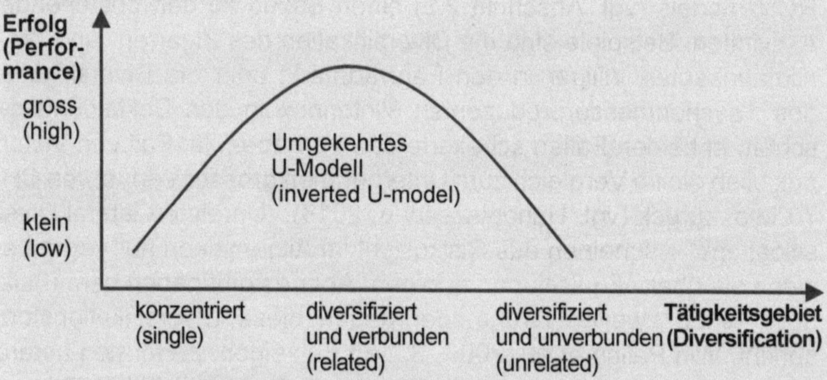

Umgekehrtes U-Modell als Resultat der Metaanalyse
(in Anlehnung an Palich et al., 2000, S. 157)

Aus der Metaanalyse von Palich et al. lässt sich für die Unternehmenspraxis eine zentrale Schlussfolgerung ziehen: Auf die positiven Synergien kommt es an! Eine Verbreiterung des Tätigkeitsgebietes bzw. eine Erhöhung des Diversifikationsgrades ist in der Regel solange sinnvoll, als dadurch wesentliche positive Synergien entstehen. Positive Synergien können in sehr unterschiedlichen Bereichen liegen. Das Spektrum reicht von Kostensynergien (z.B durch gemeinsam genutzte Produktionsanlagen oder einen gemeinsamen Einkauf) über gemeinsames technologisches Know-how bis hin zu Marktsynergien (z.B. eine gemeinsame Dachmarke und Cross-Selling).

12.4 Prozess zur Erarbeitung und Beurteilung von strategischen Optionen für das Unternehmen

Die Erarbeitung und Beurteilung von strategischen Optionen für das Unternehmen bildet den Unterschritt 3.1 im Strategieplanungsprozess. Wie **Abbildung 12.6** zeigt, besteht er aus drei Aufgaben. Sie werden nachfolgend erläutert.

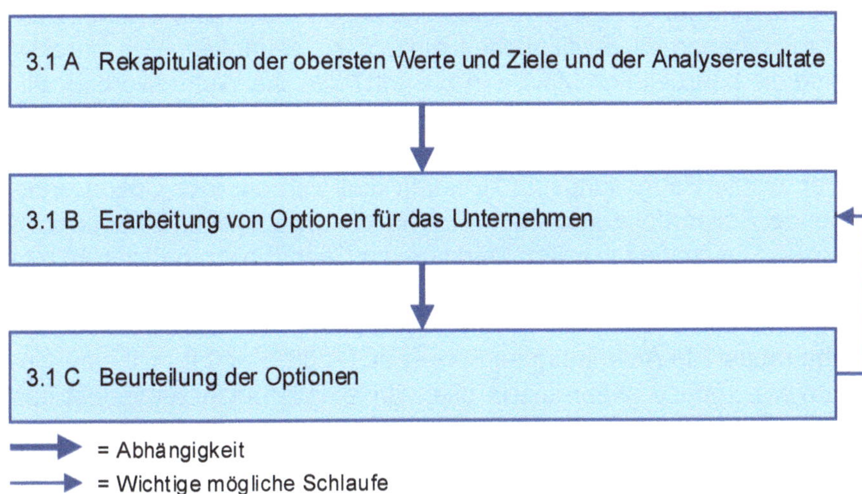

Abbildung 12.6: Prozess zur Erarbeitung und Beurteilung von strategischen Optionen für das Unternehmen

Zuerst sind in Aufgabe 3.1 A die obersten Werte und Ziele und die Analyseresultate, insbesondere die strategischen Herausforderungen, in Erinnerung zu rufen. Dadurch lässt sich vermeiden, Arbeit in die Entwicklung von Optionen zu investieren, welche Vorgaben verletzen oder Fakten nicht beachten und deshalb später zurückgewiesen werden müssen:

- Die obersten Werte und Ziele wurden in Unterschritt 1.1 festgelegt (vgl. Kapitel 6).
- Die Analyse auf Ebene des Gesamtunternehmens erfolgte in den Unterschritten 2.1, 2.1 und 2.3 (vgl. Kapitel 9, 10 und 11). Von besonderer Bedeutung sind die in Unterschritt 2.3 diagnostizierten strategischen Herausforderungen.

In Aufgabe 3.1 B sind zwei bis vier strategische Optionen zu erarbeiten. In Abschnitt 12.2 wurde gezeigt, wie die Aufgabe mit Hilfe der Matrix der Gesamtoptionen gelöst werden kann. Wenn das Unternehmen zur Sicherung seiner Zukunft neue Geschäfte benötigt, ermöglicht die differenzierte Ansoff-Matrix gemäss Abschnitt 12.3 ein systematisches Vorgehen bei der Suche von Möglichkeiten.

In Aufgabe 3.1 C sind die Gesamtoptionen zu beurteilen. Wie **Abbildung 12.7** zeigt, sind drei Gesichtspunkte zu bewerten:

- Zuerst sind für jede Option die zukünftigen Geschäfte inclusive die vorgesehenen Diversifikationen einzeln zu beurteilen. Wie attraktiv sind die bearbeiteten Märkte in Zukunft? Welche Wettbewerbspositionen sind erreichbar? Mit welchen finanziellen Resultaten kann gerechnet werden?
- Der zweite Beurteilungspunkt betrifft das sich aus der Option ergebende Sollportfolio insgesamt. Ergibt die Option eine Balance zwischen Geschäften in reifen Märkten, die Cash-Flow produzieren, und Geschäften mit Zukunftspotential, die Investitionsmittel benötigen? Bestehen im Sollportfolio positive Synergien? Ist die strategische Option robust? In Anlehnung an Fink et al. (2000, S. 40 ff.) gilt eine Option als „robust“, wenn sie in allen Umfeldszenarien zumindest das Überleben des Unternehmens ermöglicht. Es liegt auf der Hand, dass die Bestimmung der Robustheit einer Option eine sehr schwierige Aufgabe darstellt. Um sie zu beurteilen, sind die Sollportfolios der Optionen den Umfeldszenarien (vgl. Abschnitt 9.3) gegenüberzustellen.

Beurteilung der Sollpositionen der einzelnen Geschäfte	Beurteilung des Sollportfolios ingesamt	Beurteilung des Realisierbarkeit
▪ Marktattraktivität, insb. Marktwachstum ▪ Wettbewerbsstärke, insb. Marktanteil ▪ Finanzielle Resultate	▪ Ausgeglichenheit ▪ Synergiepotential ▪ Robustheit	▪ Personelle Realisierbarkeit ▪ Finanzielle Realisierbarkeit

Abbildung 12.7: Kriterien zur Beurteilung von Optionen für das Unternehmen

- Schliesslich ist die Realisierbarkeit der Option zu evaluieren. Verfügt das Unternehmen über die notwendigen personellen Kompetenzen und Kapazitäten, um die Option erfolgreich zu realisieren? Falls dies nicht gegeben ist, muss die Möglichkeit der Beschaffung der notwendigen personellen Ressourcen beurteilt werden. Schliesslich ist die Finanzierbarkeit der strategischen Optionen zu diskutieren. Dabei sind alle Formen der Finanzierung wie Venture-Capital, Syndicated Loans etc. einzubeziehen. Bei der Beurteilung der Finanzierbarkeit erscheint es wichtig, dass die Realisierung einer Option das Unternehmen nicht an seine finanzielle Grenze bringt. Es sollte eine Reserve für unvorhergesehene Probleme und für die Nutzung von Opportunitäten bleiben.

Die Beurteilung der Optionen, insbesondere die Ermittlung der finanziellen Resultate der Geschäfte und die Beurteilung der Finanzierbarkeit, ist schwierig. Unter Umständen setzt sie detailliertere Überlegungen auf Geschäftsebene voraus (vgl. Doppelpfeil zwischen Schritten 3 und 5 in Abbildung 5.1). Die am besten beurteilte Option umschreibt grob die zukünftige Gesamtstrategie. Sie ist in Unterschritt 3.2 durch die Definition von strategischen Zielen zu konkretisieren (vgl. Kapitel 13).

13 Definition der strategischen Unternehmensziele

13.1 Einleitung

Konkrete strategische Unternehmensziele sind das wichtigste Element einer Gesamtstrategie. Ihre Formulierung bildet den Unterschritt 3.2 im Strategieplanungsprozess: Ausgehend von den obersten Werten und Zielen des Unternehmens (vgl. Kapitel 6) wird die am besten beurteilte Option (vgl. Kapitel 12) durch die Festlegung messbarer strategischer Ziele entscheidend konkretisiert. Die strategischen Unternehmensziele bilden im weiteren Verlauf der Strategieplanung die Grundlage, um mögliche Massnahmen, Investitionen und Projekte zu evaluieren.

In Abschnitt 13.2 wird das Konzept der strategischen Unternehmensziele erklärt. In den Abschnitten 13.3 und 13.4. werden anschliessend zwei methodische Ansätze zur Definition strategischer Unternehmensziele eingeführt: Es handelt sich um das Zielportfolio und die Materialitätsanalyse. In Abschnitt 13.5 wird schliesslich ein Vorgehen zur Definition der strategischen Unternehmensziele vorgeschlagen.

13.2 Strategische Unternehmensziele

Ein strategisches Unternehmensziel ist eine konkrete Vorstellung über den angestrebten zukünftigen Zustand des Unternehmens. Die strategischen Unternehmensziele sind ein zentraler Bestandteil der Gesamtstrategie. Sie erfüllen u.a. folgende bedeutende Funktionen (vgl. Macharzina/Wolf, 2015, S. 215 f.; Welge/Al-Laham, 2008, S. 200):

- Bewertungs- und Selektionsfunktion: Ziele sind notwendig, um mögliche strategische Massnahmen, Investitionen und Projekte beurteilen und auswählen zu können.
- Orientierungs- und Koordinationsfunktion: Ziele dienen dazu, die von verschiedenen Organisationseinheiten oft unabhängig voneinander getroffenen Entscheidungen aufeinander abzustimmen.
- Motivations- und Anreizfunktion: Ziele schaffen einen Leistungsanreiz für Führungskräfte und Mitarbeiter.
- Kontrollfunktion: Ziele ermöglichen, Abweichungen der tatsächlichen Entwicklungen von den angestrebten Entwicklungen zu erkennen.

Strategische Unternehmensziele sind vielfältig. Sie können nach ihrem Inhalt in vier Kategorien zusammengefasst werden (vgl. Ulrich/Fluri, 1995, S. 97 ff.; Macharzina/Wolf, 2015, S. 202):

- Marktpositionsziele beziehen sich auf die Stellung eines Unternehmens in seinen Märkten. Zu den Marktpositionierungszielen gehören z.B. absolute Marktanteile, relative Marktanteile und Umsätze. Häufig sind Marktpositionierungsziele Wachstumsziele.
- Leistungswirtschaftliche Ziele beziehen sich auf die Leistungsprozesse des Unternehmens und auf das Produkt- und Dienstleistungsportfolio. Zu den leistungswirtschaftlichen Zielen gehören z.B. Produktinnovation, Produktqualität, Produktivität, Personalkosten und Beschaffungskosten.
- Finanzziele beziehen sich auf die finanziellen Ergebnisse des Unternehmens. Finanzziele sind meist Gewinnziele, die unterschiedlich operationalisiert und in Relation zu unterschiedlichen Bezugsgrössen gesetzt werden, z.B. EBIT, EBITDA, Return on Investment (ROI), Return on Equity (ROE), Return on Capital Employed (ROCE) oder Free Cash Flow.
- Gesellschaftsbezogene Ziele beziehen sich das angestrebte Verhalten eines Unternehmens gegenüber seinen Stakeholdern. Dieses wird in den letzten Jahren unter dem Stichwort „Corporate Social Responsibility" (CSR) diskutiert.

Unternehmen verfolgen nie ein einzelnes strategisches Ziel, sondern immer mehrere strategische Ziele gleichzeitig. Dies hängt u.a. damit zusammen, dass es im Unternehmen und im Unternehmensumfeld einen Interessenpluralismus gibt (vgl. Macharzina/Wolf, 2015, S. 213): Einerseits verfolgen unterschiedliche Personen im Unternehmen unterschiedliche Ziele. Andererseits werden strategische Ziele unterschiedlicher Stakeholder ins Zielsystem integriert (vgl. Abschnitt 6.3). Zu den wichtigsten Stakeholdern gehören – neben den Eigentümern – Fremdkapitalgeber, Führungskräfte, Mitarbeiter, Kunden, Lieferanten, die lokale Gesellschaft und der Staat. Wie Hillmann und Keim (2001) zeigen, wirkt sich ein aktives Management der wichtigsten Stakeholder positiv auf den Shareholder Value aus. Welche strategischen Ziele die Unternehmen am häufigsten verfolgen, zeigt **Vertiefungsfenster 13.1**.

Vertiefungsfenster 13.1: Strategische Unternehmensziele in der Unternehmenspraxis

Eine Synthese zahlreicher Studien durch die Verfasser zeigt, welche strategischen Ziele Unternehmen als wichtigste ansehen (vgl. Raffée/Fritz, 1992; Macharzina/Wolf, 2015, S. 234; Welge/Al-Laham, 2008, S. 205; Becker, 2013, S. 18; Deloitte, 2019, S. 13):

- Sicherung des Unternehmensbestandes
- Erhalt der Wettbewerbsfähigkeit
- Umsatzwachstum
- Langfristiger Gewinn
- Profitabilität
- Marktanteil, Marktposition
- Kundenzufriedenheit
- Qualität des Angebots
- Produktivitätssteigerungen
- Kosteneinsparungen
- Kapitalrentabilität
- Soziale Verantwortung

Die Studienergebnisse lassen sich wie folgt zusammenfassen (vgl. Welge/Al-Laham, 2008, S. 204):

- Finanzziele dominieren. Die Unternehmen streben eine Rendite an, die über den Kapitalkosten liegt. Dies wird in aktuellen Studien bestätigt (vgl. z.B. Deloitte, 2019, S. 13).
- Gesellschaftsbezogene Ziele, wie soziale Verantwortung und Umweltschutz, gewinnen seit Jahrzehnten an Bedeutung. Sie sind in die oberste Ebene der Zielhierarchie aufgerückt.

Ein häufiges Problem von strategischen Unternehmenszielen ist ihre oft mangelnde Präzision. Anstatt um messbare Ziele handelt es sich dann eher um unscharfe Absichten. So können Ziele aber ihre Funktionen nicht erfüllen. Um gute strategische Ziele zu formulieren, sollten sich Unternehmen deshalb an den fünf SMART-Anforderungen orientieren (vgl. Drucker, 1977; Doran, 1981):

- Specific: Ziele sollten spezifisch sein und sich auf konkrete Objekte wie z.B. Geschäfte beziehen.

- Measurable: Ziele sollten messbare Kennzahlen enthalten. Ohne diese ist es nicht möglich zu überprüfen, ob das Unternehmen Fortschritte in der Zielerreichung macht.
- Attainable: Ziele sollten ehrgeizig, aber erreichbar sein. Nur so werden die Ziele von den Mitarbeitern, die sie erfüllen sollen, akzeptiert.
- Relevant: Ziele sollten sich auf Inhalte beziehen, die für den Unternehmenserfolg bedeutend sind.
- Time-based: Ziele sollten sich auf einen klar definierten Zeitraum oder Zeitpunkt beziehen.

SMARTe Ziele sind beispielsweise „Wir wollen den Umsatz mit Dienstleistungen in der Schweiz in den nächsten fünf Jahren jährlich um 5% steigern“ oder „Wir wollen den CO2-Ausstoss unserer Werke in Frankreich in den nächsten 3 Jahren um insgesamt 15% senken“.

Als Abschluss der generellen Ausführungen zu den strategischen Unternehmenszielen wird ein konkretes Beispiel vorgestellt. **Praxisfenster 13.2** zeigt die strategischen Ziele der Sika AG, die im Rahmen der Wachstumsstrategie 2023 definiert wurden.

Praxisfenster 13.2: Strategische Unternehmensziele der Sika AG

Das Praxisfenster basiert auf Sika, 2021a.

Die Sika AG ist ein weltweit führendes Unternehmen der Spezialchemie für die Baubranche und die Industrie. Mit Tochtergesellschaften in mehr als 100 Ländern und über 300 Fabriken erzielte Sika im Geschäftsjahr 2020 einen Umsatz von knapp CHF 8 Mrd.

Wie die nachfolgende **Abbildung** zeigt, besteht die Wachstumsstrategie der Sika AG aus drei Subsystemen:

- Die Basis bilden sechs strategische Pfeiler.
- Für den Planungshorizont 2023 werden zwei quantitative und damit überprüfbare strategische Oberziele definiert. Umsatzwachstum und EBIT-Marge werden von Sika zwar nicht ausdrücklich als Ober ziele benannt, aber auf der Basis von Pressemitteilungen, öffentli-

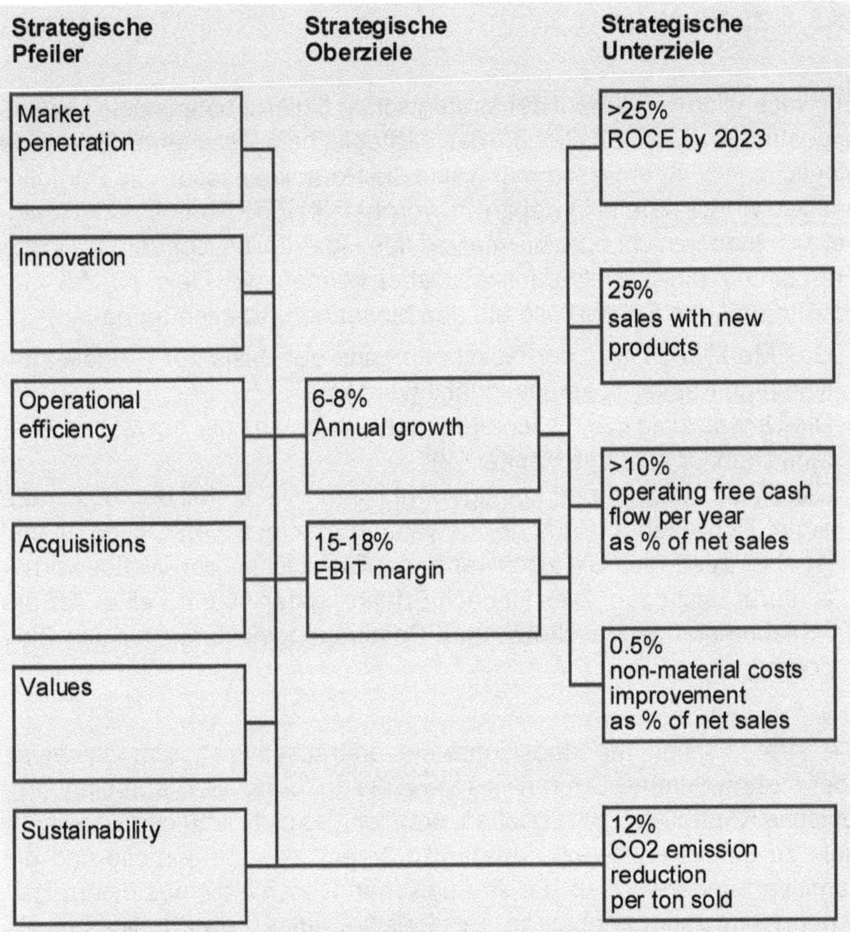

Wachstumsstrategie 2023 der Sika AG

chen Äusserungen usw. interpretieren die Autoren diese beiden Ziele als Oberziele.

- Um die beiden Oberziele erreichen zu können, werden vier ebenfalls quantitative Unterziele festgelegt. Um einen Beitrag zur Nachhaltigkeit zu leisten, wird als fünftes Unterziel zudem die bis 2023 zu erreichende CO2-Reduktion vorgegeben.

13.3 Zielportfolio

Ein wesentliches Element der strategischen Unternehmensziele sind die angestrebten Marktpositionen der strategischen Geschäfte. Eine gute Möglichkeit zu ihrer Bestimmung sind die Portfolioansätze. Die Portfolioanalyse wurde bereits in Kapitel 10 vorgestellt. Eine Portfolio-Matrix eignet sich jedoch nicht nur zur Analyse des Istportfolios, sondern auch zur Erarbeitung eines Zielportfolios. Dabei können die Ziele für die Geschäfte und das Sollportfolio auf den bisherigen Arbeiten aufbauen:

- Das Marktwachstum der Geschäfte kann auf Basis der Portfolioanalyse (vgl. Kapitel 10) eingeschätzt werden.
- Die Umsatzziele der Geschäfte ergeben sich aus der gewählten strategischen Option (vgl. Kapitel 12).
- Die Zielsetzung für den künftigen relativen Marktanteil der Geschäfte ergibt sich ebenfalls aus der gewählten strategischen Option. Dabei ist aber zusätzlich die zu erwartende Entwicklung der Wettbewerber zu berücksichtigen. Dies ist nach Erfahrung der Autoren einer der am schlechtesten einzuschätzenden Bestimmungsfaktoren für das Zielportfolio.

Die strategischen Marktpositionsziele erstrecken sich normalerweise über mehrere Jahre. Um realistische Ziele zu formulieren und eine strategische Kontrolle zu ermöglichen, empfiehlt es sich, jährliche Zwischenziele zu definieren. **Praxisfenster 13.3** zeigt das Zielportfolio und die damit verbundenen Ziele der strategischen Geschäfte eines österreichischen Handelsunternehmens. Ein Beispiel eines Zielportfolios zur Erschliessung neuer Auslandsmärkte findet sich in Grünig und Morschett (2017, S. 126 ff.).

Praxisfenster 13.3: Zielportfolio und Geschäftsziele eines österreichischen Handelsunternehmens

Die folgende **Abbildung** zeigt das Zielportfolio der Austria Handels AG. Aus der vertikalen Achse gehen auch das heutige und das angenommene künftige Marktwachstum hervor. In der zweiten **Abbildung** des Praxisfensters sind die strategischen Ziele der Geschäfte mit den jährlichen Zwischenzielen dargestellt.

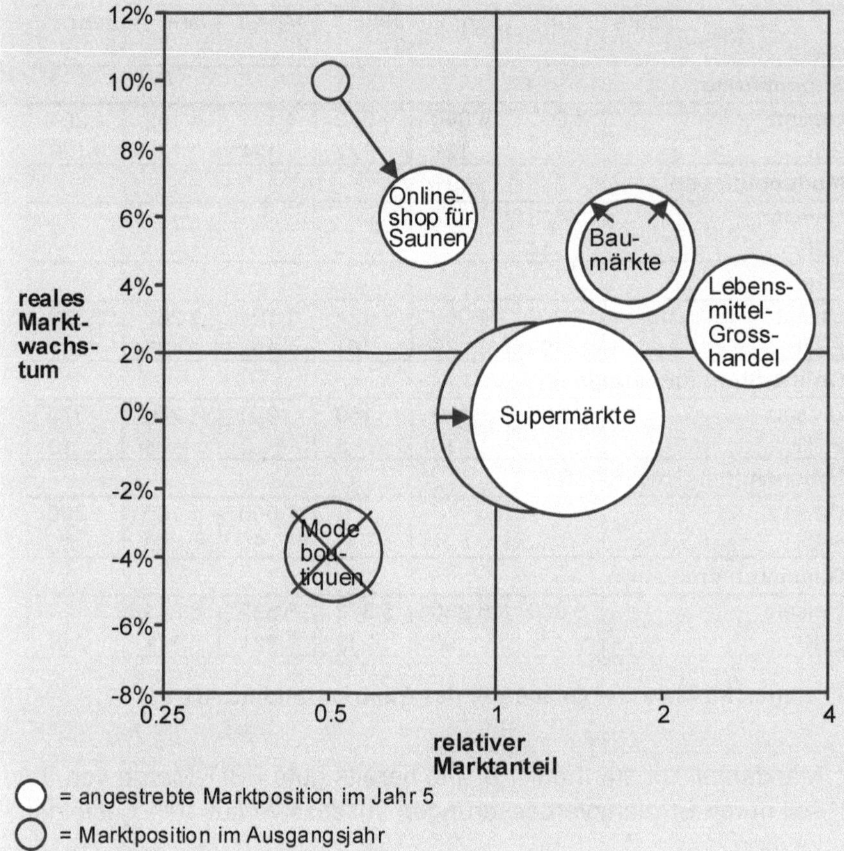

Zielportfolio der Austria Handels AG

Die Sollpositionen der Geschäfte im Portfolio und ihre strategischen Ziele basieren auf folgenden Überlegungen:

- Im strategischen Geschäft „Modeboutiquen“ werden seit Jahren Verluste geschrieben. Der Marktausblick ist wegen der zunehmenden Konkurrenz durch den Online-Handel negativ. Daher soll das Geschäft durch Verkauf schnellstmöglich aufgegeben und so der EBIT für das Gesamtunternehmen verbessert werden.
- Im strategischen Geschäft „Baumärkte“ wächst der Markt um 5% jährlich. Das Unternehmen strebt einen weiteren Ausbau mit einem Umsatzwachstum von 6% p.a. an. Da der wichtigste Konkurrent voraussichtlich etwa gleich stark wachsen wird, bleibt der relative

Ziele \ Jahre	Jahr 0	Jahr 1	Jahr 2	Jahr 3	Jahr 4	Jahr 5
Supermärkte						
Umsatz	4 000	4 040	4 080	4 121	4 162	4 204
EBIT	120	121	122	124	125	126
Modeboutiquen						
Umsatz	700	-	-	-	-	-
EBIT	-14	-	-	-	-	-
Baumärkte						
Umsatz	1 000	1 060	1 124	1 191	1 262	1 338
EBIT	80	85	101	107	126	134
Online-Shop für Saunen						
Umsatz	100	130	169	220	286	371
EBIT	-10	-10	-5	0	5	10
Lebensmittel-Grosshandel						
Umsatz	-	-	-	1 000	1 100	1 200
EBIT	-	-	-	50	55	60
Gesamtunternehmen						
Umsatz	5 800	5 230	5 373	6 532	6 811	7 114
EBIT	176	196	219	281	311	330

Strategische Ziele der Geschäfte der Austria Handels AG

Marktanteil konstant auf 1.8. Die bereits gute EBIT-Marge von 8% soll durch Effizienzverbesserungen sukzessive auf 10% gesteigert werden.

- In einem sehr dynamischen Markt bewegt sich das strategische Geschäft „Online-Shop für Saunen". Der Markt wächst derzeit mit 10% p.a. Das Wachstum wird aber voraussichtlich abflachen. Das Unternehmen strebt hier einen deutlichen Ausbau mit einem Umsatzwachstum von 30% p.a. an. Dies, indem in den nächsten Jahren massiv in die Bekanntheit investiert wird. Dazu ist man bereit, noch einige Jahre auf Gewinn zu verzichten. Aber bis zum Ende des Planungszeitraums soll ein positiver EBIT von EUR 10 Mio. erreicht werden.
- Da der Lebensmittel-Grosshandel mittel- bis langfristig ein Wachstumsmarkt bleiben wird, will das Unternehmen in diesem Markt ein neues strategisches Geschäftsfeld aufbauen. Dazu soll der nationale Marktführer akquiriert werden. Diese Akquisition ist für das Jahr 3 geplant. Anschliessend soll der Umsatz weiter organisch ge-

steigert werden. Eine weitere Zielsetzung ist es, von Beginn an eine EBIT-Marge von 5% zu erzielen.

13.4 Materialitätsanalyse

Wie bereits erklärt wurde, sollten bei der Formulierung der strategischen Unternehmensziele nicht nur die Interessen der Eigentümer, sondern auch die Interessen weiterer wichtiger interner und externer Stakeholder berücksichtigt werden. Die Materialitätsanalyse (materiality analysis) oder Wesentlichkeitsanalyse ist ein Ansatz, um die Interessen und Ziele der als wichtig erachteten Stakeholder bei der Festlegung der Ziele zu berücksichtigen. Dieses Analyseinstrument hat sich im Rahmen des Nachhaltigkeitsmanagements als Standard etabliert. Es wird auch im Rahmen der Nachhaltigkeitsberichterstattung auf Basis der Global Reporting Initiative verlangt. Die Materialitätsanalyse ermöglicht es, wirtschaftliche, ökologische und soziale Ziele im Hinblick auf ihre Bedeutung für die Stakeholder und für das Unternehmen zu beurteilen.

In einer Materialitätsmatrix gemäss **Abbildung 13.1** werden wirtschaftliche, ökologische und soziale Ziele bewertet:

- Die vertikale Achse repräsentiert die Bedeutung der Ziele für die Stakeholder. Zur Erarbeitung ist ein intensiver Dialog mit den wichtigsten Stakeholdern zu führen: Über Fragebögen, Workshops und Einzelgespräche ist die Bedeutung der einzelnen Ziele für Bewertungen und Entscheide der Stakeholder zu eruieren.
- Auf der horizontalen Achse wird die Bedeutung der Ziele für die Weiterentwicklung des Unternehmens selbst erfasst. Im Standard der Global Reporting Initiative sind als horizontale Achse die wirtschaftlichen, ökologischen und sozialen Auswirkungen des Unternehmens auf das Umfeld vorgesehen. Aber nach Ansicht der Autoren ist es für die Erarbeitung der strategischen Relevanz der Ziele besser, als zweite Dimension der Matrix eine Unternehmensperspektive zu wählen. Diesen Ansatz nutzen auch zahlreiche Unternehmen für ihre Materialitätsanalysen, u.a. Unilever und Sika (vgl. Unilever, 2021; Sika, 2021b).
- Je weiter rechts oben ein Ziel eingeordnet wird, desto wichtiger ist es.

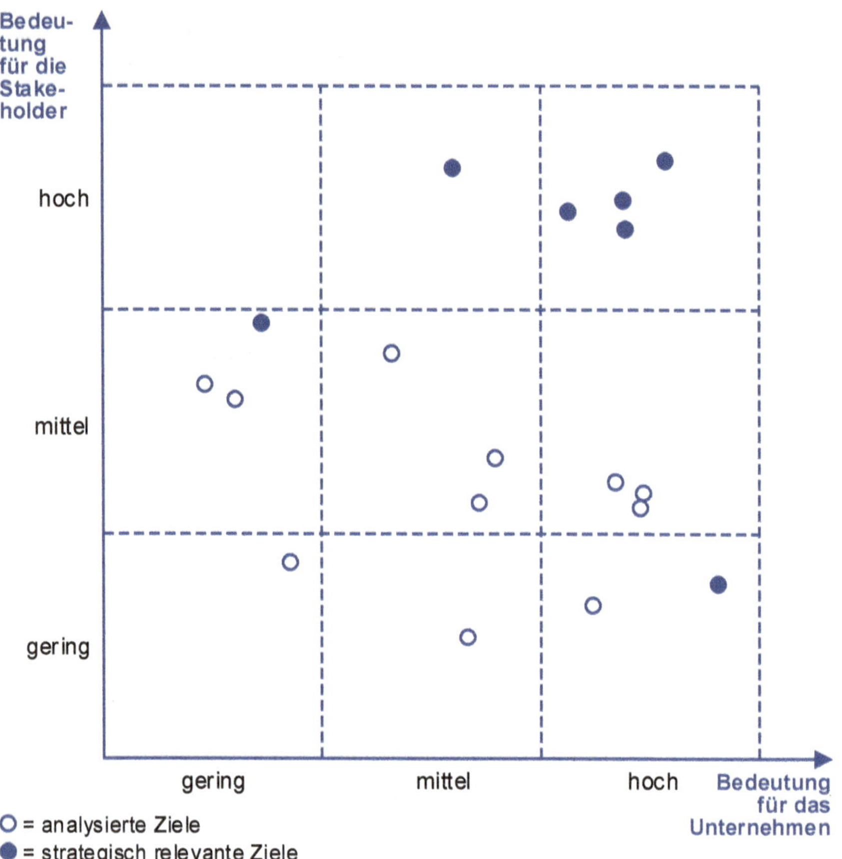

Abbildung 13.1: Materialitätsmatrix zur Analyse der Relevanz der Ziele

Zwei Beispiele zeigen, welche Ziele aus Sicht der Stakeholder und der Unternehmen in Materialitätsanalysen als besonders relevant identifiziert werden:

- Die Sika AG identifiziert in ihrer Materialitätsanalyse u.a. wirtschaftliche Performance, Kundenbeziehungen, Produktqualität oder -zuverlässigkeit, Energie- und Wasserverbrauch, CO2-Emissionen und Arbeitssicherheit als besonders bedeutend (vgl. Sika, 2021b).
- H&M identifiziert in seiner Materialitätsanalyse u.a. wirtschaftliche Performance, Innovation, den verstärken Einsatz rezyklierter oder anderer nachhaltiger Materialien, faire Löhne in den Produktionsländern, Wahrung der Menschenrechte und eine Entwicklung hin zu einer Kreislaufwirtschaft bei Modeartikeln als besonders bedeutend (vgl. H&M, 2019).

13.5 Prozess zur Definition der strategischen Unternehmensziele

Die Definition der strategischen Unternehmensziele bildet den Unterschritt 3.2 im Strategieplanungsprozess. Wie **Abbildung 13.2** zeigt, besteht er aus fünf Aufgaben. Sie werden nachfolgend erläutert.

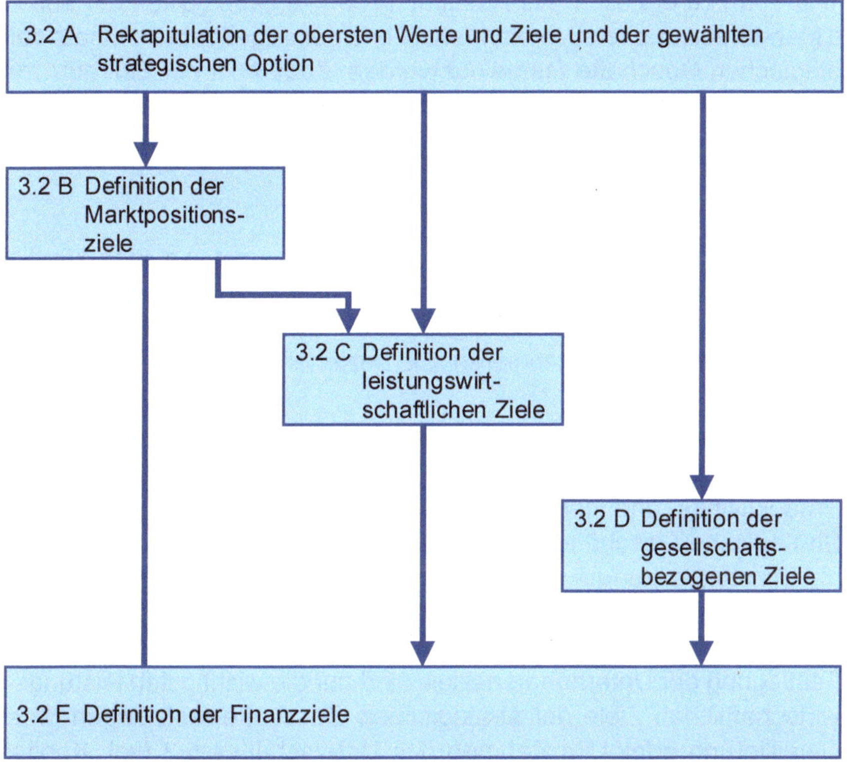

Abbildung 13.2: Prozess zur Definition der strategischen Unternehmensziele

Zuerst sind in Aufgabe 3.2 A die in Unterschritt 1.1 definierten obersten Werte und Ziele sowie die gewählte strategische Option gemäss Unterschritt 3.1 in Erinnerung zu rufen. Diese müssen bei der Definition der konkreten strategischen Unternehmensziele beachtet werden.

Wie in Abschnitt 13.2 dargelegt, sollten die in den Aufgaben 3.2 B bis 3.2 E festgelegten Ziele den SMART-Anforderungen genügen.

Wie gezeigt wurde, geht es in der Gesamtstrategie primär darum, die zukünftigen Marktpositionen zu definieren. Sie werden in Aufgabe 3.2 B festgelegt. Für die Bestimmung ehrgeiziger, aber erreichbarer Marktpositionsziele für die Geschäfte empfiehlt es sich, ein Zielportfolio (vgl. Abschnitt 13.3) zu erstellen. Als Resultat dieser Aufgabe sollten der absolute Marktanteil, der relative Marktanteil und der angestrebte Umsatz der strategischen Geschäfte festgelegt werden. Zudem ist der Zeitraum zu definieren, bis wann diese Ziele erreicht werden sollen. Weitere Ziele sind i.d.R. nicht notwendig. Es ist für die Zielakzeptanz wichtig, die Leiter der strategischen Geschäfte einzubeziehen.

Auf Basis der angestrebten Marktpositionsziele – die u.a. den künftig erwarteten Umsatz bestimmen und damit auch Anforderungen an die Produktion ergeben - sind in Aufgabe 3.2 C die wichtigsten leistungswirtschaftlichen Ziele zu definieren. Sie beziehen sich auf drei verschiedene Zielobjekte:

- Gesamtunternehmen: Bei den leistungswirtschaftlichen Zielen des Gesamtunternehmens handelt es sich vor allem um übergreifende Produktivitäts- und Innovationsziele.
- Strategische Geschäfte: Nach Erfahrung der Autoren beziehen sich die meisten leistungswirtschaftlichen Ziele auf die Geschäfte. Neben Produktivitätszielen geht es vor allem um die Festlegung der Produktionskapazitäten und die Sicherung der Beschaffung. Im Rahmen der Festlegung der Unternehmensziele sind nur die wichtigsten leistungswirtschaftlichen Ziele der strategischen Geschäfte festzulegen. Ihre Detaillierung erfolgt im Rahmen des Unterschrittes 5.2 (vgl. Kapitel 23).
- Zentrale Funktionen: Gleich wie für die Geschäfte sind auch für die zentralen Funktionen nur die wichtigsten leistungswirtschaftlichen Ziele vorzugeben. Ihre Detaillierung erfolgt im Rahmen der Erarbeitung der funktionalen Strategien (vgl. Kapitel 26).

In Aufgabe 3.2 D sind die gesellschaftsbezogenen Ziele zu definieren. Im Gegensatz zu den leistungswirtschaftlichen Zielen werden die gesellschaftsbezogenen Ziele primär für das Gesamtunternehmen und die zentralen Funktionen (z.B. Beschaffung, Logistik) festgelegt.

Nach Erfahrung der Autoren gibt es kaum mehr ein Unternehmen, bei dem nicht in den letzten Jahren im Rahmen der strategischen Unternehmensziele auch gesellschaftsbezogene Ziele definiert wurden. Je nach Unternehmen unterscheiden sich dabei die Zielinhalte sehr deutlich. Bei vielen Produktionsunternehmen geht es z.B. um die Emissionen, die bei der Produktion entstehen und um den Ressourcenverbrauch. So definiert LafargeHolcim als Zementhersteller ehrgeizige Ziele bzgl. der CO2-Emissionen. Bei Unternehmen der Textilwirtschaft stehen die Arbeitsbedingungen in ihren Produktionsstätten oder bei ihren Zulieferern im Vordergrund. Für Unternehmen der Ernährungswirtschaft sind die Verringerung des Land- und Ressourcenverbrauchs und damit verbunden die Biodiversität wichtige Zielinhalte. Selbst bei nur national tätigen, kleineren Unternehmen werden im Rahmen des Personalmanagements häufig Ziele wie eine Steigerung der Diversität der Mitarbeiter definiert. Um sicherzustellen, dass die wichtigsten Aspekte identifiziert werden, empfehlen die Autoren, eine Materialitätsanalyse durchzuführen (vgl. Abschnitt 13.4).

In den Aufgaben 3.2 A bis 3.2 D wurden die wichtigsten Bestimmungsfaktoren der Erträge und Aufwendungen des Unternehmens bestimmt. In der abschliessenden Aufgabe 3.2 E sind auf dieser Basis die Finanzziele zu definieren. Auch diese sind auf das Gesamtunternehmen, die strategischen Geschäfte und die zentralen Funktionen zu beziehen. Im Fokus steht in dieser Aufgabe die Ebene des Gesamtunternehmens. Es sind aber auch die wichtigsten Finanzziele der Geschäfte (v.a. hinsichtlich EBITDA, Cash-Flow usw.) und der zentralen Funktionen (v.a. hinsichtlich der Kosten) zu definieren, weil sie für die Finanzziele des Gesamtunternehmens wichtig sind (vgl. Praxisfenster 13.3).

14 Formulierung der Gesamtstrategie

14.1 Einleitung

In Unterschritt 3.1 wurden Optionen für die zukünftige Gesamtstrategie erarbeitet und beurteilt (vgl. Kapitel 12). Die am besten beurteilte Option stellt die zukünftige Gesamtstrategie dar. Sie wurde in Unterschritt 3.2 durch die Definition von Zielen konkretisiert (vgl. Kapitel 13). Damit sind die wesentlichsten inhaltlichen Entscheidungen getroffen. Dies ermöglicht es nun, die verbleibenden inhaltlichen Fragen zu klären und die Gesamtstrategie zu formulieren. Diese Aufgaben bilden den Unterschritt 3.3 im Strategieplanungsprozess. Es handelt sich bei der resultierenden Gesamtstrategie noch um eine provisorische Version. Die Erarbeitung der Geschäftsstrategien (vgl. Teil VI) und der funktionalen Strategien (vgl. Kapitel 26) kann noch zu Anpassungen führen. Wie die Erfahrung der Verfasser zeigt, kommt dies in der Praxis auch relativ häufig vor.

In Abschnitt 14.2 wird der Inhalt einer Gesamtstrategie erklärt. Darauf aufbauend wird in Abschnitt 14.3 ein Prozess zur Formulierung der Gesamtstrategie vorgeschlagen.

14.2 Inhalt einer Gesamtstrategie

Die Gesamtstrategie soll als Führungsinstrument einen Überblick über die geplante Weiterentwicklung des Unternehmens verschaffen. Um dieses Ziel zu erreichen, ist bewusst auf Details zu verzichten. Dies bedeutet jedoch nicht, dass die Aussagen vage und unverbindlich sein dürfen. Es ist zwar eine Konzentration auf das Wesentliche anzustreben. Die wesentlichen Punkte sind aber klar und konkret festzuhalten.

Abbildung 14.1 schlägt eine mögliche Struktur einer Gesamtstrategie vor. Nachfolgend werden die einzelnen Elemente kurz beschrieben:

- Die strategische Analyse auf Gesamtebene (vgl. Teil II) ergab ein Bild der Umfeldentwicklungen und der aktuellen strategischen Position des Unternehmens. Dieses Bild stellt die Ausgangslage für die zu-

1. Zusammenfassung der Analyse
2. Stossrichtungen der Geschäfte und Diversifikationen
3. Ziele
   3.1. Marktpositionsziele und ev. Zielportfolio
   3.2. Leistungswirtschaftliche Ziele
   3.3. Gesellschaftsbezogene Ziele
   3.4. Finanzziele
4. Grobe Massnahmen und Investitionen
5. Vorgaben für die weiterzuführenden Geschäfte
   5.1. Vorgaben für Geschäft A
   5.2. Vorgaben für Geschäft B
6. Vorgaben für die zentralen Funktionen
   6.1. Vorgaben für die zentrale Funktion Y
   6.2 Vorgaben für die zentrale Funktion Z
7. Strategische Finanzperspektive

Abbildung 14.1: Mögliche Struktur einer Gesamtstrategie

künftige Gesamtstrategie dar. Es erscheint deshalb sinnvoll, eine Zusammenfassung der strategischen Analyse an den Anfang der Gesamtstrategie zu stellen.

- Als zweites Element folgt eine Beschreibung der Stossrichtungen der Geschäfte und Diversifikationen. Sie zeigt, welche bestehenden Geschäfte gehalten, ausgebaut, fokussiert und devestiert werden sollen. Zudem werden die neu aufzubauenden Geschäfte respektive die geplanten Diversifikationen aufgezeigt.
- Das dritte Element der Gesamtstrategie sind die in der Planungsperiode zu erreichenden Ziele. Bei ihrer Definition in Unterschritt 3.2 wurden vier Kategorien unterschieden (vgl. Kapitel 13). Es ist sinnvoll, die Ziele in Punkt 3 der Gesamtstrategie ebenfalls nach diesen vier Kategorien zu gliedern.
- Als viertes Element sind die zur Zielerreichung notwendigen Massnahmen und Investitionen grob zu umschreiben.
- Ein wichtiges Element der Gesamtstrategie sind die Vorgaben für die weiterzuführenden Geschäfte. Im Zentrum dieser Vorgaben stehen die zu erreichenden Marktpositionsziele. Die Verantwortung für die Erreichung der Vorgaben liegt nicht bei der Geschäftsleitung, sondern bei den Leitern der Geschäfte. Deshalb ist es wichtig, die Vorgaben mit ihnen zu vereinbaren. Die Verantwortung für den Aufbau neuer

und die Devestition bestehender Geschäfte wird hingegen bei der Unternehmensleitung gesehen. Deshalb sind dafür keine Vorgaben zu formulieren.

- Das sechste Element sind die Vorgaben für die zentralen Funktionen. Typische Beispiel für zentrale Funktionen sind HR, IT, Compliance und Sustainability. Wie bei den weiterzuführenden Geschäften sollte auch hier ein Konsens zwischen der Geschäftsleitung und den Leitungen der zentralen Funktionen gefunden werden.
- Schliesslich sind die finanziellen Konsequenzen der Strategie grob aufzuzeigen. Aufgrund der langfristigen Ziele, Massnahmen und Investitionen (vgl. Abschnitt 2.2) können die zu erstellenden Plan-Erfolgsrechnungen, Plan-Bilanzen und Plan-Mittelflussrechnungen (vgl. Volkart/Wagner, 2018, S. 989 ff.) nicht die gleiche Verbindlichkeit haben wie die entsprechenden mittelfristigen Pläne. Deshalb wird der Begriff der strategischen Finanzperspektive (vgl. Grünig, 1993, S. 677 ff.) gewählt.

14.3 Prozess zur Formulierung der Gesamtstrategie

Die Formulierung der Gesamtstrategie bildet den Unterschritt 3.3 im Strategieplanungsprozess. Wie **Abbildung 14.2** zeigt, umfasst er vier Aufgaben.

In Aufgabe 3.3 A geht es darum, die bereits vorhandenen Elemente der Gesamtstrategie in ihre definitive Form zu bringen:

- Die in Schritt 2 erarbeitete Analyse auf Ebene des Gesamtunternehmens (vgl. Teil III) ist knapp zusammenzufassen.
- Darauf sind die Stossrichtungen der Geschäfte und die vorgesehenen Diversifikationen aufzuzeigen. Inhaltlich handelt es sich dabei um die Beschreibung der in Unterschritt 3.1 gewählten Option (vgl. Kapitel 12).
- Schliesslich sind die in Unterschritt 3.2 definierten strategischen Ziele (vgl. Kapitel 13) in die Gesamtstrategie zu übernehmen.

In Aufgabe 3.3 B sind die zu ergreifenden Massnahmen und die zu realisierenden Investitionen grob zu umschreiben und zu terminieren. In

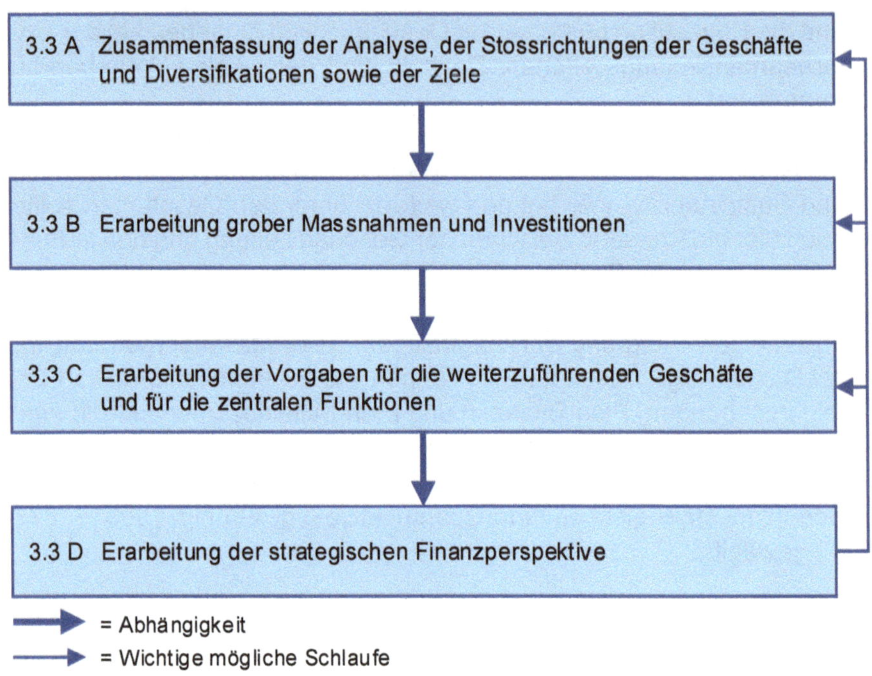

Abbildung 14.2: Prozess zur Formulierung der Gesamtstrategie

Aufgabe 3.3 A ging es bloss darum, vorhandene Resultate zu formulieren. In Aufgabe 3.3 B ist dies nicht der Fall. Die zu ergreifenden Massnahmen und die zu realisierenden Investitionen sind noch nicht festgelegt. Insofern ist die Aufgabe mit einem grösseren Aufwand verbunden. Allerdings genügt eine grobe Umschreibung der Massnahmen und Investitionen. Ihre Detaillierung erfolgt erst im Rahmen der Erarbeitung der Implementierungsprojekte.

Aufgabe 3.3 C besteht in der Erarbeitung der Vorgaben für die weiterzuführenden strategischen Geschäfte und für die zentralen Funktionen. Nur präzise Vorgaben führen dazu, dass die Geschäftsstrategien und die geschäftsübergreifenden funktionalen Strategien im Einklang mit der Gesamtstrategie sein werden. Wie bereits erwähnt ist es wichtig, dass die Leiter der Geschäfte und der zentralen Funktionen diese Vorgaben mittragen. Deshalb braucht es eine Abstimmung mit ihnen.

Schliesslich sind in Aufgabe 3.3 D die finanziellen Konsequenzen der geplanten Gesamtstrategie grob aufzuzeigen. Dazu ist eine strategische

Finanzperspektive zu erarbeiten. Sie besteht aus Plan-Erfolgsrechnungen, -Bilanzen und -Mittelflussrechnungen. Je nach Resultat dieser Rechnungen sind die strategischen Ziele, Massnahmen und Investitionen unter Umständen zu überarbeiten. Unabhängig von diesen allfälligen Überarbeitungen besitzt die Gesamtstrategie in jedem Fall nur einen provisorischen Charakter: Erst die Erstellung der Geschäftsstrategien und der funktionalen Strategien zeigt, ob die entsprechenden Vorgaben in der Gesamtstrategie realistisch sind. Falls dies nicht der Fall ist, sind die notwendigen Anpassungen vorzunehmen.

15 Erarbeitung der Projektpläne zur Implementierung der Gesamtstrategie

15.1 Einleitung

Strategien geben Ziele, Massnahmen und Investitionen zur Sicherung und zum Aufbau der zukünftigen Erfolgspotentiale vor (vgl. Abschnitt 2.3). Während die Ziele normalerweise präzis umschrieben werden, erfolgt die Vorgabe der Massnahmen und Investitionen meist nur summarisch (vgl. Kapitel 14). Sie sind anschliessend über strategische Projektpläne zu detaillieren. Diese Projektpläne bilden ein unverzichtbares Bindeglied zwischen den in den Strategien definierten Absichten und den konkreten Handlungen zu ihrer Verwirklichung. „Too often, elegantly conceived strategies fail to help a company because managers do not define the projects [...] that are required to implement high-level statements of strategy“ (Christensen, 1997, S. 154).

Die Erarbeitung der Projektpläne zur Implementierung der Gesamtstrategie bildet den Unterschritt 3.4 im Strategieplanungsprozess. Wie **Abbildung 15.1** zeigt, beschäftigt sich Kapitel 15 nur mit Projekten, die sich direkt aus der Gesamtstrategie ergeben. Projekte zur Implementierung der Geschäftsstrategien und der funktionalen Strategien, die sich nur indirekt aus der Gesamtstrategie ableiten, werden in den Kapiteln 25 und 26 behandelt.

In Abschnitt 15.2 werden zuerst verschiedene Arten von strategischen Projekten zur Implementierung der Gesamtstrategie unterschieden und kurz beschrieben. Darauf wird in Abschnitt 15.3 ein Prozess zur Erarbeitung der Projektpläne vorgestellt.

15.2 Arten von strategischen Projekten zur Implementierung einer Gesamtstrategie

Es lassen sich gemäss **Abbildung 15.2** fünf Arten von Projekten zur Implementierung einer Gesamtstrategie unterscheiden. Sie werden nachfolgend kurz beschrieben.

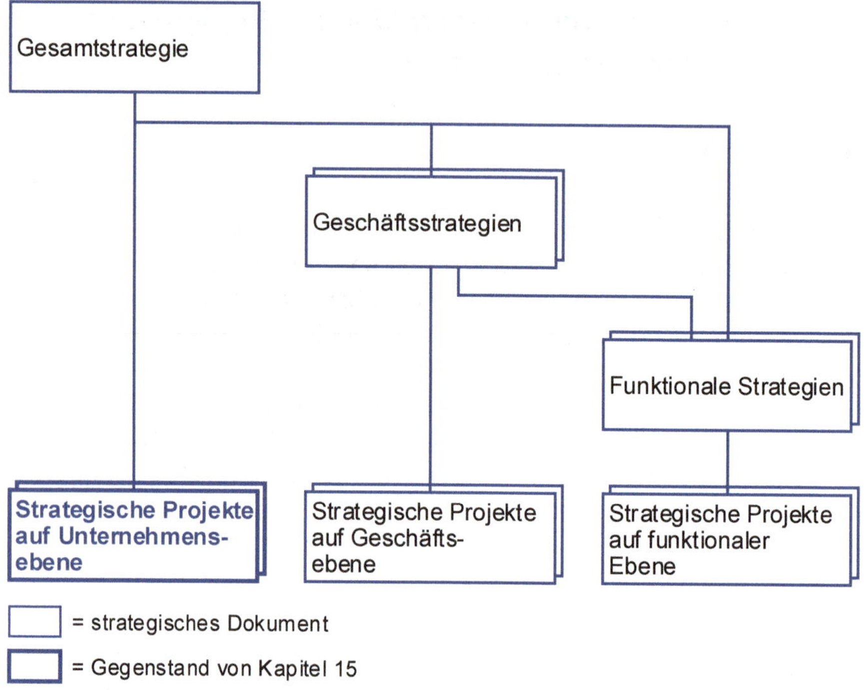

Abbildung 15.1: Abgrenzung der betrachteten strategischen Projekte

Projekte zur Veränderung des Geschäftsportfolios	**Übrige Projekte**
▪ Projekte zum Aufbau neuer Geschäfte/Diversifikationsprojekte ▪ Projekte zur Devestition bestehender Geschäfte	▪ Projekte zur Verbesserung von Strukturen und Führungssystemen ▪ Projekte zur Personalentwicklung ▪ Projekte zur Implementierung gesellschaftsbezogener Ziele

Abbildung 15.2: Arten von Projekten zur Implementierung der Gesamtstrategie

Der Aufbau neuer Geschäfte kann über Akquisitionen, Joint Ventures oder unternehmenseigene Forschung und Entwicklung realisiert werden (vgl. Miller/Dess, 1996, S. 254 ff.):

- Akquisitionen haben den Vorteil, dass sie rasch zu einem neuen Geschäft führen. Das neue Geschäft verfügt zudem von Beginn an über das notwendige Know-how. Die Risiken liegen in einer zu optimistischen Beurteilung des Akquisitionskandidaten, einem zu hohen Kaufpreis und in Integrationsschwierigkeiten.
- Joint Ventures sind vorteilhaft, wenn die Partner über komplementäre Fähigkeiten und Ressourcen verfügen. Falls ein Joint Venture die Nutzung strategisch bedeutsamer Fähigkeiten des Unternehmens beinhaltet, besteht die Gefahr, dass Know-how zum Allianzpartner – der oft gleichzeitig Konkurrent ist – abfliesst.
- Diversifikationen können auch das Resultat eigener Forschungs- und Entwicklungsarbeit sein. Die Pharmaindustrie und der Investitionsgütersektor bieten viele Beispiele für erfolgreiche neue Geschäfte auf der Basis von firmenintern entstandenen neuen Produkten. Allerdings sind auch Eigenentwicklungen immer mit Risiken verbunden. Bindet das Entwicklungsprojekt im Verhältnis zum verfügbaren Cash-Flow zu grosse finanzielle Ressourcen, entstehen unter Umständen sogar erhebliche Risiken. Die gescheiterte Entwicklung einer Flab-Lenkwaffe durch den ehemaligen Bührle-Konzern illustriert dies auf eindrückliche Weise. Obschon die Firma eine gute Marktposition im Bereich der Flab-Kanonen besass und es sich aus Sicht der damals Verantwortlichen deshalb um eine „related diversification“ (vgl. Abschnitt 12.3) handelte, brachte das Projekt den Konzern an den Rand des Bankrotts: Nach Investitionen, die einem Mehrfachen der Planung entsprachen, wies das Waffensystem nach Fertigstellung im Vergleich zu Konkurrenzprodukten so gravierende Nachteile auf, dass es praktisch unverkäuflich war.

Zur Devestition von strategischen Geschäften stehen ebenfalls mehrere Wege offen:

- Das Geschäft kann an Konkurrenten, Private Equity Unternehmen oder das Management verkauft werden. Ein Verkauf führt zu einer raschen Bereinigung des Geschäftsportfolios. Falls es sich um ein verlustträchtiges Geschäft handelt, kann zudem der Mittelabfluss rasch unterbunden werden. Bei grossen Verlusten kann es sogar sinnvoll sein, das Geschäft zum Nullpreis oder mit einem negativen Verkaufspreis zu veräussern.

- In Situationen, in denen kein grosses Kaufinteresse besteht, drängt sich die Erntestrategie auf. **Abbildung 15.3** zeigt den idealtypischen Verlauf des Free Cash Flow einer erfolgreichen Erntestrategie (vgl. Hill/Jones, 1992, S. 302). Dadurch, dass in das Marketing, in die Produktentwicklung und in die Infrastruktur nur das absolute Minimum investiert wird, kann der Free Cash Flow zuerst markant gesteigert werden. Der Investitionsstop führt allerdings normalerweise zu kontinuierlichen Marktanteilsverlusten, die sich ab einem bestimmten Zeitpunkt in einer raschen Abnahme des Free Cash Flow niederschlagen. Ob eine Erntestrategie erfolgreich ist, hängt einerseits davon ab, ob das Management für diese undankbare Aufgabe motiviert werden kann. Andererseits ist für den Erfolg entscheidend, dass die Absicht gegenüber den Kunden möglichst lange verdeckt bleibt.
- Eine Liquidation sollte nur gewählt werden, wenn keine der anderen Ausstiegsstrategien Chancen bietet. Neben Abschreibungen auf Anlage- und Umlaufvermögen erfordert eine Liquidation häufig Zusatzaufwendungen für Sozialpläne und für ökologische Sanierungen. Solche Massnahmen erweisen sich oft als sehr kostspielig.

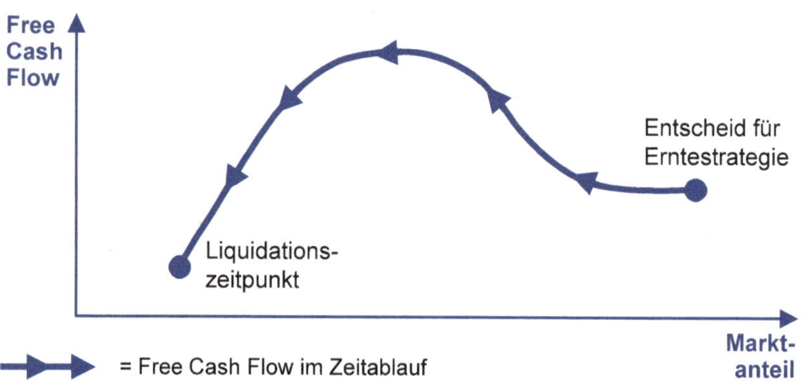

Abbildung 15.3: Verlauf des Free Cash Flow einer erfolgreichen Erntestrategie
(in Anlehnung an Hill/Jones, 1992, S. 302)

Nach dem Grundsatz „structure follows strategy“ von Chandler (1962, S. 14) werden strategische Neuausrichtungen häufig durch Verbesserungen der Struktur und der Führungssysteme begleitet. Ein gutes Beispiel bietet ABB. Der Konzern entschied, strategisch autonome Divisionen zu schaffen und sich auf Konzernstufe auf das Management des Divisionsportfolios zu konzentrieren. Darauf aufbauend wurde die Matrixorganisation durch eine Einlinienorganisation ersetzt. Auch die finanzielle Steuerung des Konzerns wurde umgebaut (vgl. ABB, 2020).

Häufig werden mit strategischen Veränderungen auch neue Kompetenzen benötigt. Ihr Aufbau bedingt unter Umständen umfassende Weiterbildungsprogramme. Beispielsweise müssen die Banken ihre Vermögensverwalter in neuen gesetzlichen Vorschriften schulen und zertifizieren. Es gibt jedoch auch Situationen, in denen noch radikalere Massnahmen benötigt werden. So pensionierte z.B. die Swisscom beim Übergang zu den digitalen Netzen viele Mitarbeitende im Netzunterhalt vorzeitig. Gleichzeitig wurde eine Initiative zur Gewinnung von Informatikern gestartet.

Schliesslich werden, vorallem in grossen Unternehmen, oft Projekte zur Erreichung der gesellschaftsbezogenen Ziele (vgl. Abschnitt 13.2) benötigt. So sind beispielsweise Projekte zur Frauenförderung oder zur CO2 Reduktion denkbar.

15.3 Prozess zur Erarbeitung der Projektpläne zur Implementierung der Gesamtstrategie

Die Erarbeitung der Projektpläne zur Implementierung der Gesamtstrategie bildet den Unterschritt 3.4 im Strategieplanungsprozess. Wie **Abbildung 15.4** zeigt, besteht er aus fünf Aufgaben.

Ausgangspunkt für die Definition der Implementierungsprojekte bildet die Gesamtstrategie. Es erscheint wesentlich, dass alle Mitglieder des Planungsteams dieses Dokument kennen und in gleicher Weise verstehen. Deshalb wird vorgeschlagen, vor der Festlegung der Projekte in Aufgabe 3.4 A die Gesamtstrategie zu rekapitulieren.

In Aufgabe 3.4 B sind anschliessend die Projekte zu definieren, die zur Veränderung des Geschäftsportfolios benötigt werden. Die Aufgabe

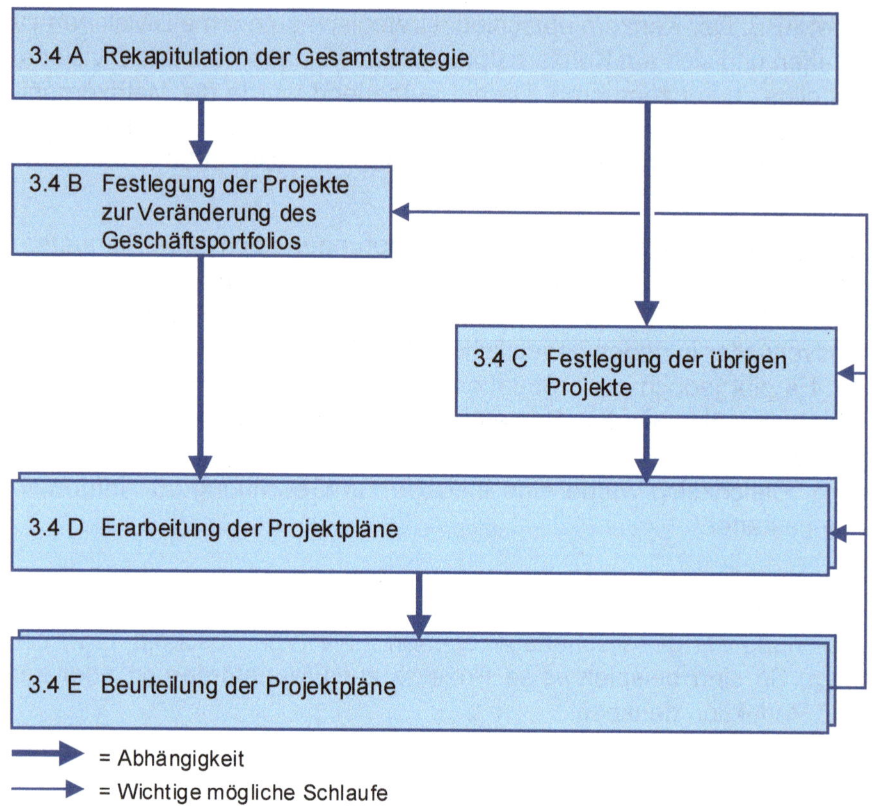

Abbildung 15.4: Prozess zur Erarbeitung der Projektpläne zur Implementierung der Gesamtstrategie

stellt in der Regel keine grossen Anforderungen: Es drängt sich förmlich auf, für jede vorgesehene Diversifikation und für jede geplante Aufgabe eines bestehenden Geschäftes ein strategisches Projekt zu definieren. Da die Gesamtstrategie eines Unternehmens normalerweise nur wenig Veränderungen am Geschäftsportfolio vorsieht, ergeben sich auch nur wenige Projekte.

Anschliessend sind in Aufgabe 3.4 C die übrigen Projekte festzulegen. Die Aufgabenstellung ist wesentlich offener als die vorangehende Aufgabe. Es ist jedoch nicht sinnvoll, eine grosse Zahl von Projekten zu definieren. Die Projekte sind vielmehr gemäss dem Grundsatz „Konzentration auf das Wesentliche" festzulegen. Die in Unterschritt 3.2 definierten strategischen Ziele (vgl. Kapitel 13) zeigen die wichtigen notwendigen Verbesserungen. In der Regel handelt es sich um wenige Themen und damit um wenige Projekte.

Die definierten Projekte sind in Aufgabe 3.4 D zu planen. Dabei kann auf bewährte Methoden (vgl. z.B. Project Management Institute, 2013, S. 55 ff.) zurückgegriffen werden. Aus Sicht der Verfasser sind insbesondere vier Fragen zu beantworten:

- Welche Wirkungen werden vom Projekt erwartet? Die mit dem Projekt angestrebten Zielsetzungen sollten so präzis formuliert werden, dass sie überprüfbar sind. Beispielsweise könnten bei einem Einstieg in einen neuen Markt für die einzelnen Produkte und Jahre Marktanteilsziele oder Umsatzziele formuliert werden. Zusätzlich kann vorgegeben werden, in welchem Jahr das erste Mal ein positiver Free Cash Flow erreicht werden soll.
- Welche Massnahmen und Investitionen sind bis wann zu realisieren? Auch bei der Umschreibung der Massnahmen und Investitionen und bei der Fixierung ihrer Deadlines ist ein hoher Konkretisierungsgrad anzustreben. Dies zwingt einerseits, den Projektablauf detailliert zu durchdenken. Dadurch können potentielle Friktionen bereits in der Planungsphase erkannt und eliminiert werden. Eine detaillierte Planung schafft andererseits gute Voraussetzungen für das Projektcontrolling in der Realisierungsphase.
- Wie sieht die Projektorganisation aus und wer arbeitet in welchem Ausmass mit? Bereits die Formulierung der Frage zeigt, dass ein Organigramm nicht genügt. Um die personelle Machbarkeit des Projektes sicherzustellen, ist detailliert zu planen, welche Mitarbeiter in welcher Phase wie stark beansprucht werden. Das Resultat ist mit den eingebundenen Personen und allenfalls mit ihren Vorgesetzten zu diskutieren. Für den Erfolg entscheidend ist der Projektleiter. Er muss die notwendigen Qualifikationen und die benötigte zeitliche und örtliche Verfügbarkeit besitzen. So ist es z.B. kaum möglich, den indischen Markt erfolgreich aufzubauen, wenn der Projektleiter wegen anderweitigen Aufgaben in Deutschland sitzt und keine Erfahrung mit Wachstumsmärkten aufweist.
- Welche Einnahmen und Ausgaben sind mit dem Projekt verbunden? Die Budgetierung der Einnahmen und Ausgaben sollte die gesamte Projektdauer abdecken. Im Hinblick auf die Beurteilung der Wirtschaftlichkeit des Projektes in Aufgabe 3.4 E, aber auch um eine Li-

quiditätsplanung zu ermöglichen, sind die finanziellen Konsequenzen des Projektes mindestens pro Jahr zu planen.

Abbildung 15.5 zeigt einen möglichen Aufbau eines Projektplanes.

1. Projektziele
2. Projektablauf mit Milestones
3. Projektorganisation mit involvierten Personen
4. Projekteinnahmen und -ausgaben
5. ev. Wirtschaftlichkeitsrechnung als Anhang

Abbildung 15.5: Mögliche Struktur eines Projektplanes

In Aufgabe 3.4 E sind die strategischen Projekte schliesslich zu beurteilen. Die Evaluation beinhaltet zwei Überlegungen:

- Nach der detaillierten Projektplanung in Aufgabe 3.4 D ist grob zu beurteilen, ob das Projekt den ihm zugedachten Beitrag zur Implementierung der Gesamtstrategie wirklich leisten kann. Es sind insbesondere die Risiken zu identifizieren, die zu einem ungenügenden Projektergebnis führen könnten.
- Wenn möglich, ist zudem eine wirtschaftliche Beurteilung mit Hilfe einer Investitionsrechnung vorzunehmen. Für eine Mehrzahl der Projekte erscheinen Wirtschaftlichkeitsrechnungen möglich. Es gibt allerdings auch Projekte, wie z.B. der Aufbau eines Management Development Systems, deren Nutzen sich kaum quantifizieren lässt.

Teil V: Strategische Analyse eines Geschäfts

16 Identifikation der branchenspezifischen Erfolgsfaktoren

16.1 Einleitung

In jeder Branche gibt es eine beschränke Anzahl von Variablen, die einen massgeblichen Einfluss auf die Marktattraktivität oder die Wettbewerbsstärke und damit auf den Erfolg des Geschäftes haben. Die Identifikation dieser branchenspezifischen Erfolgsfaktoren stellt deshalb ein wesentliches Element der Analyse eines Geschäftes dar. Sie bildet den Unterschritt 4.1 des Strategieplanungsprozesses.

Das Kapitel besteht aus zwei Abschnitten: Zuerst wird in Abschnitt 16.2 in die Idee der Erfolgsfaktoren eingeführt. Darauf wird in Abschnitt 16.3 ein Vorgehen zur Identifikation der branchenspezifischen Erfolgsfaktoren vorgeschlagen.

16.2 Idee der Erfolgsfaktoren

Anfang der 60er Jahre erkannte Daniel (1961, S. 111 ff.) im Zusammenhang mit der Ausgestaltung von Informationssystemen, dass der Erfolg von wenigen Einflussfaktoren abhängt. Er nannte sie „critical success factors". Später wurde die Idee von Leidecker und Bruno (1984, S. 23 ff.) auf die strategische Planung übertragen. In diesem Kontext hat sich der Begriff der strategischen Erfolgsfaktoren eingebürgert. Im vorliegenden Buch wird, da immer die strategischen Erfolgsfaktoren gemeint sind, vereinfachend nur von Erfolgsfaktoren gesprochen.

In Anlehnung an Heckner (1998, S. 44) werden Erfolgsfaktoren kurz als Variablen definiert, die den Unternehmenserfolg „langfristig und massgeblich" bestimmen.

Die Erfolgsfaktoren lassen sich nach vielen Dimensionen in Arten unterteilen (vgl. Ehrler, 2021). Aus Sicht der Verfasser sind die vier in **Abbildung 16.1** zusammengefassten Dimensionen von besonderer Bedeutung:

- Nach dem Geltungsbereich wird zwischen generellen und branchenspezifischen Erfolgsfaktoren unterschieden. Die generellen Erfolgsfaktoren gelten für alle Branchen und damit für alle Unternehmen. Die bekannteste Studie zur Bestimmung genereller Erfolgsfaktoren ist das in Vertiefungsfenster 11.4 vorgestellte PIMS Programm. Branchenspezifische Erfolgsfaktoren beziehen sich hingegen auf eine Branche. In Anlehnung an Porter (1980, S. 5) wird unter einer Branche eine Gruppe von Unternehmen verstanden, die Produkte und/oder Dienstleistungen herstellen, welche einander stark substituieren. Die Unternehmen einer Branche setzen ihre Leistungen auf dem gleichen Absatzmarkt ab und kaufen auf den gleichen Beschaffungsmärkten Rohmaterial, Halbfabrikate, Handelswaren, Energie usw. ein. Typische Beispiele von Branchen sind die Schokoladeproduzenten, die Stahlgrosshändler und die Detailhändler für Sportbekleidung und -geräte. Die Beispiele zeigen, dass der hier verwendete Branchenbegriff spezifischer ist als der Branchenbegriff der Umgangssprache. Dort wird beispielsweise von der Nahrungsmittelbranche oder der Detailhandelsbranche gesprochen. Diese weiten Abgrenzungen erfüllen jedoch die zentrale Anforderung nicht, dass sich die von einer Branche hergestellten Produkte und/oder Dienstleistungen substituieren. Schokolade und Fleischprodukte sind zwar beides Nahrungsmittel, stehen jedoch in einem komplementären Verhältnis zueinander.
- Nach der Beeinflussbarkeit kann zwischen beeinflussbaren Erfolgsfaktoren und nicht oder nur beschränkt beeinflussbaren Erfolgsfaktoren unterschieden werden. Der Einfachheit halber wird die zweite Kategorie als nicht beinflussbare Erfolgsfaktoren bezeichnet.
- Nach dem ROM-Model der Erfolgspotentiale (vgl. Kapitel 2) können die beeinflussbaren Erfolgsfaktoren in Erfolgsfaktoren der Marktposition, Erfolgsfaktoren des Angebotes und Erfolgsfaktoren der Ressourcen unterteilt werden.
- Schliesslich lassen sich die branchenspezifischen Erfolgsfaktoren des Angebotes und der Ressourcen gemäss einem Vorschlag von Kühn (1985, S. 16 ff.) nach der Gestaltungsfreiheit in Standarderfolgsfaktoren und dominante Erfolgsfaktoren unterteilen. Standarderfolgsfaktoren bieten keine Differenzierungsmöglichkeiten gegenüber den Kon-

<table>
<tr><th>Dimension</th><th colspan="4">Arten</th></tr>
<tr><td>Geltungsbereich</td><td colspan="2">Generelle Erfolgsfaktoren</td><td colspan="2">Branchenspezifische Erfolgsfaktoren</td></tr>
<tr><td>Beeinflussbarkeit</td><td colspan="2">Beeinflussbare Erfolgsfaktoren</td><td colspan="2">Nicht beeinflussbare Erfolgsfaktoren</td></tr>
<tr><td>Ebene *</td><td>Erfolgsfaktoren der Marktposition</td><td colspan="2">Erfolgsfaktoren des Angebotes</td><td>Erfolgsfaktoren der Ressourcen</td></tr>
<tr><td>Gestaltungsfreiheit **</td><td colspan="2">Standarderfolgsfaktoren</td><td colspan="2">Dominante Erfolgsfaktoren</td></tr>
</table>

* =nur für beeinflussbare Erfolgsfaktoren

** =nur für branchenspezifische Erfolgsfaktoren des Angebotes und der Ressourcen

Abbildung 16.1: Arten von Erfolgsfaktoren

kurrenten. Wie der Name sagt, existiert ein Standard. Er muss von einem Wettbewerber erreicht werden, wenn er im Markt bestehen will. Dominante Erfolgsfaktoren beinhalten hingegen bedeutende Möglichkeiten zur Abhebung von der Konkurrenz und damit zum Aufbau von Wettbewerbsvorteilen. In der Praxis sind sie daran zu erkennen, dass sie von den verschiedenen Wettbewerbern unterschiedlich genutzt werden. Die generellen Erfolgsfaktoren des Angebotes und der Ressourcen lassen sich nicht in Standarderfolgsfaktoren und dominante Erfolgsfaktoren unterteilen. Dies, weil es branchenabhängig ist, ob ein Erfolgsfaktor einem Standard entsprechen muss oder eine Differenzierung gegenüber der Konkurrenz ermöglicht.

Generelle Erfolgsfaktoren werden ausschliesslich im Rahmen von empirischen Studien identifiziert. Es gibt auch zahlreiche empirische Studien, die branchenspezifische Erfolgsfaktoren ermitteln. So existieren beispielsweise mehrere Untersuchungen zur Identifikation der Erfolgsfaktoren von Bergbahnen (vgl. Bieger/Laesser, 2005; Lütolf/Wanzenried, 2018). Viel häufiger als im Rahmen von wissenschaftlichen Studien werden die Erfolgsfaktoren allerdings im Kontext der strategischen Analyse eines Geschäfts identifiziert. Dabei wird ein qualitatives Vorgehen gewählt. In Abschnitt 16.3 wird ein solches Vorgehen vorgestellt.

Die Erfolgsfaktoren bilden eine wichtige Grundlage für andere Analysemethoden. Die Unterscheidung der verschiedenen Arten von Erfolgsfaktoren erlaubt es, diese Verknüpfungen aufzuzeigen:

- Die nicht beeinflussbaren Erfolgsfaktoren definieren wichtige Themen der Umfeldanalyse (vgl. Kapitel 17).
- Die dominanten Erfolgsfaktoren geben die Wettbewerbsdimensionen vor, die im Rahmen der Definition der strategischen Anbietergruppen (vgl. Kapitel 18) zu analysieren sind.
- Einzelne branchenspezifische Erfolgsfaktoren können die Basis zur Unterscheidung von Teilmärkten (vgl. Kapitel 19) sein. Beispielsweise werden in der Uhrenindustrie nach dem Erfolgsfaktor „Preis" vier Teilmärkte unterschieden (vgl. Praxisfenster 18.2). In der Branche der Hersteller von Elektrowerkzeugen ist das Zielpublikum ein Erfolgsfaktor und die beiden Ausprägungen „Professionals" und „Privatpersonen" bilden die darauf aufbauenden Teilmärkte.
- Schliesslich bilden die beeinflussbaren Erfolgsfaktoren die Kriterien der Stärken- und Schwächenanalyse (vgl. Kapitel 20).

Zum Schluss des Abschnittes soll noch der Zusammenhang zwischen Erfolgsfaktoren und den in Kapitel 2 eingeführten Erfolgspotentialen geklärt werden (vgl. Fischer, 2000, S. 71 ff.):

- Erfolgsfaktoren gelten immer für eine Vielzahl von Unternehmen. Im Falle von generellen Erfolgsfaktoren sind sie für alle Unternehmen gültig. Handelt es sich um branchenspezifische Erfolgsfaktoren, sind sie für alle Unternehmen der entsprechenden Branche von Relevanz. Erfolgspotentiale werden hingegen von einem einzelnen Unternehmen aufgebaut und betreffen deshalb nur dieses Unternehmen.
- Die beeinflussbaren Erfolgsfaktoren stellen wichtige Wettbewerbsdimensionen der Branche dar. Je nachdem, wie sich ein Unternehmen bezüglich einer solchen Dimension positioniert, schafft es ein mehr oder weniger ausgeprägtes Erfolgspotential oder Misserfolgspotential. Es handelt sich somit bei den Erfolgsfaktoren um Variablen und bei den Erfolgspotentialen um konkrete Variablenwerte.
- Hinter einem echten Erfolgspotential muss immer ein Erfolgsfaktor stehen. Wenn ein Unternehmen sich in einem Punkt abhebt, der nicht mit einem Erfolgsfaktor verknüpft ist, ergibt sich daraus keine Stärke oder Schwäche. Der Unterschied zu den Konkurrenten ist nicht wettbewerbsrelevant.

16.3 Prozess zur Identifikation der branchenspezifischen Erfolgsfaktoren

Falls für die relevante Branche eine aktuelle Studie vorliegt, erübrigt sich die Identifikation der branchenspezifischen Erfolgsfaktoren in Rahmen der Analyse. Dies dürfte jedoch nur ausnahmsweise der Fall sein. Im Normalfall erfolgt die Identifikation der branchenspezifischen als Unterschritt 4.1 im Rahmen der Analyse eines Geschäftes auf qualitative Weise. Da sie die nachfolgenden Analysen „vorspurt" (vgl. Abschnitt 16.2), ist eine hohe Qualität wichtig. Es empfiehlt sich deshalb, das Know-how des Unternehmens zu nutzen und Mitarbeitende aus allen Bereichen in den Identifikationsprozess zu integrieren. In Anbetracht der grossen Bedeutung erscheint es prüfenswert, externe Branchenkenner als Experten miteinzubeziehen.

Wie **Abbildung 16.2** zeigt, besteht der Unterschritt 4.1 aus drei Aufgaben. Sie werden nachfolgend kurz beschrieben.

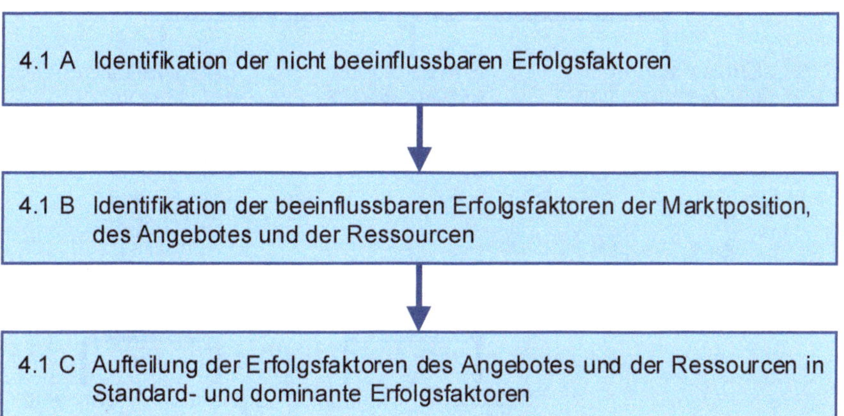

Abbildung 16.2: Prozess zur Identifikation der branchenspezifischen Erfolgsfaktoren

In Aufgabe 4.1 A sind zuerst die nicht beeinflussbaren Erfolgsfaktoren zu identifizieren. Sie sind im Rahmen der Analyse des Branchenumfeldes (vgl. Kapitel 17) genauer zu untersuchen, weil ihre Entwicklung den Erfolg des Unternehmens wesentlichen beeinflusst. So hat beispielsweise die Veränderung der Anzahl der immatrikulierten Fahrzeuge einen grossen Einfluss auf den Neuwagenverkauf, den Occasionshandel und die Wartungsleistungen von Autogaragen.

In Aufgabe 4.1 B sind darauf die beeinflussbaren Erfolgsfaktoren der Marktposition, des Angebotes und der Ressourcen zu bestimmen. Bei

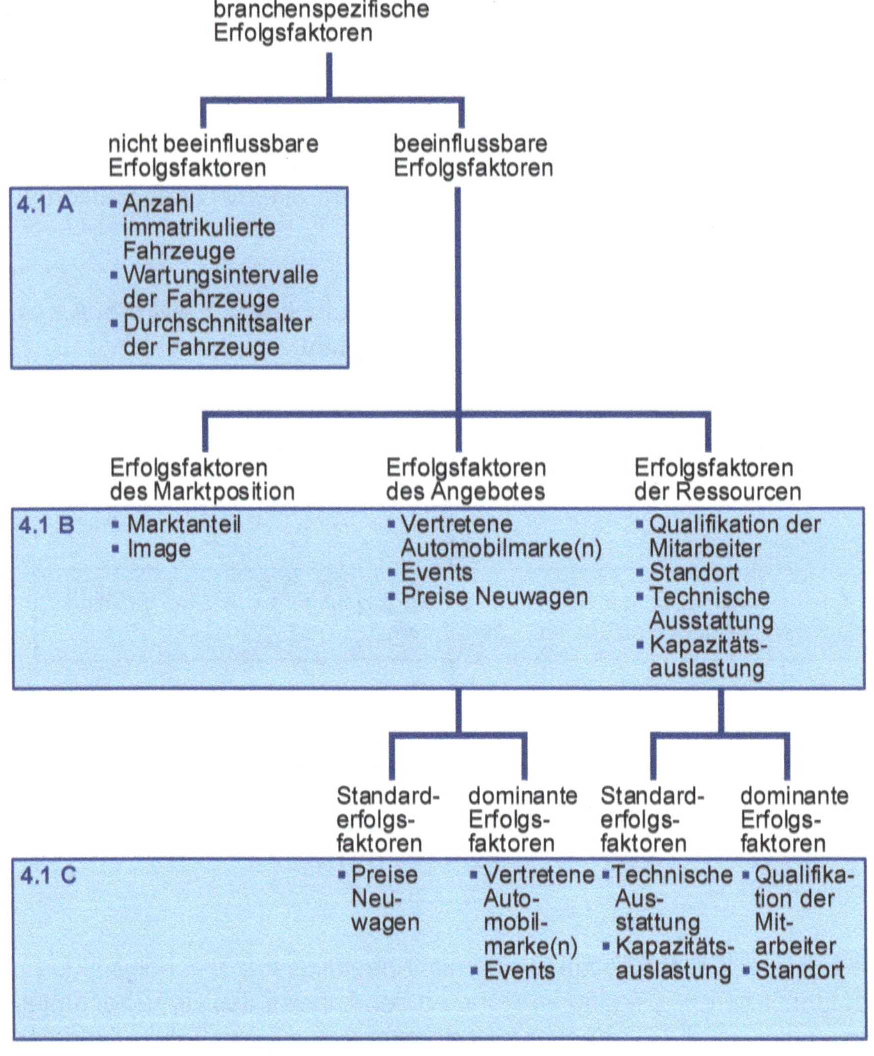

Abbildung 16.3: Identifikation der Erfolgsfaktoren für die Branche der Autogaragen

spiele für die drei Arten von Erfolgsfaktoren im Garagengewerbe sind der Marktanteil, die vertretenen Automobilmarken und der Standort.

In Aufgabe 4.1 C sind schliesslich die Erfolgsfaktoren des Angebots und der Ressourcen in Standard- und dominante Erfolgsfaktoren aufzuteilen.

Abbildung 16.3 zeigt das Resultat der Lösung der drei Aufgaben für die Branche der Autogaragen. Sie umfasst alle Garagen für Personenwagen mit oder ohne Markenvertretung.

17 Analyse des Branchenumfeldes

17.1 Einleitung

Ein strategisches Geschäft lässt sich normalerweise einer Branche (vgl. Abschnitt 18.1) zuordnen. Deren Entwicklung wird durch ihr Umfeld beeinflusst. Deshalb ist es sinnvoll, vor der Branchenanalyse (vgl. Kapitel 18) zuerst das Branchenumfeld und seine Entwicklung zu analysieren. Die Aufgabenstellung bildet den Unterschritt 4.2 im Strategieplanungsprozess.

Wie **Abbildung 17.1** zeigt, stellt das Branchenumfeld eine Teilmenge des in Unterschritt 3.1 analysierten globalen Umfeldes (vgl. Kapitel 9) dar. Es fragt sich deshalb, ob die Analyse des Branchenumfeldes notwendig ist. Die Autoren bejahen die Frage: Es lohnt sich normalerweise für jede relevante Branche das Umfeld und seine Entwicklung genauer unter die Lupe zu nehmen. Dabei kann auf der globalen Umfeldanalyse aufgebaut werden.

In Abschnitt 17.2 wird zuerst kurz die PESTEL-Analyse vorgestellt. Sie bildet das zentrale Tool zur Analyse des Branchenumfeldes. Es werden zudem zwei Beispiele von Zusammenfassungen der PESTEL-Analyse präsentiert. Darauf wird in Abschnitt 17.3 ein Vorgehen zur Durchführung einer Analyse des Branchenumfeldes vorgeschlagen.

17.2 PESTEL-Analyse

Die PESTEL-Analyse ist detailliert in Abschnitt 9.2 beschrieben. Die nachfolgenden Ausführungen beschränken sich auf eine Zusammenfassung.

Der Ausdruck „PESTEL“ stammt aus dem Englischen und setzt sich aus den Anfangsbuchstaben der sechs wichtigsten Umfeldsphären zusammen:

- Political environment
- Economic environment

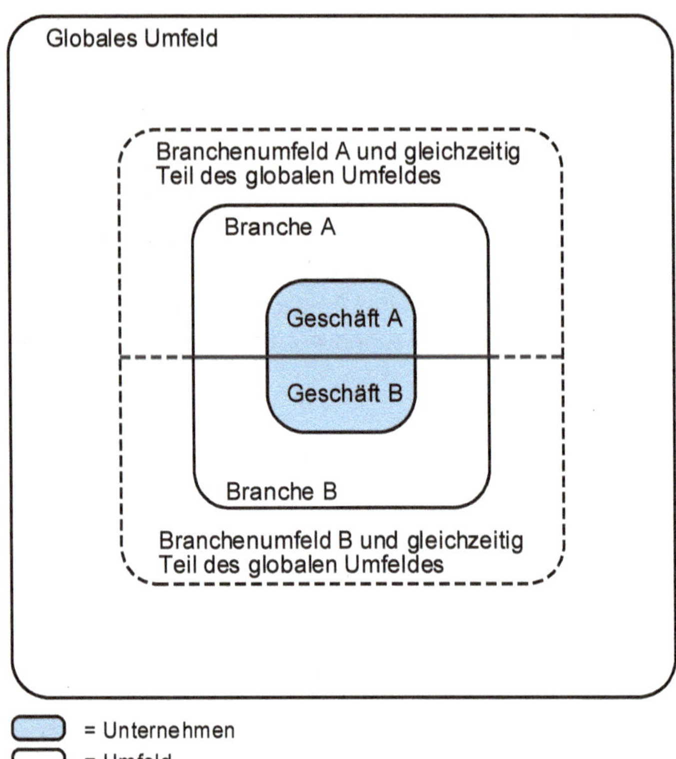

Abbildung 17.1: Globales Umfeld und Branchenumfeld

- Sociocultural environment
- Technological environment
- Ecological environment
- Legal environment

Eine gute PESTEL-Analyse sollte die folgenden vier Anforderungen erfüllen:

- Es sind in jeder Umfeldsphäre nur Elemente auszuwählen und zu diskutieren, die das Geschäft und seine Branche wesentlich beeinflussen. Auf allgemeingültige Aussagen mit wenig Relevanz für die zukünftige Strategie ist zu verzichten (vgl. Lynch, 2000, S. 110).
- Die Aussagen zu den einzelnen Elementen müssen zukunftsbezogen sein. Welche zukünftigen Entwicklungen werden erwartet? Aussagen zur Vergangenheit und Gegenwart liefern keinen genügenden Rahmen für die Strategieplanung.

Elemente und Konsequenzen / Subsysteme des Umfeldes	Wichtige Elemente	Konsequenzen
Political/Legal	▪ Starker Kostendruck im Gesundheitswesen ▪ Längere Ausbildungen ▪ Pharmazeut entwickelt sich Richtung Allgemeinmediziner	⇒ Preissenkungen ; Margendruck ⇒ Höhere Löhne ; Margendruck ⇒ Neue Geschäftschancen
Economic	▪ Partnerschaften zwischen Krankenkassen und Apothekenketten ▪ Konsolidierung ▪ Grossverteiler wollen in OTC Bereich einsteigen	⇒ Umsatzverlust für kleine Ketten und einzelne Apotheken ⇒ Margendruck ⇒ OTC Umsätze fallen weg
Social	▪ Überalterung der Gesellschaft	⇒ Zusatzumsätze z.B. durch Medikamente abpacken und ausliefern
Technological	▪ Online ▪ Medizinische Fortschritte	⇒ Umsatzverlust Offline ⇒ Chance für Mehrumsatz
Ecological	▪ Trend zu Bioprodukten ▪ Trend zu individuellen Produkten	⇒ Chance für kleine Ketten und unabhängige Apotheken ⇒ Mögliche Nischenpositionen für kleine Ketten und einzelne Apotheken mit Magistralrezepturen

Abbildung 17.2: Tabellarische Zusammenfassung der PESTEL-Analyse einer kleinen Apothekengruppe

- Aus den identifizierten zukünftigen Entwicklungen sind Schlussfolgerungen für das eigene Geschäft abzuleiten.
- Die PESTEL-Analyse ist tabellarisch oder in Form eines Frameworks (vgl. Osterloh/Grand, 1994, S. 279 f.; Porter, 1991, S. 97 ff.) zusammenzufassen. **Abbildung 17.2** und **Abbildung 17.3** zeigen zwei Beispiele. Im ersten Fall handelt es sich um eine tabellarische Zusammenfassung der Analyse einer kleinen Apothekengruppe. Da das politische und das rechtliche Umfeld schwer zu trennen sind, wurden sie in der Analyse zu einem Subsystem zusammengefasst. Das zweite Beispiel zeigt das Framework einer schweizerischen Krankenkasse als Zusammenfassung ihrer PESTEL-Analyse.

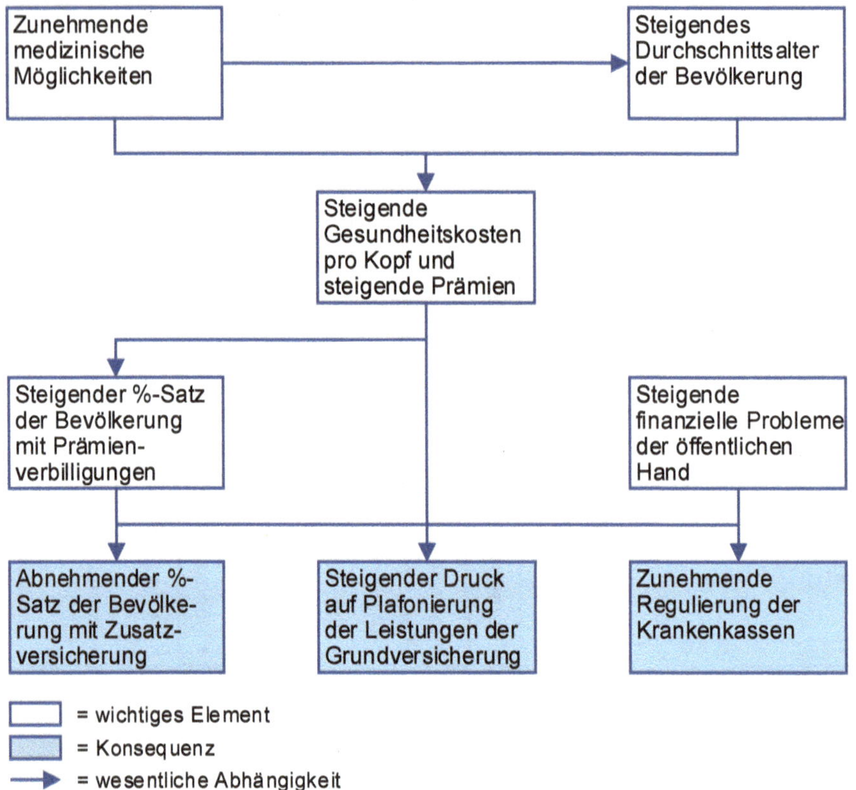

Abbildung 17.3: Framework einer schweizerischen Krankenkasse zur Zusammenfassung der PESTEL-Analyse

17.3 Prozess zur Analyse des Branchenumfeldes

Die Analyse des Branchenumfeldes bildet den Unterschritt 4.2 im Strategieplanungsprozess. Wie **Abbildung 17.4** zeigt, umfasst er zwei Aufgaben. Sie werden nachfolgend kurz beschrieben.

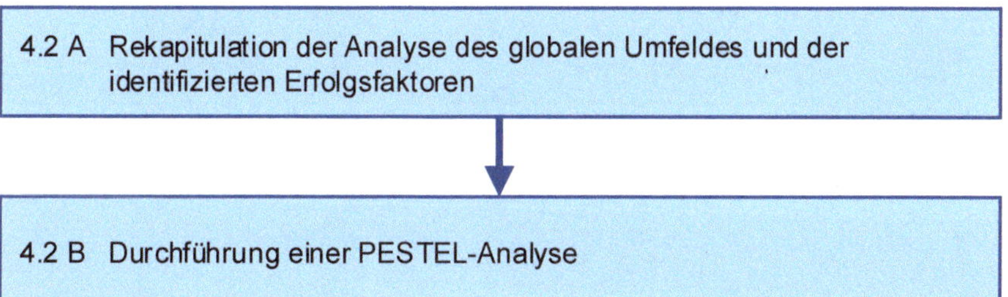

Abbildung 17.4: Prozess zur Analyse des Branchenumfeldes

In Aufgabe 4.2 A ist einerseits die in Unterschritt 2.1 (vgl. Kapitel 9) durchgeführte globale Umfeldanalyse zu rekapitulieren. Dabei sind diejenigen Elemente zu identifizieren und zu übernehmen, die für die Analyse des Branchenumfeldes des Geschäfts relevant erscheinen. Anderseits bilden die in Unterschritt 4.1 (vgl. Kapitel 16) identifizierten, nicht beeinflussbaren Erfolgsfaktoren eine weitere Grundlage der PESTEL-Analyse.

Aufgabe 4.2 B besteht in der Durchführung der PESTEL-Analyse. Dazu kann auf die Ausführungen von Abschnitt 17.2 verwiesen werden.

18 Analyse der Branche

18.1 Einleitung

In Anlehnung an Porter (1980, S. 5) wird unter einer Branche eine Gruppe von Unternehmen verstanden, die Produkte und/oder Dienstleistungen herstellen, welche einander stark substituieren. Die Unternehmen einer Branche setzen ihre Leistungen auf dem gleichen Absatzmarkt ab und kaufen auf den gleichen Beschaffungsmärkten Rohmaterial, Halbfabrikate, Handelswaren, Energie usw. ein. Typische Beispiele von Branchen sind die Schokoladeproduzenten, die Stahlgrosshändler und die Detailhändler für Sportbekleidung und -geräte. Die Beispiele zeigen, dass der hier verwendete Branchenbegriff spezifischer ist als der Branchenbegriff der Umgangssprache. Dort wird beispielsweise von der Nahrungsmittelbranche oder der Detailhandelsbranche gesprochen. Diese weiten Abgrenzungen erfüllen jedoch die zentrale Anforderung nicht, dass sich die von einer Branche hergestellten Produkte und/oder Dienstleistungen substituieren. Schokolade und Fleischprodukte sind zwar beides Nahrungsmittel, stehen jedoch nicht in einem Konkurrenzverhältnis zueinander.

Jedes Geschäft (vgl. Abschnitt 7.3) eines diversifizierten Unternehmens gehört einer Branche an. Deshalb ist es wichtig, im Rahmen der Analyse auf Geschäftsebene diese Branche zu analysieren und zu verstehen. Diese Aufgabe bildet den Unterschritt 4.3 im Strategieplanungsprozess.

Die Branchenanalyse basiert auf dem Fünf-Kräfte-Modell und dem Modell der strategischen Gruppen von Porter (1980, S. 3 ff. und S. 126 ff.). Sie werden in den Abschnitten 18.2 und 18.3 vorgestellt. Darauf wird in Abschnitt 18.4 ein Prozess zur Durchführung einer Branchenanalyse vorgeschlagen.

18.2 Fünf-Kräfte-Modell

Das Fünf-Kräfte-Modell erklärt die im Vergleich zum Mittel aller Wirtschaftszweige höhere oder tiefere Durchschnittsrendite einer Branche. Dem Modell liegt folgende Argumentationskette zugrunde:

- Der Wettbewerb unter den Anbietern einer Branche lässt sich anhand von fünf Merkmalen, den fünf Wettbewerbskräften, beschreiben.
- Je nach Konstellation dieser fünf Wettbewerbskräfte ergibt sich eine unterschiedliche Wettbewerbsintensität.
- Die Wettbewerbsintensität schlägt sich in einer im Vergleich zum Wirtschaftsmittel höheren oder tieferen durchschnittlichen Branchenrentabilität nieder.

Das in **Abbildung 18.1** dargestellte Modell Porters zeigt in schematischer Weise das Zusammenwirken der fünf Wettbewerbskräfte. Es handelt sich dabei um (1) die Verhandlungsstärke der Abnehmer, (2) die Verhandlungsstärke der Lieferanten, (3) die Bedrohung durch neue Konkurrenten, (4) die Bedrohung durch Substitutionsprodukte und (5) die Rivalität unter den Wettbewerbern (vgl. Porter, 1980, S. 3 ff.).

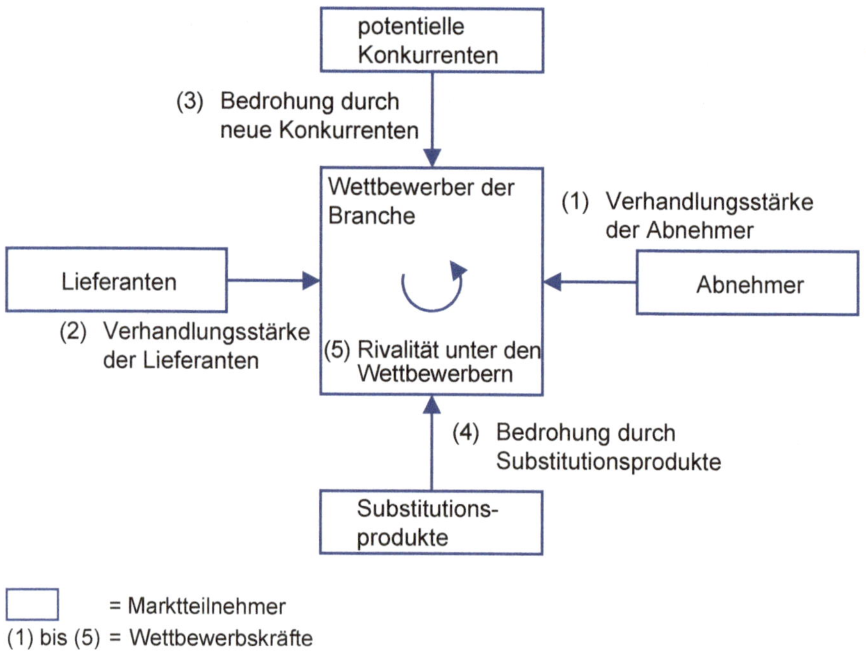

Abbildung 18.1: Porters Fünf-Kräfte-Modell
(in Anlehnung an Porter, 1980, S. 4)

Die Wettbewerbsintensität steigt und die Branchenrentabilität sinkt, wenn die Abnehmer und Lieferanten eine starke Verhandlungsposition besitzen, wenn die Bedrohung durch neue Konkurrenten und Substitutionsprodukte gross ist und wenn zwischen den Wettbewerbern eine hohe Rivalität herrscht. **Abbildung 18.2** zeigt die wichtigsten Merkmale, die zur Beurteilung der Wettbewerbskräfte verwendet werden können (vgl. Porter, 1980. S. 5 ff.).

Grosse Bedrohung durch neue Konkurrenten falls
- Einfacher Zugang zu den Vertriebskanälen
- Kleine Loyalität der Abnehmer
- Kleine Umstellungskosten der Abnehmer bei Lieferantenwechsel
- Kleiner Kapitalbedarf eines Neueinsteigers

Grosse Verhandlungsstärke der Lieferanten falls
- Hoher Konzentrationsgrad der Lieferanten
- Kleiner Standardisierungsgrad der gelieferten Produkte
- Grosse Bedeutung der gelieferten Produkte für die Qualität der Produkte der Wettbewerber
- Gute Möglichkeiten zur Vorwärtsintegration

Grosse Rivalität unter den Wettbewerbern falls
- Geringer Auslastungsgrad der Kapazitäten
- Hohe mit einem Ausstieg verbundene Kosten
- Geringe Differenzierungsmöglichkeiten der Wettbewerber
- Geringes Marktwachstum
- Zahlreiche staatliche Regulierungen

Grosse Verhandlungsstärke der Abnehmer falls
- Hoher Konzentrationsgrad der Abnehmer
- Hoher Standardisierungsgrad der beschafften Produkte
- Geringe Bedeutung der beschafften Produkte für die Qualität der Produkte der Abnehmer
- Gute Möglichkeiten zur Rückwärtsintegration

Grosse Bedrohung durch Substitutionsprodukte falls
- Hohe Leistungsfähigkeit der Substitutionsprodukte
- Geringe Kosten der Substitutionprodukte

Abbildung 18.2: Wichtigste Merkmale zur Beurteilung der fünf Kräfte

Praxisfenster 18.1 zeigt die Anwendung des Fünf-Kräfte-Modells in einem kleinen Investitionsgüterunternehmen und die daraus gezogenen einschneidenden Schlussfolgerungen.

Praxisfenster 18.1: Anwendung des Fünf-Kräfte-Modells in einem Investitionsgüterunternehmen

Die Herren G und M kauften im Jahr 20XX die Firma S. Die Firma erwirtschaftete zu diesem Zeitpunkt einen Umsatz von CHF 4.75 Mio. Sie war in drei Geschäften tätig. Diese wurden mit Hilfe des Fünf-Kräfte-Modells analysiert.

Mit einem Umsatz von CHF 3.25 Mio. waren kleine Bestückungsautomaten für Leiterplatten mit Abstand am wichtigsten. Die Branchenstrukturanalyse ergab für diesen Bereich folgendes Bild:

- Die hergestellten Produkte deckten nur einen Teilmarkt des Marktes für Bestückungsautomaten ab und richteten sich an wenige Kunden. Entsprechend gross war deren Verhandlungsmacht.
- Da es sich bei den zur Herstellung benötigten Komponenten um Normteile handelte, die von einer Vielzahl von Firmen angeboten wurden, besassen die Lieferanten hingegen nur eine unbedeutende Verhandlungsmacht.
- Die Automaten dienten zur Bestückung von Leiterplatten des Typs SMD. Diese Art von Platten, auf denen die Komponenten aufgelötet werden, stellte eine neue Technologie mit einem grossen Wachstumspotential dar. Entsprechend interessierten sich auch grosse Unternehmen dafür. Der Einstieg von Panasonic, Philips und Siemens war bereits erfolgt und mit weiteren potenten Konkurrenten musste gerechnet werden.
- Das wichtigste Substitut für die SMD-Leiterplatten waren die technologisch älteren Through-Hole-Leiterplatten, auf denen die Komponenten aufgesteckt werden. Sie stellten keine wesentliche Gefahr dar.
- Es wurde mit einer sich zunehmend verschärfenden Rivalität unter den Anbietern gerechnet. Neben einem harten Preiskampf wurde technologischer Wettbewerb erwartet. In ihm hatten die grossen Hersteller von Bestückungsautomaten aufgrund ihrer höheren Entwicklungsbudgets langfristig die besseren Karten.

Ein positives Bild ergab die Analyse der fünf Wettbewerbskräfte für die einen Umsatz von CHF 1.35 Mio. erzielenden Kabelbearbeitungsmaschinen:

- Zum Analysezeitpunkt erfolgte der gesamte Export und damit 100% des Umsatzes über einen schweizerischen Händler. Damit bestand auch in der Produktgruppe der Kabelbearbeitungsmaschinen eine grosse Abhängigkeit von einem Abnehmer. Im Unterschied zu den Bestückungsautomaten für Leiterplatten liess sich dies jedoch relativ einfach korrigieren: Da die S-AG sämtliche Rechte an den Maschinen besass, stand dem eigenen Export nichts im Wege. Dadurch wurde nicht nur der Kontakt zu den Letztabnehmern verbessert, sondern auch die Verhandlungsstärke der Abnehmer verringert.
- Keine starke Position besassen die Lieferanten der Standardbauteile.
- Der von der S-AG bearbeitete Markt der Tischautomaten, d. h. der kleineren Kabelbearbeitungsmaschinen, erschien für neue Konkurrenten nicht sehr attraktiv. Es handelte sich um einen Nischenmarkt mit einem beschränkten Marktvolumen und eher bescheidenen Wachstumsraten. Im Verhältnis zum erzielbaren Jahresdeckungsbeitrag waren zudem hohe Eintrittsinvestitionen notwendig.
- Den angebotenen Tischautomaten standen zwei Substitutionsprodukte gegenüber: Einerseits lassen sich Kabel auch mit Handwerkzeugen ablängen und isolieren. Den wesentlich geringeren Investitionen steht in diesem Fall ein Mehraufwand an Zeit gegenüber, der sogar in Billiglohnländern ins Gewicht fällt. Andererseits gibt es die sogenannten Terminating-Automaten. Sie kappen nicht nur die Kabel, sondern montieren auch noch gleich die Stecker. Ihr Nachteil liegt in wesentlich höheren Investitionen und in einer geringeren Flexibilität. Terminating-Automaten sind auf bestimmte Applikationen ausgerichtet und können ausschliesslich in der Fliessfertigung eingesetzt werden. Tischautomaten sind hingegen in der Fliess- und Werkstattfertigung verwendbar.
- Schliesslich wurde die Rivalität mit den direkten Konkurrenten als erträglich beurteilt. Die Möglichkeiten der Produktdifferenzierung verhinderte eine direkte Konkurrenz unter den Anbietern und einen ausschliesslichen Preiswettbewerb.

Nur einen bescheidenen Umsatz von CHF 150'000 erzielten die Bewegungsmelder auf Basis der Radartechnologie. Auch das aus der Analyse entstehende Zukunftsbild stimmte nicht euphorisch:

- Die Bewegungsmelder wurden an Fabrikanten von automatischen Garagentoren und an Hersteller von mobilen Lichtsignalanlagen für Baustellen verkauft. Für die Abnehmer stellten die Bewegungsmelder keine kostenmässig wichtige Komponente dar, so dass ihr Druck auf die Wettbewerber nicht sehr hoch war.
- Auch von der Lieferantenseite bestand kein hoher Druck. Wie in den anderen zwei Produktgruppen der S-AG mussten lediglich Standardprodukte zugekauft werden.
- Da es sich bei der Radartechnologie im Bereich der Bewegungsmelder um ein veraltetes System handelte, war die Gefahr des Einstiegs von neuen Konkurrenten praktisch inexistent. Es waren im Gegenteil bereits einzelne Anbieter aus dem Geschäft ausgestiegen.
- Eine grosse Bedrohung ging von neuen Sensortechniken aus. Diese waren bereits eingeführt und wiesen nicht nur bezüglich Zuverlässigkeit und Umweltverträglichkeit klare Vorteile auf, sondern waren auch preislich günstiger.
- Der Konkurrenzkampf unter den Anbietern spielte sich zum Zeitpunkt der Analyse nicht mehr in der Branche, sondern bereits zwischen ihr und den überlegenen Substitutionsprodukten ab.

Die nachfolgende **Abbildung** fasst die Anwendung des Fünf-Kräfte-Modells tabellarisch zusammen. Die Schlussfolgerung, welche die Herren G und M aus der Untersuchung zogen, war radikal: Sie entschlossen sich nämlich zur schrittweisen Aufgabe der zwei Geschäfte „Bestückungsautomaten“ und „Bewegungsmelder“ und zur Konzentration auf die Kabelbearbeitungsmaschinen.

Wie die Umsatzentwicklung in der anschliessenden **Abbildung** zeigt, hat sich die klare Fokussierung auf das Geschäft mit der günstigsten Wettbewerbssituation gelohnt. Das Umsatzvolumen der Kabelbearbeitungsmaschinen hat sich innerhalb von sieben Jahren mehr als verzehnfacht. Da mit dem verbliebenen Geschäft höhere Deckungsbeiträge erwirtschaftet werden konnten als mit den anderen beiden, hat sich auch die Ertragslage durch die Fokussierung markant verbessert.

Geschäfte / Fünf Kräfte	Bestückungs-automaten	Kabelbe-arbeitungs-maschinen	Bewegungs-melder
Verhandlungsstärke der Abnehmer	+ +	+	+
Verhandlungsstärke der Lieferanten	0	0	0
Bedrohung durch neue Konkurrenten	+ +	0	0
Bedrohung durch Substitutionsprodukte	0	+	+ + +
Rivalität unter den Wettbewerben	+ + +	+	+ +

+ + + = grosser Einfluss auf Wettbewerbsintensität resp. grosse Wettberwerbsintensität
0 = kein signifikanter Einfluss auf Wettbewerbsintensität resp. keine signifikante Wettbewerbsintensität

Zukunftsgerichtete Beurteilung der fünf Wettbewerbskräfte

Geschäfte / Jahre	Bestückungs-automaten	Kabelbe-arbeitungs-maschinen	Bewegungs-melder	Total
20XX	3'250	1'350	150	4'750
20XX+1	1'750	3'650	100	5'500
20XX+2	1'650	4'900	50	6'600
20XX+3	1'400	8'550	0	9'950
20XX+4	1'050	10'850	0	11'900
20XX+5	550	10'750	0	11'300
20XX+6	0	15'300	0	15'300
20XX+7	0	18'350	0	18'350

Umsatz in 1'000 CHF

Umsatzentwicklung

18.3 Modell der strategischen Gruppen

Die Untersuchung der Wettbewerbsintensität in einer Branche mit Hilfe des Fünf-Kräfte-Modells liefert eine Erklärung für die höhere oder tiefere Durchschnittsrendite der Branche im Vergleich zum Mittel aller Wirtschaftszweige. In vielen Branchen ist jedoch die Durchschnittsrendite eine wenig aussagekräftige Grösse, weil die Renditen der einzelnen Unternehmen stark variieren. Es gibt zahlreiche Branchen, in denen die Renditestreuung der Unternehmen innerhalb der Branche sogar wesentlich grösser ist als die Streuung der Durchschnittsrenditen der verschiedenen Branchen (vgl. Rumelt, 1987, S. 141 f.). Hier setzt das Modell der strategischen Gruppen an. Es leistet einen Beitrag zur Erklärung der Renditedifferenzen innerhalb einer Branche und basiert auf folgender Argumentationskette:

- In vielen Branchen lassen sich die Wettbewerber zu strategischen Gruppen von Unternehmen mit ähnlicher Wettbewerbsposition zusammenfassen.
- Die Wettbewerbspositionen der verschiedenen strategischen Gruppen sind unterschiedlich attraktiv.
- Rentabilitätsunterschiede in einer Branche lassen sich zum Teil durch die unterschiedlichen Wettbewerbspositionen der strategischen Gruppen erklären.

Eine strategische Gruppe ist eine Gruppe von Wettbewerbern, die auf allen drei Ebenen des ROM-Modells (vgl. Abschnitt 2.3) ähnlich positioniert sind. Entsprechend stehen die Unternehmen einer Gruppe in einer direkten Konkurrenzsituation, während sie sich mit den Unternehmen der anderen Gruppen in einer weniger intensiven Konkurrenzsituation befinden. Die strategischen Gruppen einer Branche lassen sich in einer zweidimensionalen Abbildung visualisieren. Die beiden Achsen repräsentieren die wichtigsten dominanten Erfolgsfaktoren der Branche (vgl. Kapitel 16). **Abbildung 18.3** zeigt die strategischen Gruppen in der Branche der Produzenten von Kettensägen. Wie aus der von Porter (1980, S. 153) stammenden Grafik hervorgeht, sind in dieser Branche die Vertriebskanäle und die Qualität die beiden wichtigsten dominanten Erfolgsfaktoren. Neben drei Gruppen mit mehreren Anbietern bildet Skil eine Gruppe für sich allein. Offensichtlich besitzt kein anderes Unternehmen eine vergleichbare Position.

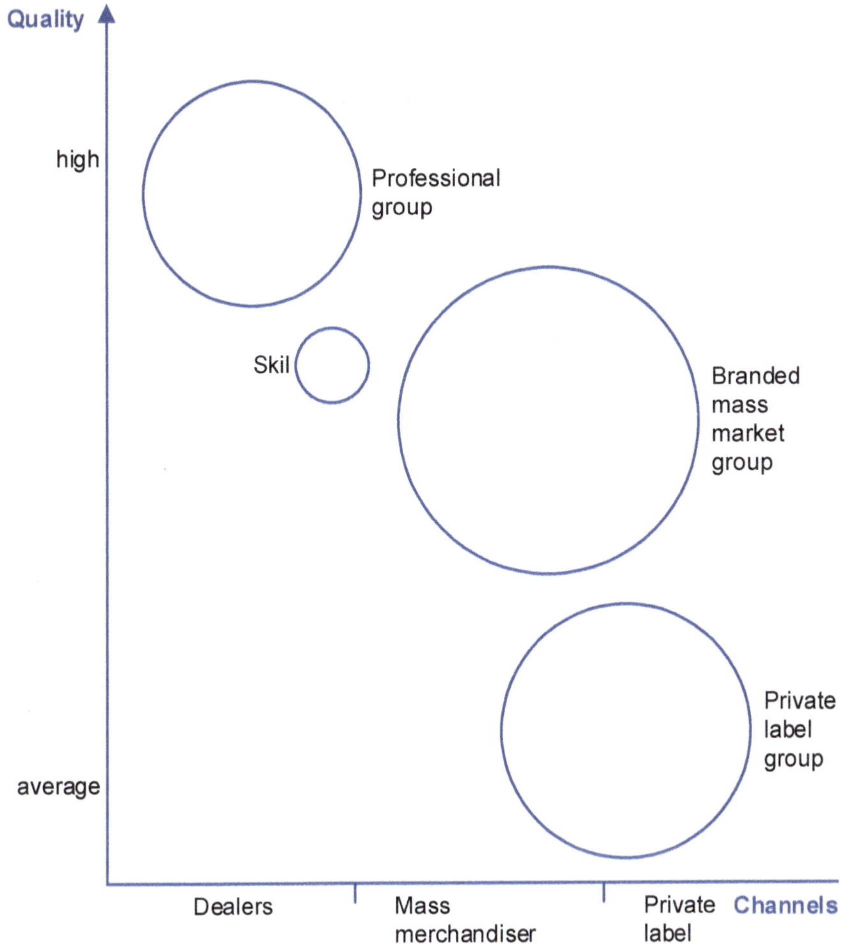

Abbildung 18.3: Strategische Gruppen der Branche der Produzenten von Kettensägen
(in Anlehnung an Porter, 1980, S. 153)

Die strategischen Gruppen in einer Branche lassen sich auf analytische oder auf qualitative Weise bilden. Analytische Methoden kommen vor allem in wissenschaftlichen Untersuchungen zur Anwendung (vgl. z.B. Lewis/Thomas, 1990, S. 385 ff.). Im Rahmen von Strategieplanungsprojekten steht das qualitative Vorgehen im Vordergrund:

- Zuerst werden die dominanten Erfolgsfaktoren (vgl. Kapitel 16) und ihre Ausprägungen identifiziert.

- Darauf werden die wichtigsten Wettbewerber bezüglich der Ausprägungen der Erfolgsfaktoren erfasst.
- Anschliessend werden die zwei wichtigsten Erfolgsfaktoren ausgewählt.
- Auf der Basis der zwei Erfolgsfaktoren sowie weiterer Erfolgsfaktoren werden die Wettbewerber zu Gruppen mit ähnlichen Ausprägungen zusammengefasst. Das Resultat wird in einer zweidimensionalen Abbildung visualisiert.
- Schliesslich sind die Wettbewerbspositionen der strategischen Gruppen zu beurteilen. Dabei ist einerseits die Wettbewerbsintensität innerhalb der strategischen Gruppe zu beurteilen. Das Fünf-Kräfte-Modell (vgl. Abschnitt 18.2) liefert dafür die methodische Grundlage. Anderseits ist die Bedrohung durch die anderen strategischen Gruppen zu bewerten (vgl. Porter, 1980, S. 132 ff.).

Praxisfenster 18.2 zeigt die qualitative Bildung strategischer Gruppen in der schweizerischen Uhrenindustrie.

Praxisfenster 18.2: Die Bildung strategischer Gruppen in der schweizerischen Uhrenindustrie

Die Bildung strategischer Gruppen basiert auf Uhrenkosmos (2021), Weber et al. (2012), Weber et al. (2019) und Gesprächen mit Experten.

Zuerst werden die dominanten Erfolgsfaktoren (vgl. Kapitel 16) in der Uhrenindustrie und ihre Ausprägungen erfasst. Die nachfolgende **Abbildung** zeigt das Resultat.

Darauf werden für die wichtigsten Wettbewerber die Ausprägungen bezüglich der sieben Erfolgsfaktoren ermittelt. Die Abbildung zeigt beispielhaft die Positionierung von Rolex.

Als wichtigste Erfolgsfaktoren werden der durchschnittliche Retailpreis und die Produktionstiefe gewählt. Folgende Bemerkungen erscheinen dazu notwendig:

Dominante Erfolgsfaktoren	Wichtigste Ausprägungen				
Detailhandel	Eigener Fachhandel	Freier Fachhandel *	Warenhäuser	Duty Free Shops	Elektronikläden
Grosshandel	Eigener Vertrieb	Generalvertreter *			
Durchschnittlicher Retailpreis	unter 1'000 CHF; unteres und mittleres Preissegment	1'000-5'000 CHF; oberes Preissegment	5'000-15'000 CHF; unteres Luxussegment *	über 15'000 CHF; oberes Luxussegment	
Produktionstiefe	Private Label Anbieter	Etablisseur	Manufaktur *		
Schwergewicht der Marketingmassnahmen	Pull-strategy *	Push-strategy			
Uhrentyp	Chronographen *	Complications	Design-Uhr	Fashion-Uhr	Schmuck-Uhr *
Werk und Anzeige	Mechanisch *	Quarz analog	Quarz digital		

*= Wettbewerbsposition von Rolex

Dominante Erfolgsfaktoren der Branche der schweizerischen Uhrenproduzenten

- Die schweizerische Uhrenindustrie ist auf teure und sehr teure Uhren fokussiert. Deshalb werden das untere und mittlere Preissegment zusammengenommen und folgende vier Kategorien von Retailpreisen unterschieden: (1) Bis 1'000 CHF: unteres und mittleres Preissegment (2) 1'000 bis 5'000 CHF: oberes Preissegment (3) 5'000 – 15'000 CHF: unteres Luxussegment (4) über 15'000 CHF: oberes Luxussegment.
- Es existiert kein allgemein anerkanntes Kriterium zur Unterschei-

dung von Etablisseuren und Manufakturen. Hier wird von einer Manufaktur gesprochen, wenn das Unternehmen oder der Konzern die Werke selber herstellt. Teilweise produzieren die Manufakturen zusätzlich auch einen grossen Teil der Komponenten der Uhren selber.

Auf der Grundlage der zwei Erfolgsfaktoren lassen sich die fünf in der nachfolgenden **Abbildung** dargestellten strategischen Gruppen bilden. Die Marken der drei Uhrengruppen Swatch, Richemont und Louis Vuitton stehen einerseits in Konkurrenz zu den unabhängigen Marken der entsprechenden Preiskategorie. Andererseits profitieren sie von den Synergien ihres Konzerns.

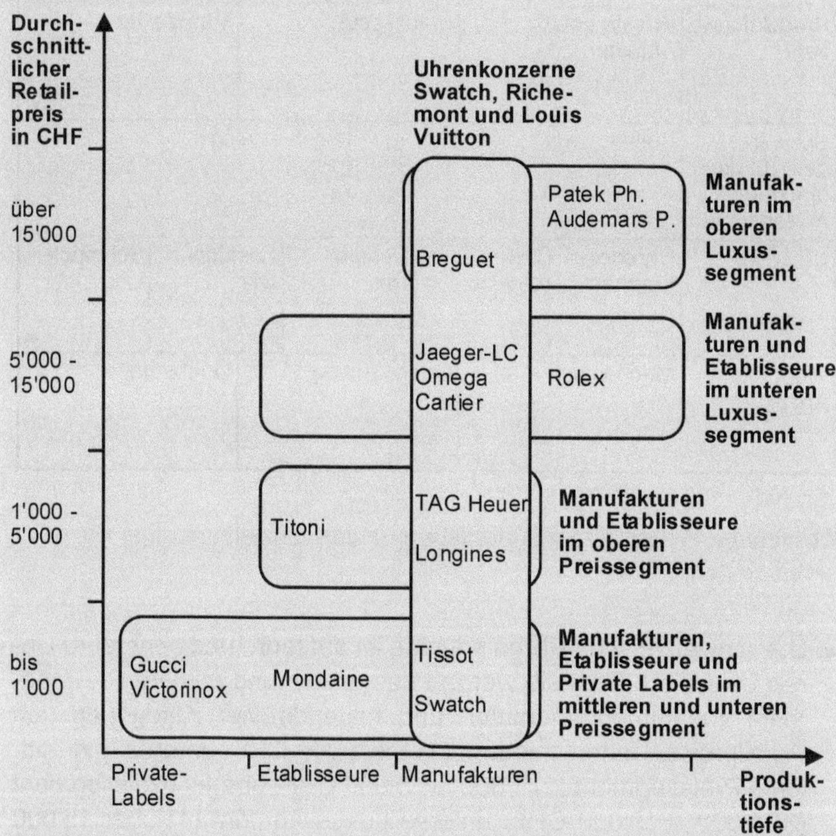

Strategische Gruppen der Branche der schweizerischen Uhrenproduzenten

18.4 Prozess zur Analyse der Branche

Die Analyse der Branche bildet den Unterschritt 4.3 im Strategieplanungsprozess. Wie die **Abbildung 18.4** zeigt, besteht der Unterschritt aus drei Aufgaben. Sie werden nachfolgend beschrieben.

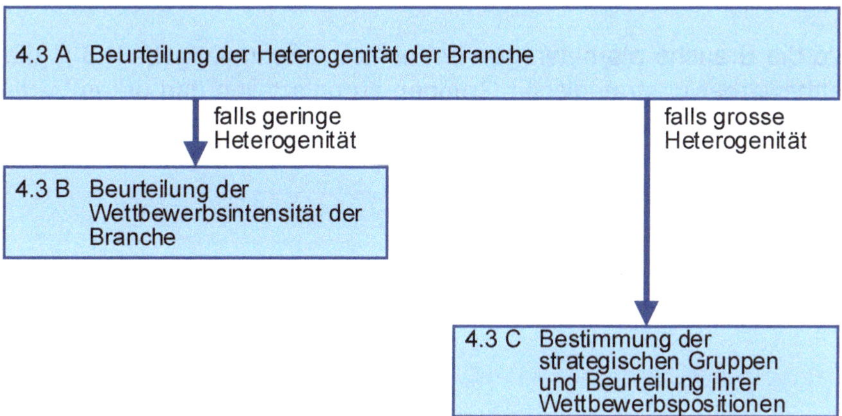

Abbildung 18.4: Prozess zur Analyse der Branche

In Aufgabe 4.3 A ist die Heterogenität der Branche zu beurteilen. Dazu sind ausgehend vom ROM-Modell (vgl. Abschnitt 2.3) folgende Fragen zu beantworten:

- Gibt es Wettbewerber, die nur einen Teil des Branchenmarktes bearbeiten?
- Gibt es Wettbewerber, die nur einen Teil der Produkte und Dienstleistungen anbieten?
- Unterscheiden sich die Wettbewerber erheblich in ihrer Ressourcenausstattung?

Ein Beispiel für eine homogene Branche sind die Anbieter von Kurzstreckenflügen in Europa: Alle Wettbewerber haben gleich ausgestattete Flugzeuge, vergleichbare Serviceleistungen und ähnliche Preise. Die eine Verbindung anbietenden Unternehmen stehen entsprechend in einer intensiven direkten Konkurrenz. Eine sehr heterogene Branche sind die schweizerischen Uhrenhersteller (vgl. Praxisfenster 18.2). In vielen Branchen ist es nicht eindeutig und deshalb eine Ermessensentscheidung, ob sie als homogen oder heterogen eingestuft werden. In derartigen Fällen wird empfohlen, die Branche als heterogen einzustufen.

Falls es sich um eine homogene Branche handelt, ist in Aufgabe 4.3 B mit Hilfe des Fünf-Kräfte-Modells ihre Wettbewerbsintensität zu beurteilen. Bezüglich Vorgehen wird auf den Abschnitt 18.2 verwiesen.

Wird die Branche als heterogen betrachtet, sind in Aufgabe 4.3 C die Wettbewerber in strategische Gruppen zu unterteilen und deren Wettbewerbspositionen zu beurteilen. Abschnitt 18.3 zeigt, wie dies gemacht werden kann.

19 Analyse des Marktes

19.1 Einleitung

Jedes Geschäft bietet seine Leistungen auf einem Absatzmarkt an. Er bildet für das Geschäft die Wettbewerbsarena (vgl. Day/Nedungadi, 1994, S. 35). In der Praxis wird ein Markt durch ein spezifisches Produkt- und/oder Dienstleistungsangebot definiert, das in einem klar abgegrenzten geographischen Gebiet erbracht wird (vgl. Kühn et al., 2020, S. 127). Beispiele sind der Schweizer Markt für Mineralwasser oder der europäische Markt für Rechtschutzversicherungen.

Es ist im Hinblick auf die Erarbeitung der Geschäftsstrategie zentral, die Wettbewerbsarena und ihre Entwicklung zu verstehen. Die Problemstellung bildet den Unterschritt 4.4 im Strategieplanungsprozess.

Das Kapitel besteht aus drei Abschnitten. In den Abschnitten 19.2 und 19.3 werden zwei Methoden der Marktanalyse vorgestellt. Es handelt sich um das Marktsystem-Modell von Kühn et al. (2020, S. 80 ff.) und die Branchensegmentanalyse von Porter (1985, S. 231 ff.). Darauf aufbauend wird in Abschnitt 19.4 ein Vorgehen zur Marktanalyse vorgeschlagen.

19.2 Marktsystem-Modell

Märkte sind komplexe Systeme: Zahlreiche Unternehmen und Personengruppen tauschen Informationen aus und verkaufen und kaufen Güter und Dienstleistungen. Deshalb macht es Sinn, den Absatzmarkt des Geschäftes als System darzustellen. Dadurch werden die Beziehungen zwischen den Marktteilnehmern sichtbar.

Abbildung 19.1 zeigt das generische Marktsystem. Nachfolgend werden die Elemente kurz beschrieben (vgl. Kühn et al., 2020, S. 81 ff.):

- Die Leistungsersteller umfassen das eigene Unternehmen, die direkten Konkurrenten und die Substitutionskonkurrenten. Für einen Hersteller von elektrischen Rasierapparaten wären z.B. die Anbieter von

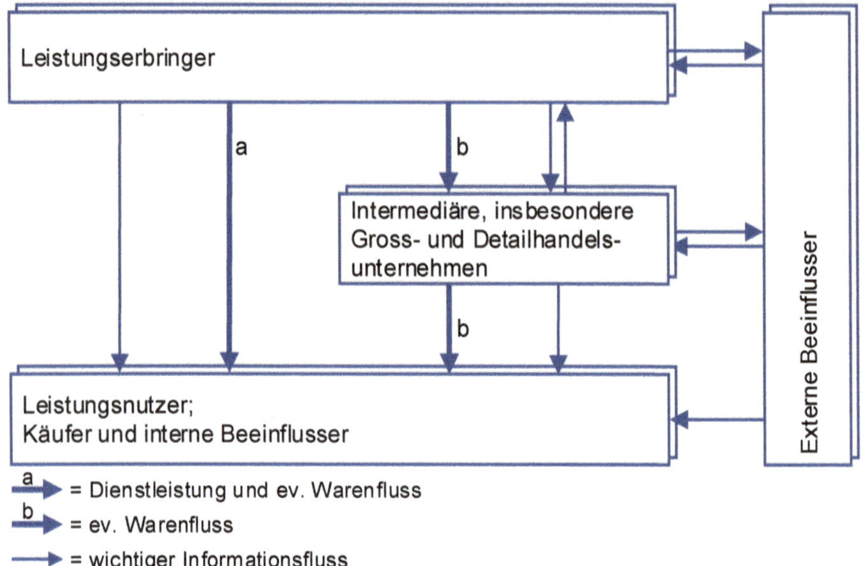

Abbildung 19.1: Generisches Marktsystem
(in Anlehnung an Kühn et al., 2020, S. 80)

Nass-Rasur-Systemen Substitutionskonkurrenten (vgl. Kühn et al., 2020, S. 82).

- Zur Bezeichnung der Nachfrageseite wird bewusst nicht der Ausdruck „Konsumenten", sondern der Begriff „Leistungsnutzer" verwendet. Dieser lässt sich sowohl in Konsumgütermärkten als auch in Investitionsgüter- und Dienstleistungsmärkten anwenden. Leistungsnutzer sind Organisationen oder Personen, welche die angebotenen Leistungen zur Befriedigung ihrer Bedürfnisse kaufen (z.B. Privathaushalte als Nachfrager von Nahrungsmitteln und Versicherungsleistungen) oder zur Erstellung eigener Marktleistungen einsetzen (z.B. Unternehmen als Nachfrager von Rohstoffen oder von Beratungsdienstleistungen). Meist interessieren als Leistungsnutzer nicht Einzelpersonen, sondern Organisationen wie Haushalte, Unternehmen und Verwaltungen. In diesen Fällen macht es Sinn, Käufer und interne Beeinflusser zu unterscheiden. So beraten und beeinflussen beispielsweise die zukünftigen Benutzer von Softwarepaketen häufig die für die Beschaffung verantwortliche IT-Abteilung in ihren Kaufentscheiden.
- Das Element „Intermediäre" umfasst Unternehmen, die als Händler Produkte auf eigene Rechnung erwerben und ihren Kunden weiter-

verkaufen. Es gehören aber auch Organisationen zu den Intermediären, die gegen Provision Vertragsabschlüsse zwischen Anbietern und Leistungsnutzern vermitteln. Beispiele sind selbständige Agenten. In gewissen Märkten erfüllen auch Personen bzw. Unternehmen die Funktion eines Intermediärs, die im Sprachgebrauch nicht als „Händler“ oder „Agenten“ bezeichnet werden. Dies gilt z.B. für selbstdispensierende Ärzte, die Medikamente verkaufen, oder für Automobilgaragen, die Versicherungsverträge vermitteln.

- Als externe Beeinflusser bezeichnet man Personen und Institutionen, die am Marktgeschehen als Experten oder Medienschaffende beteiligt sind. Sie beeinflussen Kaufentscheide durch ihre Meinungsäusserungen oder durch Beratung der Leistungsnutzer und Händler. Beispiele sind Ärzte und Hebammen im Markt für Kindernahrungsmittel, Ingenieurbüros im Markt für Hausinstallationen oder Fachjournalisten im Tourismussektor.

Die meisten konkreten Märkte entsprechen nicht vollständig dem generischen System. Dies sei anhand von zwei Beispielen erläutert:

- **Abbildung 19.2** zeigt den schweizerischen Biermarkt. Er besitzt zwei Handelsstufen. Die Grossverteiler beziehen ihre Produkte jedoch direkt bei den Produzenten oder Importeuren und überspringen damit die Grosshandelsstufe. Zudem lassen sich die Endverbraucher nach dem Ort des Konsums in Ausserhauskonsum und Hauskonsum unterteilen. Aus Gründen der Übersichtlichkeit fehlen in der Abbildung die externen Beeinflusser und die Informationsflüsse.
- **Abbildung 19.3** zeigt den europäischen Markt für Automobilunterhalt und -reparaturen. Auf der Grosshandelsstufe existiert eine Zweiteilung: Während die an die Automobilhersteller gebundenen Händler nur Originalteile anbieten, decken die freien Händler das gesamte Sortiment ab und verkaufen neben Originalteilen auch Billigprodukte aus dem asiatischen Raum. Die Garagen sind Dienstleister und haben entsprechend eine hohe Wertschöpfung. Sie lassen sich in Markengaragen und freie Garagen unterteilen. Die Anteile der beiden Gruppen schwanken von Land zu Land relativ stark. Deshalb wird im Marktsystem auf europäischem Niveau auf ihre Unterscheidung verzichtet.
- Wie die Beispiele zeigen, lassen sich in einem konkreten Fall die Warenflüsse oder Dienstleistungen quantifizieren. Damit wird die Aussagekraft des Marktsystems erhöht. Im Beispiel des Biermarktes sind

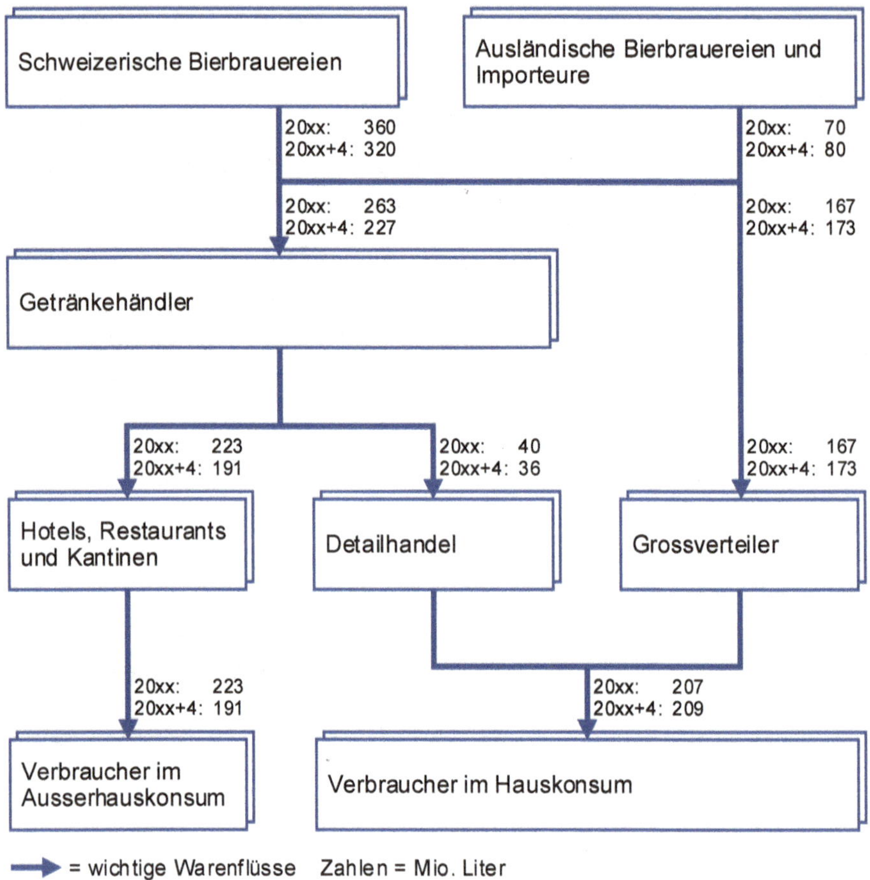

Abbildung 19.2: Schweizerischer Biermarkt als System

die aktuellen Mengen und die prognostizierten Mengen in vier Jahren angegeben. Die Zahlen zeigen auf jeder Stufe wie sich die Schrumpfung des Marktes von 1,75% jährlich auswirkt. Da es sich um Mengen handelt, bleiben die Summen 20xx und 20xx+4 auf allen Stufen gleich. Dies ist im Beispiel des europäischen Marktes für Automobilunterhalt und -reparaturen anders. Da die Waren- und Dienstleistungsflüsse in Mio EUR angegeben werden, erhöht sich die Summe auf jeder Stufe um ihre Wertschöpfung und Gewinnmarge.

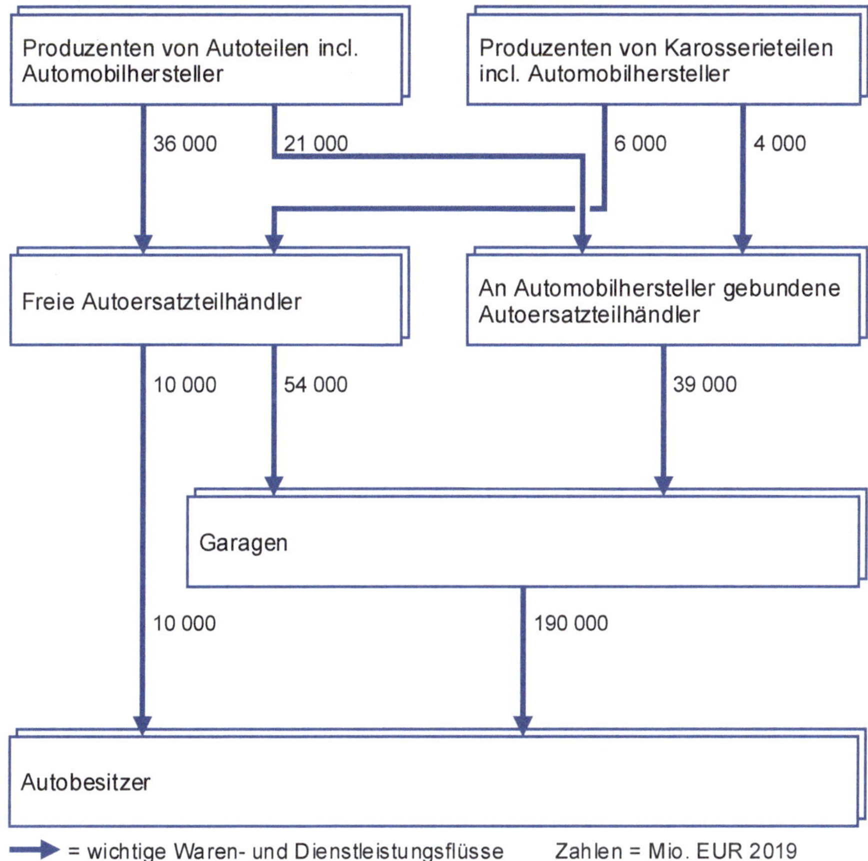

Abbildung 19.3: Europäischer Markt für Automobilunterhalt und -reparaturen als System

19.3 Branchensegmentanalyse

Branchenmärkte sind heterogen. Ein vertieftes Verständnis ist deshalb nur möglich, wenn Teilmärkte gebildet und analysiert werden. Porter (1985, S. 231 ff.) empfiehlt dafür die Branchensegmentanalyse (industry segment analysis). Sie unterteilt den Markt einerseits in Produkt- und Dienstleistungsgruppen und andererseits in Kundengruppen und kombiniert die beiden Unterteilungen in einer Matrix. **Abbildung 19.4** zeigt die Branchensegmentmatrix des Marktes für Ölfördereinrichtungen.

Customer groups / Product groups	Private majors	Large indepen-dents	Small indepen-dents	State-owned majors in developed countries	State-owned majors in developing countries
Premium/ deep drilling					
Standard/ deep drilling					
Standard/ shallow drilling					

Abbildung 19.4: Branchensegmente im Markt für Ölfördereinrichtungen
(in Anlehnung an Porter, 1985, S. 253)

Um eine Branchensegmentanalyse zu erarbeiten sind zuerst die von der Branche angebotenen Produkte und Dienstleistungen und die von ihr bearbeiteten Kunden in Gruppen zu unterteilen. Dabei sind drei Punkte zu beachten:

- Zur Bildung von Produkt- oder Dienstleistungsgruppen und von Kundengruppen können mehrere Kriterien eingesetzt werden. So unterteilt Porter z.B. die Einrichtungen zur Ölförderung zuerst in Premium- und Standardprodukte und anschliessend die Standardprodukte nach der Bohrtiefe. Die Kunden werden zuerst nach dem Eigentum in private und staatliche Unternehmen unterteilt. Anschliessend werden die privaten und die staatlichen Unternehmen nach unterschiedlichen Kriterien weiterunterteilt (vgl. Porter, 1985, S. 251 ff.).
- Die Bildung von Produkt- oder Dienstleistungsgruppen und von Kundengruppen muss so erfolgen, dass keine Überschneidungen entstehen. Ein konkretes Produkt respektive eine konkrete Dienstleistung und ein konkreter Kunde müssen eindeutig einer Gruppe zugeordnet werden können. Diese Regel ist in der Abbildung 19.4 respektiert.
- Schliesslich ist bei der Bildung der Produkt- oder Dienstleistungsgruppen und der Kundengruppen nach dem Grundsatz „soviel wie nötig,

so wenig wie möglich" zu verfahren. Es sind nur Gruppen zu bilden, die sich in ihrem Volumen, ihrer Entwicklung oder ihrer Abdeckung durch die Wettbewerber klar voneinander unterscheiden.

Nachdem die Branchensegmentmatrix erstellt ist, sind die Branchensegmente zu quantifizieren (vgl. Kühn et al., 2020, S. 137 ff.). Im Vordergrund stehen das Marktvolumen und das Marktwachstum der einzelnen Branchensegmente. Aber auch die Aufteilung des eigenen Umsatzes auf die Branchensegmente kann wertvolle Erkenntnisse liefern. Unabhängig davon, ob es sich um Marktdaten oder interne Daten handelt, werden die quantitativen Informationen der Branchensegmente zu einem erheblichen Teil auf Schätzungen beruhen. Nach Meinung der Verfasser lassen sich diese Schätzungen jedoch in den meisten Fällen genügend genau machen, um die richtigen Schlüsse aus der Branchensegmentanalyse zu ziehen.

Die Ableitung von Konsequenzen bildet den Abschluss der Branchensegmentanalyse. Dabei stehen zwei Fragen im Zentrum: Welche Branchensegmente sind für das Geschäft wichtig und wie lassen sich die Positionen verteidigen? Welche Branchensegmente ermöglichen dem Geschäft Wachstum und welche Massnahmen und Investitionen wären dazu notwendig?

Praxisfenster 19.1 zeigt die Branchensegmentanalyse eines schweizerischen Schokoladeproduzenten.

Praxisfenster 19.1: Branchensegmentanalyse eines schweizerischen Schokoladeproduzenten

Die folgende **Abbildung** zeigt die Branchensegmentanalyse des schweizerischen Schokoladeproduzenten C. Er unterscheidet vier Kundensegmente und vier Produktgruppen. Für die resultierenden 16 Branchensegmente wurde für das Jahr 20XX das Marktvolumen geschätzt. Es umfasst sowohl die in der Schweiz hergestellten und verkauften als auch die importierten Produkte. Hingegen sind die Exporte aus der Schweiz nicht berücksichtigt. Zusätzlich zum Marktvolumen wurde der Umsatz 20XX von C auf die Branchensegmente

Kunden-segmente / Produkte	Käufer mit Kindern unter 16 Jahren	Käufer 16-30 ohne Kinder	Käufer 31-50 ohne Kinder	Käufer älter als 50 ohne Kinder	Total
Tafel-schoko-lade	220 11.5 5.2%	30 1 3.3%	70 3 4.3%	50 2 4%	370 17.5 4.7%
Riegel	70 5 7.1%	100 13 13%	60 4 6.7%	50 3 6%	280 25 8.9%
Pralinen und andere "one-bites"	20 0 0%	30 0 0%	120 0 0%	190 3 1.6%	360 3 0.8%
Saison-artikel	140 2.5 1.8%	10 0 0%	30 1 3.3%	10 0 0%	190 3.5 1.8%
Total	450 19 4.2%	170 14 8.2%	280 8 2.9%	300 8 2.7%	1'200 49 4%

1. Zahl = Marktvolumen zu ex factory Preisen in Mio CHF 2. Zahl = Umsatz von C in Mio CHF 3. Zahl = Marktanteil von C

Branchensegmentmatrix eines schweizerischen Schokoladeproduzenten

aufgeteilt und darauf aufbauend sein Marktanteil ermittelt.

Wie aus der Abbildung hervorgeht, erzielt C mehr als die Hälfte des Umsatzes mit Riegeln und mehr als die Hälfte des Riegelumsatzes mit Käufern zwischen 16 und 30 Jahren ohne Kinder. Es ist für die Zukunft des Unternehmens entscheidend, diese Umsätze mindestens zu halten. Die Matrix zeigt aber auch Wachstumspotential. Bei den Konsumenten zwischen 16 und 30 Jahren und bei den Haushalten mit Kindern unter 16 Jahren ist C überdurchschnittlich gut positioniert. Es ist deshalb zu untersuchen, ob und wenn ja wie in diesen Segmenten Marktanteilsgewinne möglich sind.

19.4 Prozess zur Analyse des Marktes

Die Analyse des Marktes bildet den Unterschritt 4.4 im Strategieplanungsprozess. Wie die **Abbildung 19.5** zeigt, besteht er aus vier Aufgaben.

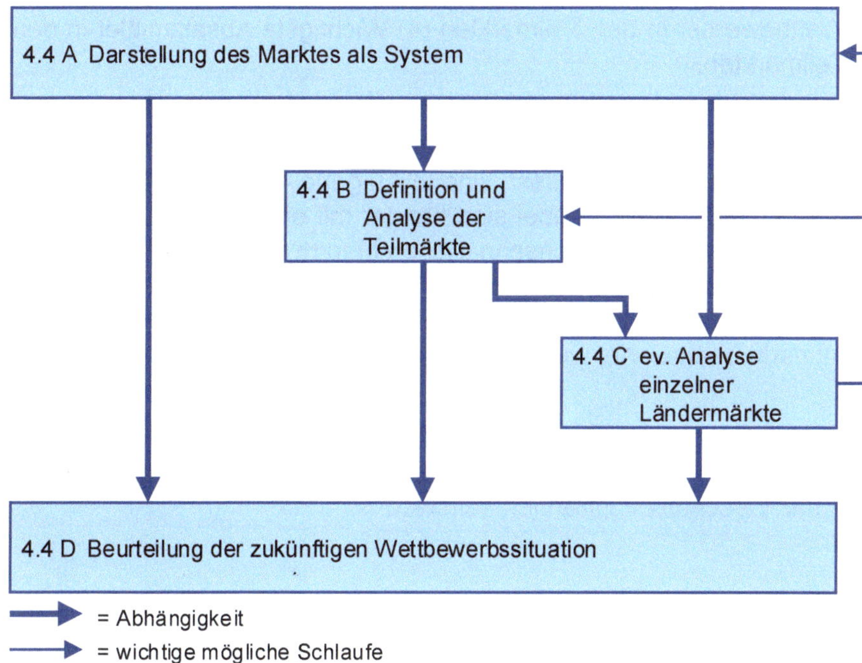

Abbildung 19.5: Prozess zur Analyse des Marktes

In Aufgabe 4.4 A ist der vom Geschäft bearbeitete Markt als System dazustellen. Wie in Abschnitt 19.2 ausgeführt, ist die Realität möglichst präzis abzubilden. Eine generische Darstellung erlaubt es nicht, die Produkt- oder Dienstleistungsflüsse genügend genau zu erfassen und ermöglicht kaum brauchbare Schlussfolgerungen.

Aufgabe 4.4 B besteht in der Definition und Analyse der Teilmärkte:

- Als Teilmärkte können Produkt- oder Dienstleistungsgruppen gewählt werden. Es ist auch möglich, Teilmärkte nach Kundengruppen zu bilden. Im Vordergrund steht jedoch die Branchensegmentanalyse mit einer Kombination der beiden Dimensionen. Bezüglich des Vorgehens wird auf Abschnitt 19.3 verwiesen.

- In der Analyse der Teilmärkte respektive der Branchensegmente geht es darum, Zahlen und Fakten zusammenzutragen und daraus Schlussfolgerungen zu ziehen: Dabei stehen folgende Informationen im Vordergrund: (1) Volumina und Wachstum der Teilmärkte (2) Eigener Umsatz und Umsatzentwicklung in den Teilmärkten (3) Wichtigste Wettbewerber in den Teilmärkten (4) Wichtigste Absatzmittler in den Teilmärkten.

Falls der Markt des Geschäftes mehrere Länder, einen Kontinent oder sogar die ganze Welt umfasst, sind in Aufgabe 4.4 C einzelne Ländermärkte zu analysieren. Dabei sind Länder mit einem grossen Marktvolumen, mit einem überdurchschnittlichen Marktwachstum und mit einem hohen Umsatzanteil von besonderer Bedeutung. Inhaltlich geht es um die gleichen Fragen, die in den Aufgaben 4.4 A und 4.4 B für den Gesamtmarkt beantwortet wurden.

Schliesslich ist in Aufgabe 4.4 D die zukünftige Wettbewerbssituation zu beurteilen. Daraus sind die Chancen und Gefahren abzuleiten, mit denen das Geschäfts konfrontiert sein wird.

20 Analyse der Wettbewerbsposition und des Geschäftsmodells

20.1 Einleitung

Im Rahmen der bisherigen Analysen des Geschäftes (vgl. Kapitel 16 bis 19) wurde das eigene Unternehmen bewusst in den Hintergrund gerückt. Mit der Analyse der Wettbewerbsposition ändert sich nun die Perspektive: Im Mittelpunkt des Interesses steht die Fähigkeit des Geschäfts, seine Märkte erfolgreich zu bearbeiten. Konkret geht es um seine Angebote und Ressourcen sowie die damit verbundene Möglichkeit, eine erfolgversprechende Marktposition zu erreichen oder zu verteidigen. Die Analyse der Wettbewerbsposition und des Geschäftsmodells bildet den Unterschritt 4.5 des Strategieplanungsprozesses.

Zur Beschreibung und Beurteilung der Wettbewerbsposition und des Geschäftsmodells sind drei Tools von Bedeutung, die in den Abschnitten 20.2 bis 20.4 eingeführt werden: Die generischen Geschäftsstrategien erlauben eine ganzheitliche Erfassung und Beurteilung von Wettbewerbspositionen. Das Geschäftsmodell ergibt ein Verständnis und eine strukturierte Beschreibung der Funktionsweise des Geschäfts. Die Stärken- und Schwächenanalyse ergibt einen Überblick über die Wettbewerbsvorteile und -nachteile des Geschäftes. Im Abschnitt 20.5 wird anschliessend ein Vorgehen zur Durchführung der Analyse der Wettbewerbsposition vorgeschlagen.

20.2 Generische Geschäftsstrategien

20.2.1 Beschreibung

Die Geschäftsstrategie definiert die Wettbewerbsvorteile, die aufzubauen oder zu erhalten sind, um die in der Gesamtstrategie definierte Marktposition zu erreichen. Im Allgemeinen existieren zahlreiche Ansatzpunkte für Wettbewerbsvorteile. Sie lassen sich jedoch zu wenigen grundsätzlichen Strategien zusammenfassen. Diese werden üblicherweise als generische Geschäftsstrategien bezeichnet.

Die Erkenntnis, dass es nur eine beschränkte Anzahl von grundsätzlichen strategischen Verhaltensweisen von Geschäften gibt, geht auf Porter (1980) zurück. Seinen Überlegungen zufolge kann ein dauerhafter Wettbewerbsvorteil (sustainable competitive advantage) nur auf tiefe Kosten oder auf ein differenziertes Angebot zurückgeführt werden. Diese beiden grundsätzlichen Typen von Wettbewerbsvorteilen kombiniert er mit der angestrebten Breite des Angebotes (scope of activities). Daraus ergeben sich nach Porter drei generische Wettbewerbsstrategien (vgl. Porter, 1980, S. 35 ff.):

- die Strategie der Kostenführerschaft (cost leadership)
- die Strategie der Differenzierung (differentiation)
- die Fokusstrategie (focus)

Ausgehend von den Überlegungen Porters werden im Folgenden vier generische Geschäftsstrategien unterschieden:

- gesamtmarktbezogene Preisstrategie
- gesamtmarktbezogene Differenzierungsstrategie
- teilmarktbezogene Preisstrategie
- teilmarktbezogene Differenzierungsstrategie

Abbildung 20.1 zeigt die vier generischen Geschäftsstrategien.

Wettbewerbsvorteil / Breite der Marktabdeckung	**Niedriger Preis**	**Leistungs- und Imagevorteile**
Gesamtmarkt	Gesamtmarktbezogene Preisstrategie	Gesamtmarktbezogene Differenzierungsstrategie
Teilmarkt	Teilmarktbezogene Preisstrategie	Teilmarktbezogene Differenzierungsstrategie

Abbildung 20.1: Generische Geschäftsstrategien
(in Anlehnung an Porter, 1980, S. 39)

Der Vorschlag unterscheidet sich von Porter in zwei Punkten:

- An Stelle von Kostenführerschaft wird von Preisstrategie gesprochen, um klarzustellen, dass es bei dieser Wettbewerbsstrategie in der Regel die niedrigen Preise sind, mit denen sich ein Unternehmen am Markt von der Konkurrenz abhebt. Eine günstige Kostenposition ist die Voraussetzung für niedrige Preise. Aber tiefe Kosten führen nicht zwingend zu tiefen Preisen. Die Kostenvorteile können auch dazu verwendet werden, um neue Produkte zu entwickeln oder in das Markenimage zu investieren. Sie können auch die Basis bilden, um neue Geschäfte aufzubauen oder die Dividenden zu erhöhen.

- In Abweichung von Porters Vorschlag werden die beiden teilmarktbezogenen Geschäftsstrategien nicht zusammengefasst, da sie sich in der zweiten Dimension (dem angestrebten Wettbewerbsvorteil) diametral unterscheiden. Deshalb bestehen zwischen den beiden Arten von Fokusstrategien grundsätzliche Unterschiede, die sich u.a. in der anzustrebenden Ressourcenausstattung und in den spezifischen Risiken manifestieren.

Bei der gesamtmarktbezogenen Preisstrategie wird eine Abhebung von der Konkurrenz in erster Linie mit dem Instrument Preis angestrebt. Idealerweise sollte der Preis deutlich unter den Preisofferten aller oder doch der meisten relevanten Konkurrenten liegen. Meist umfasst die Marktleistung ein eher beschränktes Sortiment von standardisierten Produkten, für die eine bedeutende Nachfrage existiert. Trotzdem sollten die Produkte die marktüblichen Qualitätsanforderungen erfüllen und nicht als Billigangebote wirken. Die Marktleistung bietet aber in der Regel keine Abhebungsmerkmale gegenüber den Konkurrenzangeboten und wird damit leicht austauschbar. Diese Austauschbarkeit ist normalerweise durchaus gewollt. Sie verstärkt die Wirkung der Preisdifferenz.

Bei der gesamtmarktbezogenen Differenzierungsstrategie erfolgt die Profilierung gegenüber der Konkurrenz über die Einzigartigkeit (uniqueness) des Angebotes. In Anlehnung an Kühn et al. (2020, S. 178 ff.) lassen sich zwei grundsätzliche Differenzierungsansätze unterscheiden:

- Eine Leistungsdifferenz (Unique Selling Proposition resp. USP) basiert auf einer einzigartigen Eigenschaft eines Produktes oder einer Dienstleistung. Sie wird vom Letztabnehmer subjektiv als Vorteil empfunden und lässt ihn deshalb positiv reagieren.
- Eine Kommunikationsdifferenz (Unique Advertising Proposition resp. UAP) ist eine durch Kommunikation und persönliche Kontakte geschaffene oder verstärkte psychologische Eigenschaft eines Angebo-

tes: Sie wird vom Letztabnehmer subjektiv als Vorteil empfunden und lässt ihn deshalb positiv reagieren.

Echte Leistungs- und Kommunikationsdifferenzen sind selten. Im Normalfall verfügt ein Geschäft nur über mittlere oder geringe Leistungs- und Kommunikationsdifferenzen. Daraus ergeben sich zwei Konsequenzen (vgl. Kühn et al., 2020, S. 179):

- Zur Kompensation von fehlenden Differenzierungsmerkmalen muss Kommunikationskraft eingesetzt werden. Dabei wird an Werbung und an Verkaufskontakte gedacht.
- Um sich gegenüber den Konkurrenten genügend differenzieren zu können, braucht es in der Regel ein Zusammenspiel von Leistungsprofilierung, kommunikativer Profilierung und Kommunikationsintensität.

Teilmarktbezogene Preis- und Differenzierungsstrategien unterscheiden sich von den entsprechenden gesamtmarktbezogenen Strategien im Wesentlichen durch eine Fokussierung auf einen volumenmässig kleinen Teil des Gesamtmarktes. Sie nutzen damit den Umstand, dass viele Märkte heterogene Gebilde sind, die sich in Teilmärkte untergliedern lassen (vgl. Kapitel 19). Unter Umständen verlangt die Bearbeitung eines Teilmarktes spezielle Fähigkeiten. Werden diese Anforderungen nur von spezialisierten Anbietern erfüllt, handelt es sich um einen abgeschotteten Teilmarkt. Ein solcher Teilmarkt wird als Nische bezeichnet.

20.2.2 Erfolgsvoraussetzungen und Risiken

Die Erfolgsvoraussetzungen der vier generischen Geschäftsstrategien sind in **Abbildung 20.2** zusammengefasst. Gesamtmarktbezogene Geschäftsstrategien verlangen bedeutende finanzielle Mittel. Deshalb bildet eine Mindestgrösse, speziell in grossvolumigen Märkten, eine kritische Erfolgsvoraussetzung. Anbieter, die diese Bedingung nicht erfüllen, müssen sich auf einen oder wenige Teilmärkte ausrichten. Dabei ist wichtig, dass die gewählten Teilmärkte Anforderungen stellen, die gesamtmarktbezogene Anbieter nur teilweise erfüllen. Gleichzeitig sollten die Teilmärkte nicht zu gross sein. Sonst besteht die Gefahr, dass sie

Erfolgsvoraussetzungen / Generische Geschäftsstrategien	**Marktbezogene Erfolgsvoraussetzungen**	**Unternehmensbezogene Erfolgsvoraussetzungen**
Gesamtmarktbezogene Preisstrategie	▪ Niedriger Preis für einen erheblichen Teil der Produktverwender wichtig ▪ Hohe Preiselastizität	▪ Grosses Produktionsvolumen und Economies of Scale ▪ Fähigkeit, kostengünstige Produkte zu entwickeln, zu produzieren und zu vermarkten ▪ Kostenorientierte Kultur
Gesamtmarktbezogene Differenzierungsstrategie	▪ Heterogener Markt ▪ Angebotsvorteile wie „Qualität“, „Design“, „Image“ etc. für einen erheblichen Teil der Produktverwender wichtig	▪ Grösse für eine Gesamtmarktbearbeitung ▪ Fähigkeit, um die angestrebten Angebotsvorteile aufzubauen ▪ Finanzielle Ressourcen, um die Angebotsvorteile zu sichern
Teilmarktbezogene Preisstrategie	▪ Existenz einer volumenmässig beschränkten, preissensiblen Kundengruppe	▪ Passende Unternehmensgrösse ▪ Fähigkeit, kostengünstige Produkte zu entwickeln, zu produzieren und zu vermarkten ▪ Kostenorientierte Kultur
Teilmarktbezogene Differenzierungsstrategie	▪ Heterogener Markt ▪ Teilmarkt, der spezielle Anforderungen stellt	▪ Passende Unternehmensgrösse ▪ Fähigkeit, die speziellen Anforderungen zu erfüllen

Abbildung 20.2: Erfolgsvoraussetzungen der generischen Geschäftsstrategien

marktmächtige Unternehmen, die eine Gesamtmarktstrategie verfolgen, anziehen. Eine beschränkte Grösse erweist sich besonders wichtig, wenn eine teilmarktbezogene Preisstrategie verfolgt wird. Gesamtmarktanbieter verfügen über Economies of scale und Economies of scope und können einen Verdrängungswettbewerb führen, wenn ein Teilmarkt für sie attraktiv erscheint.

Jede der vier generischen Wettbewerbsstrategien hat auch ihre spezifischen Risiken (vgl. Porter, 1985, S. 21):

- Bei der gesamtmarkt- und der teilmarktbezogenen Preisstrategie existieren drei Hauptgefahren: (1) Die erste Gefahr besteht darin, dass die Grundlagen des Kostenvorteils wegfallen. Dies kann beispielsweise der Fall sein, wenn sich in der Branche neue Technologien durchsetzen. (2) Das zweite Risiko entsteht, wenn der Qualitätsunterschied der Produkte und Leistungen im Vergleich zu den Anbietern mit Differenzierungsstrategie zu gross wird. In dem Fall wandern auch viele preisorientierte Käufer zum qualitativ höheren Produkt ab. (3) Schliesslich birgt die Austauschbarkeit des Angebotes die Gefahr eines Preiskampfes in sich.
- Bei der gesamtmarkt- und der teilmarktbezogenen Differenzierungsstrategie bestehen ebenfalls drei Hauptgefahren: (1) Eine erste Gefahr liegt im Wegfall der Grundlage der Strategie. Beispielsweise kann der Differenzierungsansatz für die Letztabnehmer an Bedeutung verlieren oder es gelingt einer immer grösseren Zahl von Konkurrenten, die zur Differenzierung verwendeten Leistungs- und Imagemerkmale ebenfalls anzubieten. (2) Das zweite wesentliche Risiko von Differenzierungsstrategien besteht in einer zu grossen Preisdifferenz im Vergleich zu den Anbietern mit Preisstrategien. In dieser Situation kann es passieren, dass sich eine zunehmende Zahl von Käufern mit dem Standardprodukt zufrieden gibt. (3) Schliesslich besteht für Unternehmen mit gesamtmarktbezogener Differenzierungsstrategie die Gefahr, dass zunehmend Teilmärkte von Spezialisten besetzt werden und damit entscheidende Marktvolumina wegfallen.
- Es gibt auch zwei spezifische Risiken für Teilmarktstrategien: (1) Eine zentrale Gefahr besteht darin, dass technologische und/oder marktmässige Entwicklungen zu einer Erosion oder zum völligen Verschwinden des Teilmarktes führen. (2) Ein zweites Risiko ist in der konträren Tendenz zu sehen. Wenn es Konkurrenten gelingt, spezifischere Angebote zu entwickeln, zerfällt der bisherige Teilmarkt.

Risiken bestehen jedoch auch, wenn sich ein Geschäft nicht eindeutig für eine generische Strategie entscheidet. Das Geschäft befindet sich in diesem Fall in einer Stuck-in-the-middle Position. Diese in der Regel nicht erfolgversprechende Position gibt es in zwei Formen (vgl. Porter, 1985, S. 16 f.):

- Einerseits geraten Unternehmen in eine Stuck-in-the-middle Situation, wenn sie sich zu wenig klar für eine Differenzierungsstrategie oder eine Preisstrategie entscheiden. Vor allem Preisführer sind latent der Gefahr ausgesetzt, dass sich mit der Zeit zusätzliche Artikel, Produktfeatures und Leistungen „einschleichen". Sie führen zu Kosten- und Preissteigerungen, wodurch die Preisstrategie zu einer Stuck-in-the-middle Position mutiert.
- Andererseits kann eine Stuck-in-the-middle Situation bezüglich des relativen Marktanteils entstehen. **Abbildung 20.3** illustriert diese Position. Vor allem Unternehmen, die eine teilmarktbezogene Strategie verfolgen, können in diese Lage geraten: Ihr Erfolg im Teilmarkt kann sie zur Ausweitung der Geschäftstätigkeit verleiten. Als Folge davon verlässt das Unternehmen, vielfach ohne sich dessen bewusst zu sein, den Teilmarkt und gerät mit einem Teil des Angebotes in den Gesamtmarkt. Dort tritt es dann den grossen, den Gesamtmarkt bearbeitenden Konkurrenten gegenüber.

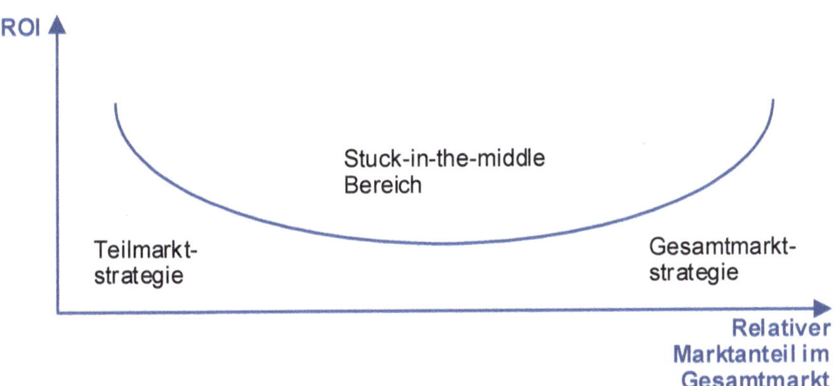

Abbildung 20.3: Stuck-in-the-middle Position bezüglich des relativen Marktanteils
(in Anlehnung an Porter, 1980, S. 43)

Geschäfte in einer Stuck-in-the-middle Position können in speziellen Situationen jedoch durchaus erfolgreich sein. Dies ist einerseits der Fall, wenn auch die Konkurrenten keine klare Entscheidung bezüglich Differenzierungs- oder Preisstrategie treffen. Andererseits gibt es Märkte, deren Struktur eine kombinierte Strategie ermöglicht. In gewissen Branchen lässt sich zudem beobachten, dass Marktführer erfolgreich zwischen gesamtmarktbezogener Preisstrategie und gesamtmarktbezogener Differenzierungsstrategie hin und her wechseln. Dieses von Gilbert und Strebel (1987, S. 28 ff.) als „Outpacing" bezeichnete Vorgehen wird in **Vertiefungsfenster 20.1** vorgestellt.

Vertiefungsfenster 20.1: Outpacing Strategien

Das Vertiefungsfenster basiert auf Gilbert und Strebel (1987, S. 28 ff.)

Die Entwicklung von gewissen Branchenmärkten ist durch ein Hin- und Herpendeln zwischen Standardisierung (Standardization) und dem Durchbrechen der Produktstandards durch Innovationen (Rejuvenation) gekennzeichnet:

- Wesentliche, durch ein führendes Unternehmen der Branche hervorgebrachte Innovationen werden von den Konkurrenten mehr oder weniger rasch kopiert. Die ursprünglich besonderen Eigenschaften des innovativen Angebotes entwickeln sich zu Standards. Anbieter, welche diese Standards nicht zu erbringen vermögen, sind in ihrer Existenz gefährdet. Unter den Anbietern, welche sie erfüllen, entsteht normalerweise ein harter Preiskampf. Dies, weil sich der Preis zum wesentlichen Profilierungsmerkmal entwickelt.
- Irgendeinmal gelingt es jedoch einem Anbieter, durch eine Innovation die Standards zu durchbrechen. Er leitet damit eine Verjüngung der durch die Branche hergestellten Produkte und Leistungen ein. Die Innovation führt dazu, dass bisherige Standarderfolgsfaktoren zu dominierenden Erfolgsfaktoren mutieren. Der Konkurrenzkampf in der Branche verschiebt sich damit von einem Preis- zu einem Differenzierungswettbewerb. Diese Phase dauert so lange, bis es den wichtigsten Konkurrenten gelingt, den Innovator zu kopieren und sich ein neuer, höherer Standard einstellt.

Die nachfolgende **Abbildung** fasst die Ausführungen graphisch zusammen.

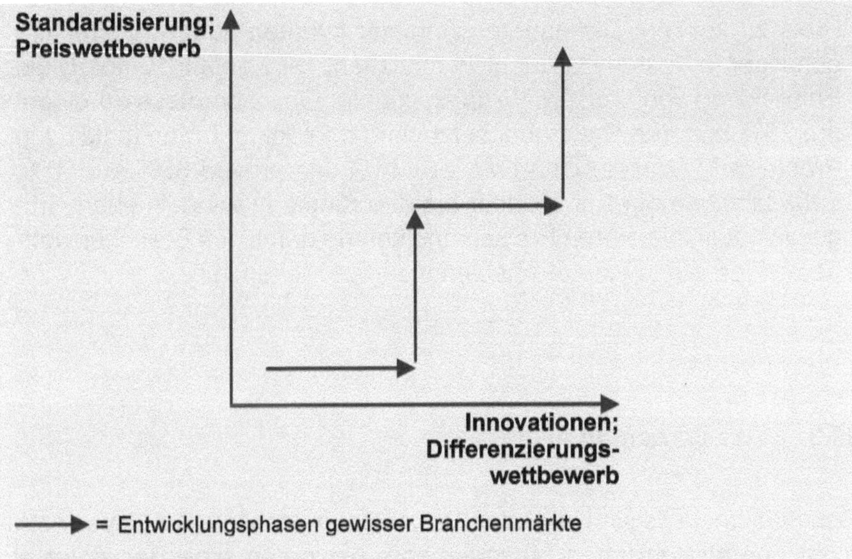

Mögliche Entwicklung eines Branchenmarktes

Diese zyklische Entwicklung führt Gilbert und Strebel zu einer interessanten Schlussfolgerung bezüglich des strategischen Verhaltens: Unternehmen, die in ihrem Branchenmarkt langfristig eine führende Position innehaben wollen, müssen in der Lage sein, zwischen einer Preisstrategie und einer Differenzierungsstrategie hin und her zu „switchen". Die Autoren bezeichnen eine solche Strategie als Outpacing Strategy – Strategie des hinter-sich-Lassens – weil sie stets einen Vorsprung gegenüber den Mitkonkurrenten ermöglicht: Haben die Mitbewerber die Innovation aufgeholt, kann der Leader dank niedriger Stückkosten zu einer Preisstrategie übergehen. Haben die Konkurrenten ihre Kostenstruktur verbessert und können preislich mithalten, durchbricht der Branchenführer mit einer Innovation die bisherigen Branchenstandards und läutet damit eine neue Phase des Leistungswettbewerbs ein.

Gilbert und Strebel explizieren ihre These am Beispiel der Branche der Produzenten von Windeln. Bis Mitte der 60er Jahre wurden praktisch ausschliesslich Stoffwindeln verwendet. 1976 revolutionierte Procter and Gamble den Markt mit ihren Pampers, einer Einwegwindel aus Papier. Als die Konkurrenz einige Jahre später ebenfalls mit Papierwindeln auf den Markt kam, begann Procter and Gamble den

Preis zu senken. Die anderen Anbieter konnten aufgrund ihrer ungünstigeren Kostenstruktur nicht mithalten. 1983 gelang Kimberly die Entwicklung von besseren Papierwindeln. Obschon diese zu einem um 25% höheren Preis abgesetzt wurden, sank der Marktanteil von Procter and Gamble innerhalb von zwei Jahren von 60% auf 50%. 1985 lancierte der Marktleader ein den Kimberly Windeln ebenbürtiges Produkt zu tieferen Preisen und konnte damit den Branchenwettbewerb erneut in einen Preiskampf zurückverwandeln.

20.3 Geschäftsmodell

Geschäftsmodelle sind in kurzer Zeit zu einem etablierten Analyseinstrument des strategischen Managements geworden (vgl. Becker et al., 2021, S. 5; Kühn et al., 2020, S. 54; Zott/Amit, 2008, S. 2). Der Ansatz des Geschäftsmodells (Business Model) wurde mit dem Internet-Boom in den 1990er Jahren populär. Er wurde zunächst vor allem verwendet um zu argumentieren, dass die „traditionellen Geschäftsmodelle" zunehmend von „neuen Geschäftsmodellen" verdrängt würden (Osterwalder, 2004, S. 1).

In vielen Branchen haben sich standardisierte Geschäftsmodelle entwickelt. So umfasst z.B. das Geschäftsmodell von Markenherstellern im Nahrungsmittelsektor häufig den Absatz über den Detailhandel an Privathaushalte sowie den Verkauf über Grosshändler an Hotels und Restaurants. Das Geschäftsmodell einer klassischen Apotheke beinhaltet die Produktbeschaffung über den Grosshandel und den Verkauf im Laden an die Kunden. Seit einigen Jahren sind jedoch viele der „traditionellen" Geschäftsmodelle in Bewegung geraten. „Recent advantages in communication and information technologies [...] and the rapid decline in computing and communication costs, have [...] opened new horizons for the design of business models" (Zott/Amit, 2007, S. 181). Beispielsweise entstanden im Apothekenmarkt mit Online-Apotheken neue Geschäftsmodelle. Auch die Geschäftsmodelle der weiterhin selbständig arbeitenden Apotheken haben sich durch Sortimentsausweitungen und durch die enge Internetbindung an Grosshändler verändert. Firmen wie Amazon, Airbnb und Facebook konnten durch neuartige Geschäftsmodelle sogar ganze Branchen umgestalten. Ihnen ist es gelungen, Standards zu durchbrechen und das Geschäftsmodell zu einem dominanten Erfolgsfaktor (vgl. Kapitel 16) zu machen. In einer methodisch gut fundierten empirischen Studie zeigen Zott und Amit, dass neuartige (novelty centered) Geschäftsmodelle signifikant positiv mit dem Erfolg korrelieren (vgl. Zott/Amit, 2007, S. 181 ff.).

Lange blieb der Begriff des Geschäftsmodells vage und die zahlreichen Autoren interpretierten ihn unterschiedlich. Mittlerweile lässt sich gemäss Foss und Saebi (2017, S. 201) jedoch eine Konvergenz des Begriffsverständnisses feststellen: Das Geschäftsmodell wird verstanden als „design or architecture of the value creation, delivery and capture mechanisms“ eines Geschäfts (Teece, 2010, S. 172). Kühn et al. (2020, S. 52) zeigen, dass viele Definitionen zwei Merkmale eines Geschäftsmodells betonen, nämlich (1) das Merkmal der Wertgenerierung und (2) das Merkmal der Sicherung von Erträgen.

Die Abgrenzung des Geschäftsmodells von der Geschäftsstrategie ist nicht eindeutig. Einige Autoren sehen die Strategie als einen Teil des Geschäftsmodells (vgl. Wirtz, 2020, S. 35). Kühn et al. (2020, S. 54) sehen in den beiden Ansätzen unterschiedliche Perspektiven: Während bei der Geschäftsstrategie der Aufbau und die Sicherung von Erfolgspotentialen im Vordergrund steht, fokussieren Geschäftsmodelle auf die Austauschprozesse mit Kunden und Schlüsselpartnern. Ein weiterer Unterschied liegt im Grad der Konkretisierung. Während die Analyse der generischen Geschäftsstrategien eine relativ grobe Beschreibung der angestrebten Wettbewerbsvorteile und der Breite der Marktabdeckung beinhaltet, erlaubt das Geschäftsmodell eine detaillierte Beschreibung seiner Komponenten. Osterwalder (2004, S. 15) sieht deshalb ein Geschäftsmodell als „layer (acting as a sort of glue) between business strategy and processes“.

Für die Beschreibung und Beurteilung des Geschäftsmodells ist es notwendig, es in einzelne Elemente aufzuteilen. Wirtz (2020, S. 35) zeigt, dass in den letzten 20 Jahren sehr unterschiedliche Aufteilungen vorgeschlagen wurden. Im Folgenden wird das „Business Model Canvas“ von Osterwalder und Pigneur (2011) präsentiert. Dieser Bezugsrahmen hat sich in der Unternehmenspraxis am breitesten durchgesetzt. Der Begriff „Canvas“ steht dabei für ein Template, auf dem das Geschäftsmodell strukturiert festgehalten werden kann. Es werden neun Bausteine unterschieden (vgl. Osterwalder/Pigneur, 2011, S. 20 ff.):

- Zentrales Element sind die (1) Wertangebote (Value Propositions), die Pakete von Produkten und Dienstleistungen, die für bestimmte Kundensegmente einen Wert darstellen.
- Diese Wertangebote richten sich an konkrete (2) Kundensegmente. Mit diesen Kundensegmenten werden (3) Beziehungen hergestellt und gepflegt. Die Wertangebote werden diesen Kundensegmenten

<table>
<tr>
<td rowspan="2">Schlüssel-partner

Wer sind unsere wichtigsten Partner?

Welche Schlüssel-ressourcen beziehen wir von diesen und welche Schlüssel-aktivitäten führen diese aus?

Wie arbeiten wir mit den Partnern zusammen?</td>
<td>Schlüssel-aktivitäten

Welche Aktivitäten müssen wir durchführen, um unsere Wertangebote zu schaffen und zu verbreiten?</td>
<td rowspan="2">Wertangebote

Welche Kunden-bedürfnisse erfüllen wir?

Welche der Probleme unseres Kunden helfen wir zu lösen?

Welche Produkt- und Dienstleis-tungspakete bieten wir den verschiedenen Kunden-segmenten an?</td>
<td>Kunden-beziehungen

Welche Art von Beziehung gehen wir mit den ver-schiedenen Kunden-segmenten ein?</td>
<td rowspan="2">Kunden-segmente

Für wen schöpfen wir Wert?

Wer sind unsere wichtigsten Kunden?</td>
</tr>
<tr>
<td>Schlüssel-ressourcen

Welche Ressourcen sind unbedingt erforderlich, um unsere Schlüssel-aktivitäten durchzu-führen?</td>
<td>Kanäle

Über welche Kommuni-kations-, Distributions- und Verkaufs-kanäle erreichen wir unsere Kunden-segmente?</td>
</tr>
<tr>
<td colspan="2">Kostenstruktur

Welches sind die wichtigsten mit unserem Geschäftsmodell verbundenen Kosten?</td>
<td colspan="3">Einnahmequellen

Für welche Werte sind unsere Kunden bereit, zu bezahlen?

Wie generieren wir Einnahmen, z.B. aus einmaligen Verkaufserlösen oder langfristigen Service-Gebühren?</td>
</tr>
</table>

Abbildung 20.4: Business Model Canvas
(basiert auf Osterwalder/Pigneur, 2011, S. 24 ff. und S. 48)

durch diverse (4) Kommunikations-, Distributions- und Verkaufskanäle vermittelt.

- Um die Wertangebote zu erstellen, sind bestimmte (5) Schlüsselaktivitäten notwendig, für deren Durchführung wiederum (6) Schlüsselressourcen erforderlich sind. Die Aktivitäten können beim Unternehmen selbst durchgeführt werden und/oder in Zusammenarbeit mit (7) Schlüsselpartnern erbracht werden.
- Die (8) Einnahmequellen beschreiben, wie Erträge generiert werden (z.B. über Verkaufseinnahmen, Mitgliedsgebühren, Lizenzeinnahmen, Service-Gebühren, Werbeeinnahmen). Die (9) Kostenstruktur beschreibt alle Kosten, die bei der Ausführung des Geschäftsmodells anfallen.

Abbildung 20.4 illustriert das Konzept des Business Model Canvas und beschreibt die Bausteine anhand der zu beantwortenden Fragen.

Praxisfenster 20.2 zeigt die Anwendung des Business Canvas am Beispiel von Nespresso und **Praxisfenster 20.3** am Beispiel von Airbnb.

Praxisfenster 20.2: Geschäftsmodell von Nespresso

Das Nespresso-Kapselsystem wurde bereits in den 1970er Jahren entwickelt. Anfänglich wurde nur der Büromarkt angesprochen und Nespresso entwickelte sich zunächst sehr enttäuschend. Erst mit einem komplett neuen und innovativen Geschäftsmodell begann Ende der 1980er Jahre der Erfolg.

Der Markt für Kaffee war von einem traditionellen Geschäftsmodell dominiert, bei dem Kaffeehersteller löslichen Kaffee über den Gross- und Detailhandel an private Haushalte verkauften. Diese konnten den Kaffee der verschiedenen Kaffeehersteller in Tassen oder Krügen mit warmem Wasser zubereiten. Nespresso änderte mehrere Elemente in diesem Geschäftsmodell: (1) Der Kaffee wurde in Kapseln verpackt, die nur in spezifisch auf diese Kapseln ausgerichteten Kaffeemaschinen zubereitet werden konnten. Kunden, die eine Nespresso-Maschine besitzen, konnten also – bevor Imitationen aufkamen – ausschliesslich Nespresso-Kapseln nutzen. (2) Weil die Kunden nicht zwischen verschiedenen Marken wechseln können, entstehen verlässliche Einnahmen. So kann auch auf Preisaktionen verzichtet werden. (3) Statt über den Detailhandel zu verkaufen, begann Nespresso, die Kaffeekapseln über die Post direkt zu versenden. Bestellungen konnten vor allem telefonisch aufgegeben werden. Mit dem Aufkommen des Internets wurde mit dem Online-Verkauf begonnen, zudem wurden hochwertige eigene Boutiquen an sehr guten Standorten eröffnet, was dem Vertrieb und der Stärkung der Marke diente.

Die nachfolgende **Abbildung** illustriert das Geschäftsmodell von Nespresso.

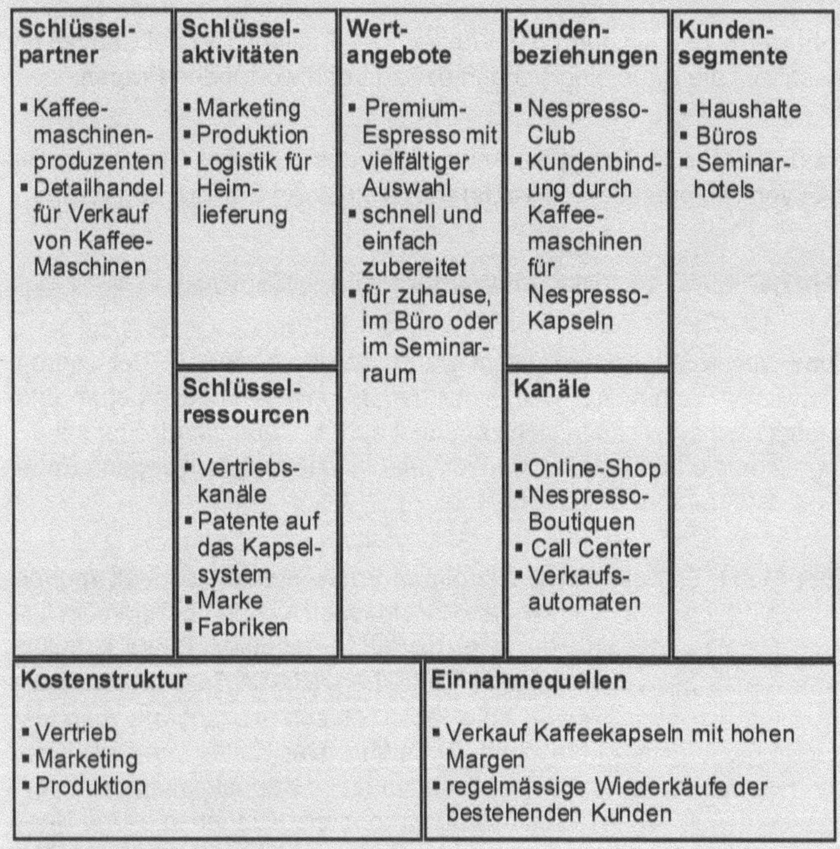

Business Model Canvas von Nespresso
(in Anlehnung an Osterwalder/Pigneur, 2011, S. 241)

Praxisfenster 20.3: Geschäftsmodell von Airbnb

Airbnb ist ein Beispiel eines disruptiven Geschäftsmodells. Airbnb hat das traditionelle Geschäftsmodell der Beherbergungsbranche ignoriert und auf Basis der identifizierten Kundenbedürfnisse ein völlig neues Modell entwickelt, das auf dem Plattform- und Vermittlungsge-

<table>
<tr>
<td rowspan="2">**Schlüssel-partner**

▪ Vermieter
▪ Zahlungs-abwickler
▪ Freie Fotographen
▪ Investoren</td>
<td>**Schlüssel-aktivitäten**

▪ Plattform-betrieb
▪ Generierung von Kunden-frequenz
▪ Unterstüt-zung der Vermieter z.B. durch profes-sionelle Fotos
▪ Qualitäts-beurtei-lungen
▪ Zahlungs-abwicklung</td>
<td rowspan="2">**Wert-angebote**

▪ Vermittlung von Privat-unterkünften als Über-nachtungs-möglichkeit
▪ Für Reisende: Einfache und sichere Möglichkeit, weltweit Privatunter-künfte in einer ver-lässlichen Qualität zu buchen
▪ Für Vermieter: Einfache und sichere Möglichkeit, Einnahmen aus der Vermietung zu generieren</td>
<td>**Kunden-beziehungen**

▪ Registrierte Kunden
▪ Registrierte Vermieter
▪ Kunden-dienst
▪ Weiter-empfehlung
▪ Social Media</td>
<td rowspan="2">**Kunden-segmente**

▪ Freizeit-Reisende und Geschäfts-reisende
▪ Vermieter</td>
</tr>
<tr>
<td>**Schlüssel-ressourcen**

▪ Zugang zu Millionen von Unter-künften
▪ Plattform
▪ Marke</td>
<td>**Kanäle**

▪ Online-Plattform
▪ Mobile App</td>
</tr>
<tr>
<td colspan="2">**Kostenstruktur**

▪ IT-Kosten
▪ Marketingkosten</td>
<td colspan="3">**Einnahmequellen**

▪ Vermittlungsprovisionen der Reisenden
▪ Vermittlungsprovisionen der Vermieter</td>
</tr>
</table>

Business Model Canvas von Airbnb

danken beruht: (1) Statt eigene Hotelräume als Schlüsselressourcen zu besitzen, setzt Airbnb auf den Zugang zu vermietbaren Zimmern und Wohnungen. Dabei bietet Airbnb Millionen von Unterkünften weltweit an. (2) Die Kostenstrukturen sind völlig anders als im klassischen Hotelgeschäft, da die Unterkünfte für Airbnb keine fixen Kosten verursachen. (3) Statt direkte Einkünfte aus der Vermietung von Zimmern und Wohnungen zu erzielen, wurde auf Vermittlungsgebühren als Haupteinnahmequelle gesetzt. (4) Zimmer- und Wohnungsvermieter sind Schlüsselpartner für die Befriedigung der Bedürfnisse der Reisenden. Für sie bietet Airbnb nicht nur eine Versicherung, sondern auch eine Beurteilung der Gäste, die bei Fehlverhalten (z.B. Verschmutzen oder Beschädigen der Unterkunft) von der Plattform ausgeschlossen werden. (5) Für Reisende bietet Airbnb eine Qualitätssicherung, indem die Unterkünfte und Gastgeber durch viele Gäste bewertet werden.

Die vorangehende **Abbildung** illustriert das Geschäftsmodell von Airbnb.

Die neun Bausteine des Business Model Canvas stehen im Einklang mit dem ROM-Modell der Erfolgspotentiale (vgl. Abschnitt 2.3):

- Die Wertangebote machen den Kern des Angebots (O) aus. Auch die Kanäle sind dem Leistungsangebot zuzuordnen.
- Die Schlüsselaktivitäten, die Schlüsselressourcen und die Schlüsselpartner detaillieren die Ressourcen (R).
- Kundensegmente und Kundenbeziehungen sind schliesslich Aspekte der Marktposition (M).

20.4 Stärken- und Schwächenanalyse

Die generischen Geschäftsstrategien und das Geschäftsmodell erlauben eine generelle Erfassung und Beurteilung der Wettbewerbsposition des Geschäftes. Mit der Stärken- und Schwächenanalyse erfolgt eine spezifische Erfassung und Beurteilung der einzelnen Erfolgspotentiale.

Zur Durchführung einer Stärken- und Schwächenanalyse wird folgendes Vorgehen vorgeschlagen:

- Zuerst sind die Kriterien zur Beurteilung der Erfolgspotentiale festzulegen. Ausgehend vom ROM-Modell der Erfolgspotentiale (vgl. Abschnitt 2.3) sind Kriterien zur Beurteilung der Marktposition, des Angebotes und der Ressourcen zu bestimmen. Die in Unterschritt 4.1 identifizierten branchenspezifischen Erfolgsfaktoren (vgl. Abschnitt 16.3) bilden eine wichtige Basis.
- Anschliessend sind die in den Vergleich einzubeziehenden Konkurrenten auszuwählen. Es handelt sich dabei normalerweise um einen

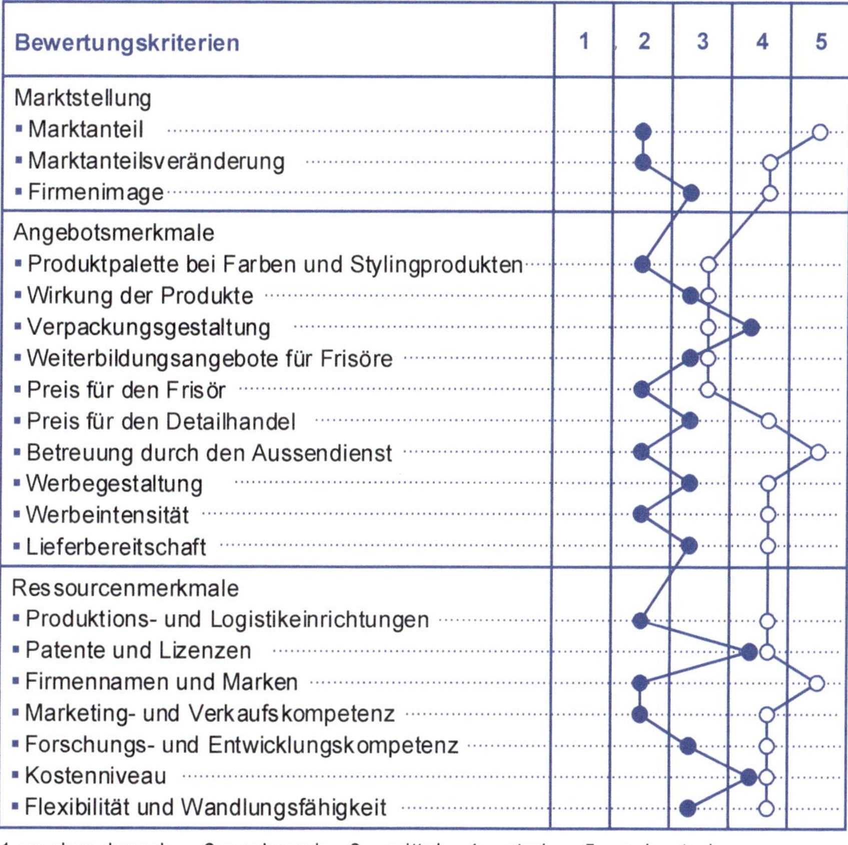

Abbildung 20.5: Stärken- und Schwächenprofile zweier Hersteller von Haarpflegeprodukten

oder zwei direkte Konkurrenten. Nicht empfehlenswert erscheint der in der Praxis zuweilen beobachtete Vergleich mit einem „durchschnittlichen Konkurrenten". Da es diesen nicht gibt, lassen sich auch keine Informationen über ihn eruieren. Entsprechend basiert die Analyse auf Mutmassungen und kann zu Fehleinschätzungen führen.

- Als nächstes sind für die ausgewählten Wettbewerber Daten über ihre Marktstellung, ihr Angebot und ihre Ressourcen zu beschaffen. Diese Aufgabe ist in der Regel aufwändig. Selbst wenn die Datenbeschaffung gründlich erfolgt, wird sie nur ausnahmsweise ein vollständiges Bild ergeben.
- Schliesslich sind die Stärken- und Schwächenprofile des Geschäftes und der Konkurrenten zu erstellen und zu beurteilen. **Abbildung 20.5** zeigt die Profile zweier Hersteller von Haarpflegeprodukten. Wie die Abbildung zeigt, genügen die Wettbewerbsvorteile von A nicht, um eine starke Marktposition zu erreichen.

20.5 Prozess zur Analyse der Wettbewerbsposition und des Geschäftsmodells

Die Analyse der Wettbewerbsposition und des Geschäftsmodells bildet den Unterschritt 4.5 im Strategieplanungsprozess. Wie **Abbildung 20.6** zeigt, besteht er aus drei Aufgaben.

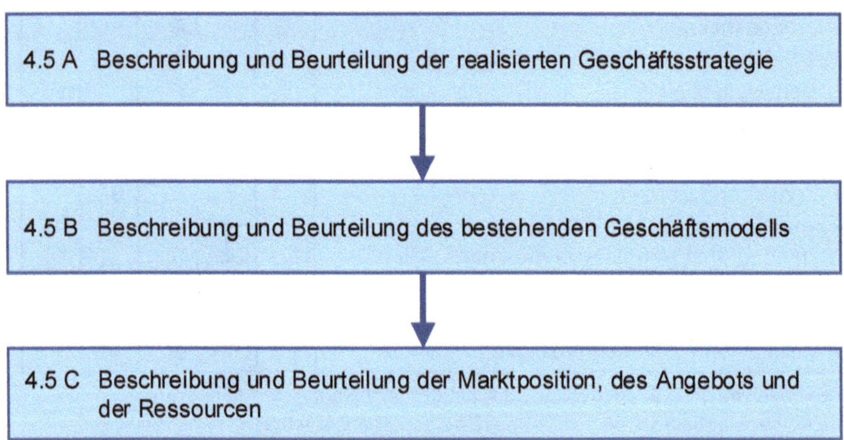

Abbildung 20.6: Prozess zur Analyse der Wettbewerbsposition und des Geschäftsmodells

In Aufgabe 4.5 A ist die aktuell realisierte Geschäftsstrategie zu erfassen und zu beurteilen:

- Die generischen Geschäftsstrategien (vgl. Abschnitt 20.2) bilden die methodische Grundlage. Die Beurteilung der Geschäftsstrategie beginnt mit der Identifikation der verfolgten generischen Variante. Unter Umständen muss festgestellt werden, dass es sich um eine Stuck-in-the-middle Position handelt. Wird eine spezifische generische Strategie verfolgt, ist abzuklären, ob das Geschäft die Voraussetzungen dafür erfüllt (vgl. Unterabschnitt 20.3.2). Falls eine Stuck-in-the-middle Position besteht oder die Erfolgsvoraussetzungen der verfolgten generischen Strategie nur teilweise erfüllt sind, ist ein Konkurrenzvergleich vorzunehmen. Die beiden Punkte werden nämlich erst dann zu Schwächen, wenn die wichtigsten Konkurrenten diesbezüglich besser dastehen. Die wichtigsten Konkurrenten gehören normalerweise zu der gleichen strategischen Gruppe (vgl. Abschnitt 18.3) wie das Unternehmen.
- Häufig ist der Wettbewerb in der Branche oder der strategischen Gruppe intensiv. Eine solche Wettbewerbsarena bezeichnen Kim und Mauborgne (2015, S. 4 ff.) als „Red Ocean". In diesem Fall sollte das Geschäft im Rahmen der Erarbeitung von strategischen Optionen (vgl. Abschnitt 22.2) nach bislang unberührten oder wenig bearbeiteten Teilmärkten, sogenannten „Blue Oceans", suchen.

In Aufgabe 4.5 B ist das bestehende Geschäftsmodell mit Hilfe des Business Model Canvas zu beschreiben und zu beurteilen (vgl. Abschnitt 20.3). Eine visuelle Darstellung ist sinnvoll, um sich den verschiedenen Aspekten des eigenen Geschäftsmodells bewusst zu werden. Falls in der Branche ein Standardgeschäftsmodell dominiert, können bezüglich jedes Bausteins detaillierte Vergleiche mit Konkurrenzunternehmen vorgenommen werden. Zudem erlaubt die Geschäftsmodellanalyse, innovative Geschäftsmodelle von Konkurrenten zu identifizieren und deren Bedrohungspotential für das eigene Unternehmen einzuschätzen. Die Geschäftsmodellanalyse zeigt wichtige Elemente, die in der anschliessenden Stärken- und Schwächen-Analyse detaillierter zu betrachten sind.

In Aufgabe 4.5 C sind mit Hilfe einer Stärken- und Schwächenanalyse die einzelnen Erfolgspotentiale auf Basis des ROM-Modells zu erfassen und zu bewerten. Das Vorgehen ist in Abschnitt 20.4 detailliert erklärt.

Im Zentrum der Analyse stehen die Erfolgsfaktoren, die in der Analyse der generischen Strategie und des Geschäftsmodells als kritisch identifiziert wurden.

21 Diagnose der strategischen Herausforderungen des Geschäfts

21.1 Einleitung

In den Unterschritten 4.2 bis 4.5 (vgl. Kapitel 17 bis 20) wurden das Umfeld des Geschäftes und seine Position eingehend analysiert und zahlreiche Erkenntnisse gewonnen. Um eine klare Ausganslage für die Erarbeitung der Geschäftsstrategie zu schaffen, sind diese Erkenntnisse nun in Unterschritt 4.6 zusammenzufassen.

Die methodischen Grundlagen wurden bereits im Rahmen der Erläuterung von Unterschritt 2.3 „Diagnose strategischer Herausforderungen auf Unternehmensebene“ (vgl. Kapitel 11) geschaffen. Auf eine Wiederholung der Ausführungen wird verzichtet. Als Fazit wurde mit der TOWS-Matrix (vgl. Weihrich, 1982, S. 54 ff.) eine intelligente SWOT-Matrix vorgeschlagen. Sie verknüpft die Stärken und Schwächen mit den Chancen und Gefahren und ermöglicht damit die Identifikation strategischer Herausforderungen. Die TOWS-Matrix geht aus **Abbildung 21.1** hervor.

Interne Elemente / Externe Elemente	**Strengths/ Stärken**	**Weaknesses/ Schwächen**
Opportunities/ Chancen	Ableitung von strategischen Herausforderungen durch die Verknüpfung von Stärken und Schwächen mit Chancen und Gefahren	
Threats/ Gefahren		

Abbildung 21.1: TOWS-Matrix
(in Anlehnung an Weihrich, 1982, S. 60)

Abschnitt 21.2 beschreibt das Vorgehen zur Diagnose strategischer Herausforderungen auf Geschäftsebene. Dieses wird anschliessend mit Hilfe eines Beispiels erläutert.

21.2 Prozess zur Diagnose der strategischen Herausforderungen des Geschäfts

Die Diagnose der strategischen Herausforderungen des Geschäfts bildet den Unterschritt 4.6 im Strategieplanungsprozess. Wie **Abbildung 21.2** zeigt, besteht er aus zwei Aufgaben.

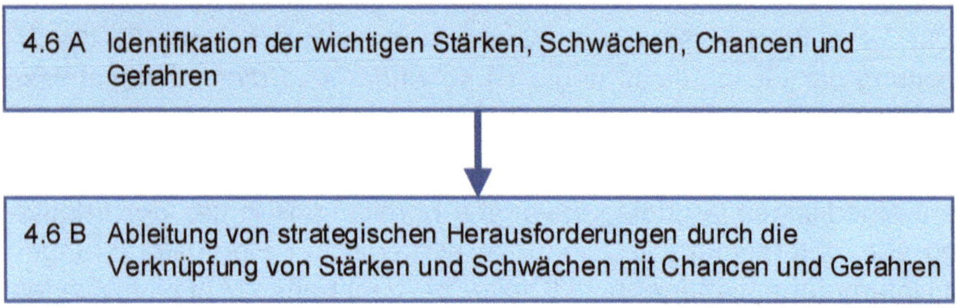

4.6 A Identifikation der wichtigen Stärken, Schwächen, Chancen und Gefahren

↓

4.6 B Ableitung von strategischen Herausforderungen durch die Verknüpfung von Stärken und Schwächen mit Chancen und Gefahren

Abbildung 21.2: Prozess zur Diagnose der strategischen Herausforderungen des Geschäfts

In Aufgabe 4.6 A sind die wichtigen Stärken, Schwächen, Chancen und Gefahren zu identifizieren. Um zu vermeiden, dass oberflächliche und stark durch persönliche Interessen beeinflusste Aussagen gemacht werden, muss diese Aufgabe unbedingt auf den in den Unterschritten 4.2 bis 4.5 durchgeführten Analysen aufbauen.

Die Analyse des Branchenumfeldes, der Branche und des Marktes (vgl. Kapitel 17, 18 und 19) ermöglicht das Erkennen von Chancen und Gefahren. Das Spektrum der entdeckten Chancen und Gefahren ist sehr gross: Sie reichen von neuen gesetzlichen Rahmenbedingungen über neue Wettbewerber bis zu markanten Veränderungen der Nachfrage in einzelnen Branchensegmenten. Die Analyse der strategischen Gruppe (vgl. Abschnitt 18.3), zu der das Geschäft gehört, und die Branchensegmentanalyse (vgl. Abschnitt 19.3) zeigen zudem Stärken und Schwächen des Geschäfts auf.

Im Zentrum der Analyse der Wettbewerbsposition (vgl. Kapitel 20) steht das Ermitteln strategisch relevanter Stärken und Schwächen:

- Aus der Beurteilung der generischen Geschäftsstrategien lassen sich Stärken und Schwächen ableiten. So bildet z.B. eine Preisstrategie, die auf dauerhaften Kostenvorteilen beruht, eine Stärke. Eine Stuck-in-the-middle Position in einem Markt mit profilierten Qualitätsanbietern bildet demgegenüber eine Schwäche.

- Geschäftsmodelle, die neue Zielgruppen erschliessen, bilden Stärken. Hingegen stellen klassische Geschäftsmodelle oft Schwächen dar.
- Die Stärken- und Schwächenanalyse zeigt schliesslich spezifische Stärken und Schwächen auf den drei Ebenen des ROM-Modells der Erfolgspotentiale.

In Aufgabe 4.6 B sind die wichtigen Stärken, Schwächen, Chancen und Gefahren zu wenigen zentralen Herausforderungen zu verknüpfen. Dazu ist die TOWS-Matrix zu erarbeiten. Das **Praxisfenster 21.1** zeigt, wie dies gemacht werden kann.

In ihrer Beratungstätigkeit haben die Verfasser auf Geschäftsstufe häufig die gleichen strategischen Problemstellungen angetroffen. Diese für westeuropäische Unternehmen als typisch zu betrachtenden Herausforderungen werden nachfolgend kurz vorgestellt:

Praxisfenster 21.1: Diagnose der strategischen Herausforderungen in einem Elektrizitätsunternehmen

Die Hydropower ist ein mittelgrosser schweizerischer Elektrizitätsproduzent. Der Produktionspark besteht ausschliesslich aus Speicherkraftwerken. Die Konzessionen für die Kraftwerke laufen alle in den nächsten 10 Jahren aus. Der Strom wird an die Aktionäre, insbesondere an zwei Stadtwerke, verkauft.

Die folgende **Abbildung** zeigt die wichtigsten Stärken, Schwächen, Chancen und Gefahren der Hydropower und die daraus abgeleiteten strategischen Herausforderungen. Wie aus der Abbildung hervorgeht, ergeben sich sinnvolle Herausforderungen erst, wenn mehrere Stärken, Schwächen, Chancen und Gefahren gemeinsam betrachtet werden.

<table>
<tr><td>Interne Elemente
Externe Elemente</td><td>S_1
Know-how in Wasserkraft-anlagen</td><td>S_2
Moderne, weitgehend amortisierte Speicher-kraftwerke</td><td>W_1
Keine Speicher-pumpwerke</td></tr>
<tr><td>O_1
Überkapazitäten der Wind- und Solarenergie in Europa bei guten Wetter-bedingungen</td><td colspan="3" rowspan="4">Strategische Herausforderung 1: Erneuerung der Konzessionen
▪ Verknüpfung von S_1, S_2 und T_1
▪ Hydropower kann als attraktiver potentieller Partner der Konzessionsgeber frühzeitig Verhandlungen aufnehmen.

Strategische Herausforderung 2: Bau von Speicherpumpwerken
▪ Verknüpfung von S_1, S_2, W_1, O_1, O_2 und O_3
▪ Mit überschüssiger Wind- und Solarenergie können Speicherpumpwerke Kapazität und Wirtschaftlichkeit der Speicherkraftwerke erhöhen.</td></tr>
<tr><td>O_2
Ungedeckte Nachfrage in Europa bei schlechten Wetter-bedingungen</td></tr>
<tr><td>O_3
Atom-, Kohle- und Gaskraftwerke politisch umstritten</td></tr>
<tr><td>T_1
Konzessionen laufen im nächsten Jahrzehnt aus</td></tr>
</table>

S = Stärke W= Schwäche T = Gefahr O = Chance

Diagnose strategischer Herausforderungen

- Neu in den Markt eintretende international tätige Anbieter führen zu sinkenden Margen und bedrohen die Marktposition der auf den Heimmarkt fokussierten Geschäfte. Dies zwingt sie, ihrerseits eine Internationalisierung zu prüfen.
- Schwache Marktpositionen in wachsenden Teilmärkten legen nahe, in Innovationen zu investieren.

- Beschränkte finanzielle Ressourcen erlauben es im Gesamtmarkt nicht, beim Werbebudget oder bei der Zahl der Aussendienstmitarbeiter die notwendige kritische Masse zu erreichen. Deshalb ist die Breite der Marktabdeckung zu hinterfragen und zu prüfen, ob das Unternehmen sein Angebot auf einen Teilmarkt, z.B. auf ein spezifisches Kundensegment, fokussieren sollte.
- Es fehlen wirkliche Wettbewerbsstärken im Angebot. Das Geschäft befindet sich deshalb in einer Stuck-in-the-middle Position. Über eine Analyse der Kundenbedürfnisse, des Angebots und der Ressourcen sind Profilierungsansätze zu suchen.
- Einzelne strategisch relevante Ressourcen genügen nicht, um die geforderte Qualität des Angebots sicher zu stellen. Dementsprechend sind Massnahmen zu diskutieren, um die Ressourcenschwächen zu beseitigen.

Teil VI: Erarbeitung einer Geschäftsstrategie

22 Erarbeitung und Beurteilung von strategischen Optionen für das Geschäft

22.1 Einleitung

Die strategische Analyse des Geschäfts mündete in die Diagnose strategischer Herausforderungen (vgl. Kapitel 21). Darauf aufbauend könnten nun direkt Ziele, Massnahmen und Investitionen definiert und damit die zukünftige Geschäftsstrategie formuliert werden. Wie der Titel des Kapitels 22 zeigt, schlagen die Verfasser jedoch vor, gleich wie auf Ebene des Gesamtunternehmens (vgl. Kapitel 12), zuerst in Unterschritt 5.1 strategische Optionen zu erarbeiten und zu beurteilen. Die am besten bewertete Option beschreibt grob die zukünftige Geschäftsstrategie. Sie ist anschliessend durch die Festlegung von Zielen, Massnahmen und Investitionen zu konkretisieren. Dieses Vorgehen führt zu einem Zusatzaufwand. Die Autoren sind jedoch überzeugt, dass er sich lohnt, weil dadurch die Qualität der Geschäftsstrategie verbessert werden kann. Die Begründung ist in Abschnitt 12.1 zusammengefasst. Dort wird auch gezeigt, dass nur ein Teil der strategischen Herausforderungen die Basis der strategischen Optionen bildet und die anderen Herausforderungen direkt in die Erarbeitung der Ziele, Massnahmen und Investitionen einfliessen.

Die Erarbeitung der Optionen des Geschäfts basiert im Wesentlichen auf drei methodischen Ansätzen:

- den generische Geschäftsstrategien
- dem Geschäftsmodell
- den Blue-Ocean-Strategien

Die generischen Geschäftsstrategien sowie das Geschäftsmodell wurden bereits im Rahmen der Analyse der Wettbewerbsposition erläutert (vgl. Kapitel 20). Die Blue-Ocean-Strategien werden im nachfolgenden

Abschnitt 22.2 erklärt. In Abschnitt 22.3 wird anschliessend ein Vorgehen zur Erarbeitung und Beurteilung von strategischen Optionen für das Geschäft vorgeschlagen.

22.2 Blue-Ocean-Strategien

22.2.1 Überblick

Die Idee der Blue-Ocean-Strategie wurde von Kim und Mauborgne entwickelt und hat schnell Beachtung gefunden (vgl. Kim/Mauborgne, 1997; Kim/Mauborgne, 2015). Sie basiert darauf, dass erfolgversprechende Geschäftsstrategien wettbewerbsintensive und umkämpfte Märkte (sog. „Red Oceans") vermeiden und stattdessen neue, bislang unberührte Märkte (sog. „Blue Oceans") schaffen sollten. Zentrale Prämissen dieses Ansatzes sind (Kim/Mauborgne, 2015, S. xiii ff.):

- Der Wettbewerb sollte nicht im Zentrum des strategischen Denkens stehen.
- Die Struktur einer Branche ist nicht fest vorgegeben, sondern kann gestaltet werden.
- Der Fokus sollte nicht auf den Kunden der Branche, sondern auf den Nicht-Kunden liegen.
- Strategische Kreativität kann systematisch gefördert werden. Es gibt Methoden zur Identifikation von Blue Oceans.

Stark vereinfacht unterscheiden sich Red-Ocean- und Blue-Ocean-Strategien durch die in **Abbildung 22.1** dargestellten Merkmale.

Ein typisches und viel verwendetes Beispiel für eine Blue-Ocean-Strategie ist der Cirque du Soleil. Statt sich als Konkurrent der bestehenden, grossen Zirkusse zu positionieren, schuf das Unternehmen einen neuen Markt. Man orientierte sich nicht nur am Zirkus, sondern auch am Theater und an Broadway-Shows. Im Gegensatz zu traditionellen Zirkusvorstellungen mit isolierten Nummern gibt es wie bei Theateraufführungen bei Cirque du Soleil eine durchgehende Geschichte. Das Programm umfasst zudem hochwertige Musik und künstlerischen Tanz. So wurde eine völlig neue Kundengruppe angesprochen: Erwachsene und Firmenkun-

Red-Ocean-Strategien	Blue-Ocean-Strategien
Wettbewerb im vorhandenen Markt oder Teilmarkt	Schaffung neuer, unerschlossener Märkte oder Teilmärkte
Konkurrenz schlagen	Konkurrenz ausweichen
Bestehende Nachfrage ausschöpfen; Fokus auf Kunden	Neue Nachfrage schaffen und erschliessen; Fokus auf Nicht-Kunden
Entscheidung zwischen Kosten oder Nutzen	Trade-off zwischen Kosten und Nutzen aushebeln

Abbildung 22.1: Strategien für Red Oceans und Blue Oceans
(in Anlehnung an Kim/Mauborgne, 2015, S. 18)

den, die an Theaterpreise gewohnt waren und deshalb bereit waren, einen deutlich über üblichen Zirkuspreisen liegenden Eintritt zu zahlen. Gleichzeitig wurden die Tiernummern eliminiert. Sie galten in der Zirkusbranche lange als selbstverständlich. Doch die Tiernummern wurden von der Öffentlichkeit zunehmend abgelehnt und gehörten zudem zu den teuersten Elementen. Durch die Kombination von Zirkus und Theater erreichte Cirque du Soleil eine Differenzierung und höhere Margen (vgl. Kim/Mauborgne, 2015, S. 3 ff.).

22.2.2 Erarbeitung von Blue-Ocean-Strategien

Zentraler Ansatz zur Erarbeitung einer Blue-Ocean-Strategie ist die Wertkurve, eine grafische Darstellung des Angebotes eines Unternehmens. Dabei werden auf der horizontalen Achse die Faktoren erfasst, auf denen der Wettbewerb beruht. Sie entsprechen weitgehend den Erfolgsfaktoren des Angebotes (vgl. Kapitel 16). Auf der vertikalen Achse wird die Bedeutung dieser Faktoren abgetragen.

Zuerst wird die Wertkurve der Branche respektive der relevanten strategischen Gruppe (vgl. Abschnitt 18.3) illustriert. **Abbildung 22.2** zeigt die Wertkurve der Airline-Branche in den USA in den 1970er Jahren.

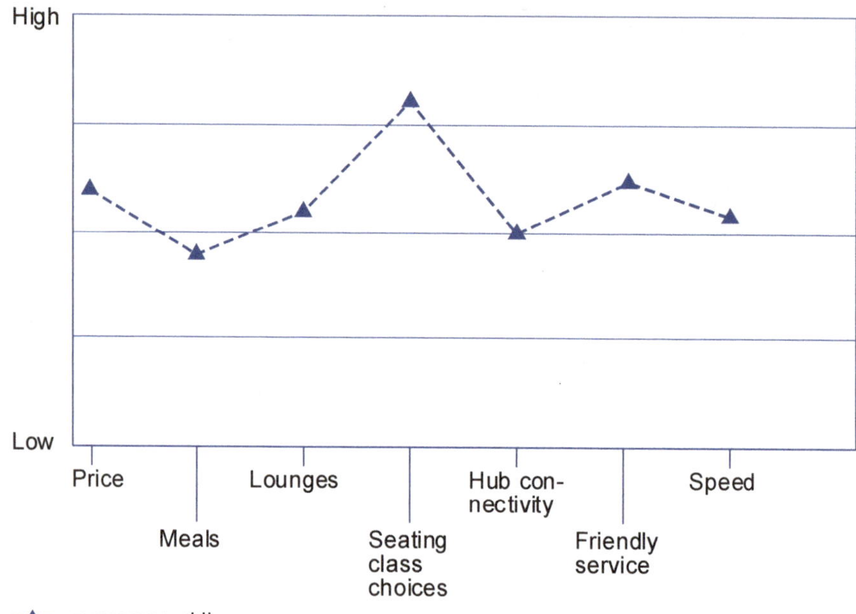

Abbildung 22.2: Wertkurve der Airlines in den USA in den 1970er Jahren (Kim/Mauborgne, 2015, S. 41)

Um einen Blue Ocean zu finden, braucht es neue, innovative Angebote. Um systematisch solche Angebote zu identifizieren, schlagen Kim und Mauborgne den Ansatz des Vier-Aktionen-Framework (four actions framework) gemäss **Abbildung 22.3** vor:

- Eliminierung (eliminate): Welche Faktoren – auf denen der Wettbewerb in der Branche bisher beruht und die entsprechend als selbstverständlich angesehen werden – lassen sich eliminieren, weil sie den neuen Kunden nicht wichtig sind?
- Reduktion (reduce): Welche Faktoren in der Branche sind – zumindest aus der Perspektive einzelner Kundensegmente – überentwickelt und können deshalb reduziert werden, um Kosten zu senken?
- Steigerung (raise): Welche Faktoren sind in der Branche zu gering ausgeprägt, weil man ihre Bedeutung bislang nicht erkannt hat?
- Kreierung (create): Welche neuen Faktoren zur Schaffung von Wert für den Kunden bestehen?

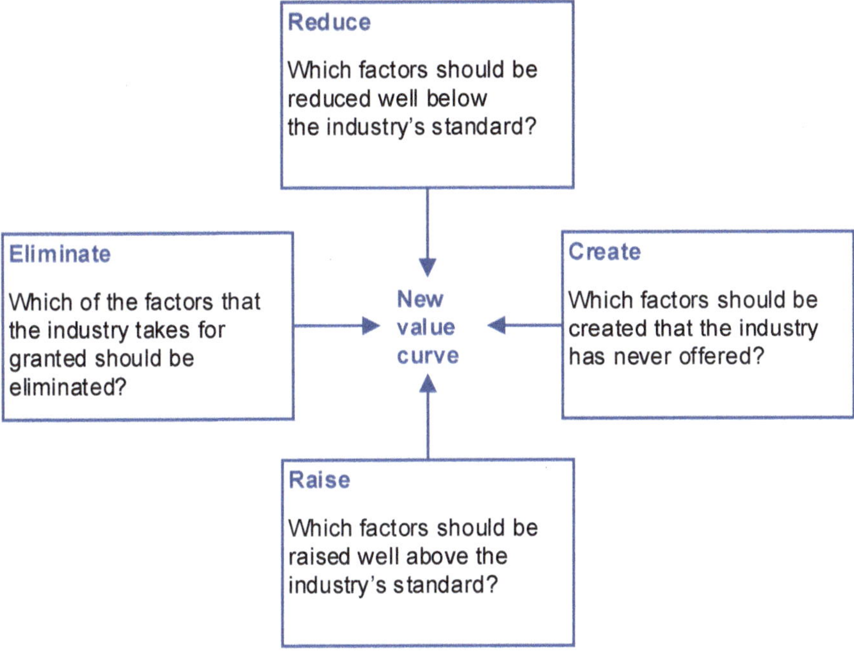

Abbildung 22.3: Vier-Aktionen-Framework
(Kim/Mauborgne, 2015, S. 31)

Kim und Mauborgne (2015, S. 37 ff.) empfehlen, die Ergebnisse der vier Aktionen nicht einzeln, sondern immer alle vier gleichzeitig zu betrachten. Dies soll die Manager dazu zwingen, sich nicht einseitig auf die Kreierung und Steigerung von Faktoren zu konzentrieren, sondern gleichzeitig auch die Eliminierung und Reduktion von Faktoren anzugehen.

Ein Ansatz, um Ideen bezüglich der vier Aktionen zu generieren und damit verbunden auch die Marktgrenzen neu zu ziehen (reconstruct market boundaries) sind die sechs Suchpfade. Sie werden in **Vertiefungsfenster 22.1** vorgestellt.

Vertiefungsfenster 22.1: Die sechs Suchpfade

Das Vertiefungsfenster basiert auf Kim und Mauborgne (2015, S. 49 ff.).

(1) Betrachtung alternativer Branchen: Unternehmen konkurrieren nicht nur mit anderen Unternehmen in ihrer eigenen Branche, sondern auch mit Unternehmen anderer Branchen, die alternative Produkte oder Dienstleistungen anbieten. Im Fünf-Kräfte-Modell von Porter (vgl. Kapitel 18) entspricht dies der Idee der Substitutionsprodukte. Cirque du Soleil hat die Faktoren seines Angebots nicht an anderen Zirkussen, sondern am Theater orientiert. Die Fernreisebusse haben sich an den Angebotsfaktoren von Zugreisen orientiert.

(2) Betrachtung anderer strategischer Gruppen in der Branche: Strategische Gruppen bezeichnen Gruppen von Unternehmen in einer Branche, die eine ähnliche Strategie verfolgen (vgl. Abschnitt 18.3). Die meisten Unternehmen fokussieren sich auf den Wettbewerb innerhalb ihrer strategischen Gruppe. Eine Möglichkeit zur Identifikation eines Blue Ocean besteht darin, diese enge Perspektive zu verlassen und zu verstehen, aufgrund welcher Faktoren Kunden der anderen strategischen Gruppen ihre Kaufentscheidungen treffen.

(3) Betrachtung der Kundengruppen: In Märkten gibt es unterschiedliche Kundengruppen (vgl. Abschnitt 19.2). Ihnen sind oft unterschiedliche Faktoren einer Leistung wichtig. Durch Variation der Käufergruppe, die man anspricht, kann auch die Wertkurve neu gestaltet werden. Ein Beispiel ist Novo Nordisk, ein dänischer Insulinhersteller. Während die meisten Wettbewerber v.a. die Ärzte angesprochen haben, hat NovoPen sein Angebot auf die Patienten ausgerichtet. Mit dem NovoPen hat das Unternehmen eine besonders nutzerfreundliche Form der Selbstverabreichung von Insulin eingeführt, was insbesondere den Patienten selbst wichtig ist.

(4) Betrachtung komplementärer Produkte und Dienstleistungen: Für viele Produkte wird der Wert des Produkts auch durch andere Produkte und Dienstleistungen beeinflusst. Beispielsweise wird der emp-

fundene Nutzen eines Kaffees nicht nur vom Kaffee selbst, sondern auch und von der Kaffeemaschine beeinflusst. Indem ein Unternehmen wie Nespresso die Suche nach Differenzierungsfaktoren auch darauf ausgeweitet hat, konnte ein neuer Teilmarkt geschaffen werden.

(5) Betrachtung der funktionalen und emotionalen Kaufmotive: In Branchen ist häufig der dominante Ansatz der Kundenansprache einheitlich. Es gibt Branchen, die sich auf rationale Kaufmotive fokussieren (z.B. Preis und Funktionen), während andere Branchen eher emotionale Kaufmotive in den Vordergrund stellen. Zur Schaffung einer neuen Wertkurve kann es sinnvoll sein, diese Muster zu durchbrechen. Beispielsweise hat Swatch den bis dahin funktional orientierten Markt für günstige Uhren um emotionale Kaufmotive erweitert. The Body Shop hat vom dominanten emotionalen Kaufmotiv des Prestiges eher auf funktionale Aspekte der Kosmetik gesetzt. Gleichzeitig wurde der Verzicht auf Tierversuche als emotionales Motiv kommuniziert.

(6) Betrachtung langfristiger Trends: Viele Branchen werden von langfristig nachhaltigen Trends beeinflusst. Die bestehenden Unternehmen reagieren darauf häufig nur langsam und inkrementell. Indem man derartige Trends antizipiert und sich auf den zukünftigen Markt einstellt, kann man radikal neue Leistungsfaktoren identifizieren und bestehende Leistungsfaktoren eliminieren. Ein Beispiel ist das Unternehmen Tesla, das den Markt für prestigeträchtige Elektrofahrzeuge geschaffen hat. Das Unternehmen hat damit sowohl den Markt der etablierten Autohersteller als auch den Markt der Hersteller von kleinen Elektro-Fahrzeugen verlassen.

Southwest Airlines orientierte sich bei der Entwicklung seiner Strategie nicht nur an anderen Airlines, sondern positionierte sich auch als Wettbewerber zum privaten PKW. Die Analyse der Wertkurve des privaten PKW als Konkurrent half dabei, einen neuen Wettbewerbsfaktor zu identifizieren, der in der Flugbranche bis dahin nicht beachtet wurde: die Flexibilität durch regelmässige Abflüge und direkte Punkt-zu-Punkt-Verbindungen. **Abbildung 22.4** zeigt die von Southwest entwickelte neue Wertkurve.

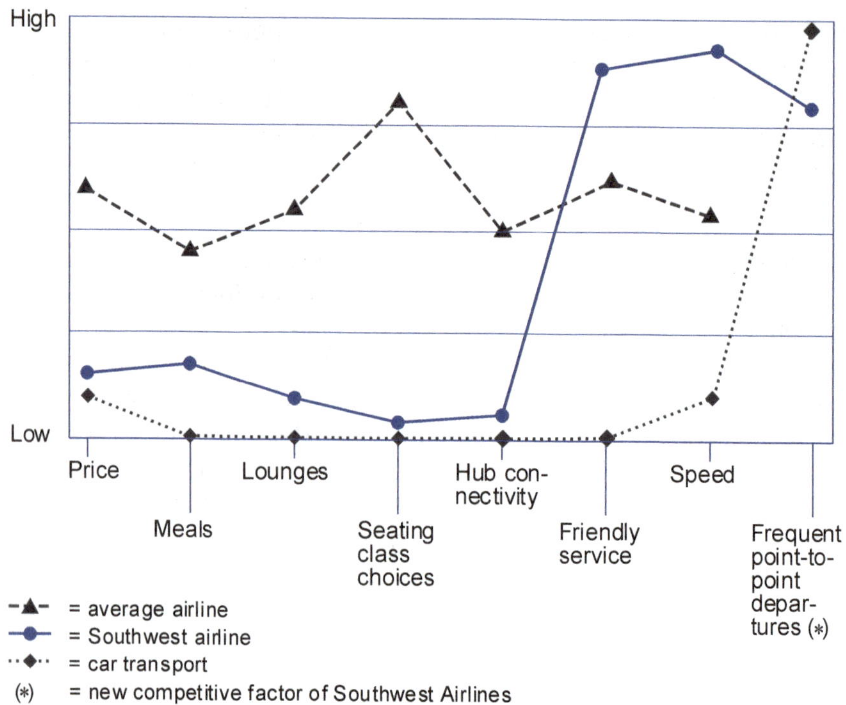

Abbildung 22.4: Wertkurven von Southwest Airlines, der Airlines in den USA und des PKW
(Kim/Mauborgne, 2015, S. 41)

In der Folge bot Southwest Direktflüge zwischen mittelgrossen Städten an, die oft nur wenige Autostunden voneinander entfernt liegen. In den ersten Jahren waren es nur die drei texanischen Städte Dallas, Houston und San Antonio. Der Trade-off zwischen den Vorteilen der etablierten Fluglinien (v.a. kurze Reisezeiten) und den Vorteilen des privaten Autos (v.a. niedrige Preise und flexible Abfahrtszeiten) wurde ausgehebelt. Dabei wurden die Vorteile des Autos konsequent imitiert (hohe Flexibilität durch hohe Flugfrequenzen zwischen den gewählten Städten, schneller Check-in). Gleichzeitig wurden für das neue Kundensegment unnötige Leistungsfaktoren (Flughafen-Lounges, Sitzwahl, Mahlzeiten an Bord, Anbindung an Hubs) eliminiert. Damit konnte den Kunden eine kurze Reisezeit zu niedrigen Preisen angeboten werden (vgl. Kim/Mauborgne, 2015, S. 40 f.).

Ein weiteres Beispiel einer Blue-Ocean-Strategie ist in **Praxisfenster 22.2** beschrieben.

Praxisfenster 22.2: Blue-Ocean-Strategie von yellow tail-Wein

Das Praxisfenster basiert auf Kim und Mauborgne (2015, S. 34 ff.; 2016, S. 30 ff.)

Das australische Weingut Castella wollte Anfang der 2000er Jahre in den hart umkämpften amerikanischen Weinmarkt eintreten. Mit der Marke yellow tail schaffte sich das Unternehmen einen Blue Ocean, indem es vor allem Leute ansprach, die bisher keinen Wein, sondern eher Bier oder Fertigcocktails getrunken hatten.

Die nachfolgende **Abbildung** zeigt die Wertkurven von yellow tail im Vergleich zu den strategischen Gruppen der Premium- und der Budget-Weinanbieter.

yellow tail wurde nicht als Wein, sondern als Getränk für gesellige Anlässe angeboten. Alle Faktoren, die für diese Zielgruppe nicht relevant waren, wurden konsequent reduziert oder eliminiert. Durch die Betrachtung der Alternativen Bier und Fertigcocktails und durch die Berücksichtigung der Wünsche der bisherigen Nichtkunden schuf Casella drei neue Faktoren: leichte Trinkbarkeit, einfache Auswahl und Spass am Wein. Wie die Abbildung zeigt, setzt sich yellow tail damit sowohl von den Premium-Weinanbietern als auch von den Billig-Weinanbietern ab.

Die Premium-Weinanbieter hatten bis dahin Wein als erlesenes Getränk angeboten und vor allem gebildete Berufstätige aus den oberen Einkommensschichten angesprochen. Sie setzten auf das Prestige der Weingüter, die Komplexität der Weine und gewonnene Prämierungen. Dabei übersahen sie, dass man mit diesem elitären Image die breite Öffentlichkeit eher abgeschreckte. Castella hatte zudem festgestellt, dass viele Amerikaner Wein ablehnten, weil es schwierig war, seinen komplizierten Geschmack zu würdigen. Bier und Fertigcocktails waren viel süßer und leichter zu trinken. Daher setze yellow tail auf eine neue

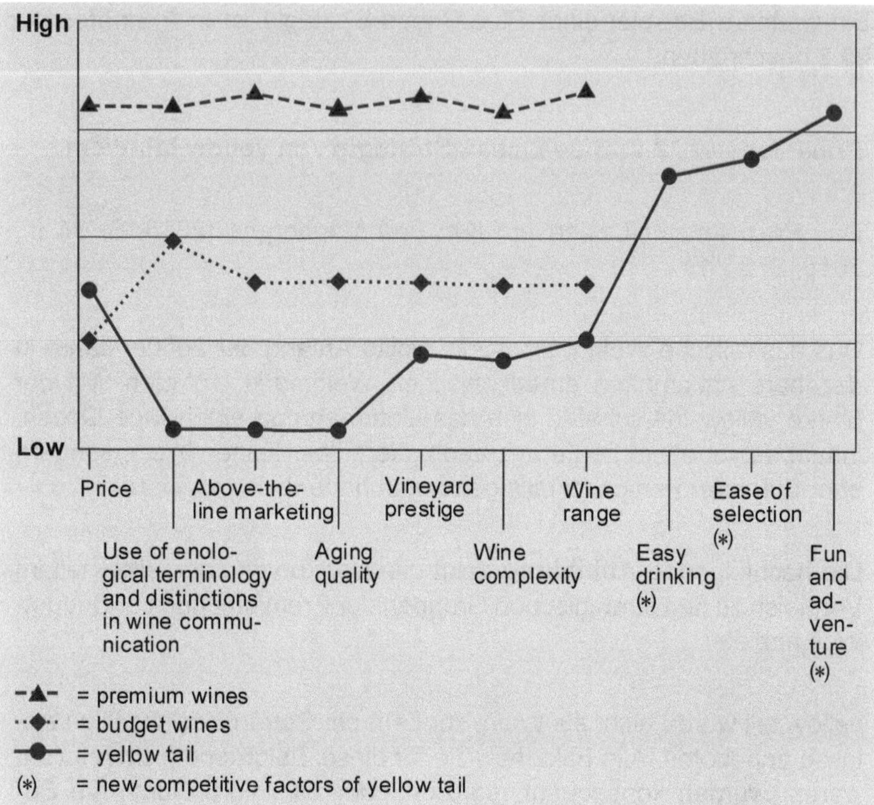

Wertkurven von yellow tail, sowie der Premium- und der Budget-Weinanbieter
(Kim/Mauborgne, 2015, S. 34)

Kombination von Weinmerkmalen, mit einer unkomplizierten Weinstruktur und fruchtiger Süsse, die die Masse der Alkoholtrinker sofort ansprach. Andere Aspekte wie Tannine, Komplexität und Alterung wurden reduziert. Durch die Eliminierung der Alterung sanken auch die Kosten erheblich. Zudem fanden viele Kunden die Auswahl von Wein schwierig. Die Branche nutzte viele Fachbegriffe, die nur Experten verstanden. yellow tail bot anfangs hingegen lediglich einen Chardonnay und einen Shiraz an. Auch heute ist das Angebot noch sehr begrenzt. Die Etiketten waren völlig frei von Fachsprache und nutzten grelle Farben mit einem Känguru. Das Produkt wurde als australisch, unkonventionell und Spass am Genuss vermarktet.

yellow tail wurde 2001 in den US-amerikanischen Markt eingeführt. Innerhalb von nur zwei Jahren wurde yellow tail die am schnellsten wachsende Marke und der Importwein Nr. 1 in den USA. Binnen eines Jahrzehnts entwickelte sich yellow tail zu einer der stärksten Weinmarken der Welt. Aufgrund des Nutzenvorteils von yellow tail schafft man es zudem, einen relativ hohen Preis zu erzielen. Mit 6-7 USD pro Flasche liegt der Preis etwa doppelt so hoch wie der der übrigen Billigweine.

Die Blue-Ocean-Strategien orientieren sich klar am Outside-in-Ansatz (vgl. Vertiefungsfenster 2.1). Allerdings sollte auch die Machbarkeit analysiert werden: Um die Realisierbarkeit der erarbeiteten Ideen sicherzustellen, muss das Geschäft die notwendigen Ressourcen (vgl. Abschnitt 3.1) besitzen oder in der Planungsperiode aufbauen können.

22.2.3 Blue-Ocean-Strategien und generische Geschäftsstrategien

Blue-Ocean-Strategien und die generischen Geschäftsstrategien von Porter (vgl. Kapitel 20) sind bei näherer Betrachtung keine vollständig unterschiedlichen Konzepte, sondern überlappend (vgl. Burke et al., 2016). Es ist deshalb sinnvoll, die Ausführungen zu den Blue-Ocean-Strategien durch eine Gegenüberstellung der beiden Ansätze abzuschliessen.

Die Blue-Ocean-Strategie und die generischen Geschäftsstrategien unterscheiden sich nach Ansicht der Autoren in drei Aspekten:

- Die Blue-Ocean-Strategien erfordern die Schaffung völlig neuer Märkte oder Teilmärkte. Allerdings ist nicht klar definiert, was ein neuer Markt oder Teilmarkt ist. Betrachtet man die Beispiele, könnte man die Blue-Ocean-Strategie auch als radikale Form einer teilmarktbezogenen Differenzierungsstrategie im Sinne Porters verstehen. Anders als bei Porter wird bei der Blue-Ocean-Strategie aber explizit empfohlen, die bisherigen Marktgrenzen bei der Suche nach neuen differenzierenden Faktoren zu ignorieren.
- Die generischen Geschäftsstrategien gehen davon aus, dass die Wettbewerber schnell auf neue Angebote eines Unternehmens rea-

gieren. Die Blue-Ocean-Strategien basieren hingegen auf der Annahme, dass es eine genügend grosse Zahl von bisher unerschlossenen Märkten und Teilmärkten gibt. Dies führt dazu, dass Wettbewerber eher eigene „neue" Märkte oder Teilmärkte erschliessen.

- Die Blue-Ocean-Strategie widerspricht der Annahme der generischen Geschäftsstrategien, dass Differenzierungsvorteile und Kostenvorteile nur schwer gleichzeitig zu realisieren sind. Sie geht davon aus, dass sich die Leistung eines Unternehmens durch völlig neue Leistungsfaktoren oder bisher vernachlässigte Leistungsfaktoren vom bisherigen Wettbewerb differenzieren lässt und gleichzeitig durch Eliminierung oder Reduktion von Leistungsfaktoren Kosten eingespart werden können. Damit wird die negative Korrelation von Differenzierung und Kosten ausgehebelt.

In der Realität dürfte die Identifikation völlig neuer Märkte oder Teilmärkte äusserst selten sein. Realistisch geht es in den meisten Fällen eher darum, Märkte oder Teilmärkte mit geringer Wettbewerbsintensität zu identifizieren. Selbst in den Blue-Ocean-Beispielen von Kim und Mauborgne (z.B. Southwest Airlines, Cirque du Soleil, yellow tail) gibt es stets bestehende Wettbewerber, die um die Konsumausgaben konkurrieren.

Selbst beim Entdecken eines bislang völlig unerschlossenen Marktes oder Teilmarktes muss das Unternehmen davon ausgehen, dass Wettbewerber mittel- bis langfristig in diesen blauen Ozean eintreten. Kühn et al. (2020, S. 168 ff.) unterscheiden zwischen Konkurrenzstrategien (auf welche Porter mit den generischen Geschäftsstrategien fokussiert) und Entwicklungsstrategien für Märkte oder Teilmärkte (welche den Fokus der Blue-Ocean-Strategien bilden). Kühn et al. (2020, S. 188) verweisen darauf, dass Entwicklungsstrategien nur für eine begrenzte Zeit von Bedeutung sind, da selbst bei völlig neuartigen Leistungen nach einiger Zeit neue Anbieter in den Markt oder Teilmarkt eintreten und sich der Wettbewerb intensiviert. Damit werden Entwicklungsstrategien nach einigen Jahren durch Konkurrenzstrategien abgelöst. Wie die Blue-Ocean-Beispiele Southwest Airlines, Starbucks, Tesla usw. zeigen, ist die Sicht von Kühn et al. realistisch. Trotzdem darf man in all diesen Fällen auch konstatieren, dass die Blue-Ocean-Strategie bzw. die Entwicklung von Märkten oder Teilmärkten häufig zu dauerhaften First-Mover-Vorteilen führt.

22.3 Prozess zur Erarbeitung und Beurteilung von strategischen Optionen für das Geschäft

Die Erarbeitung und Beurteilung von strategischen Optionen für das Geschäft bildet den Unterschritt 5.1 im Strategieplanungsprozess. Wie **Abbildung 22.5** zeigt, besteht er aus vier Aufgaben.

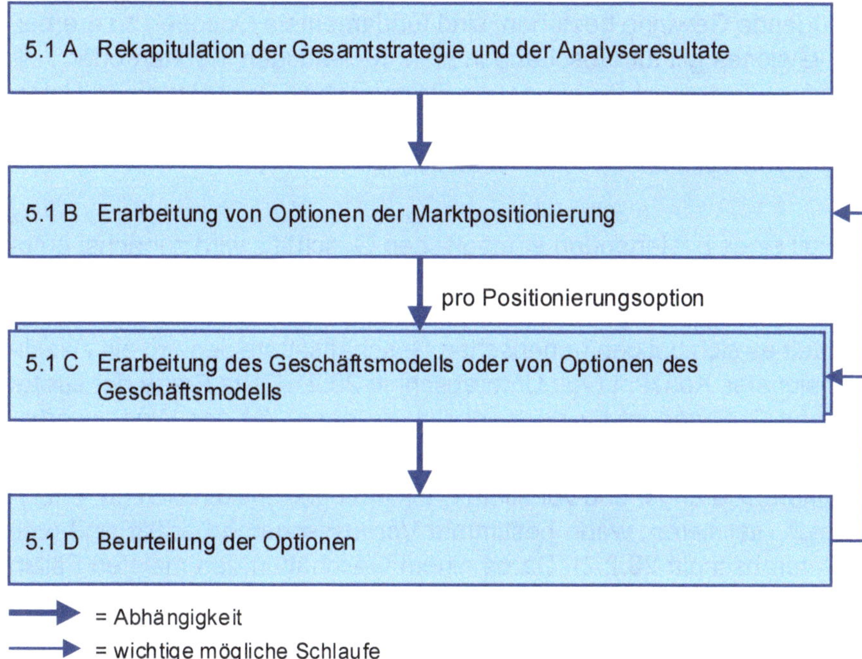

Abbildung 22.5: Prozess zur Erarbeitung und Beurteilung von strategischen Optionen für das Geschäft

Bevor mit der Erarbeitung von strategischen Optionen begonnen wird, sind in Aufgabe 5.1 A die Vorgaben der Gesamtstrategie für das Geschäft und die Resultate der Analyse des Geschäftes in Erinnerung zu rufen. Die Gesamtstrategie wurde in Unterschritt 3.3 formuliert (vgl. Kapitel 14). Die Analysen auf Geschäftsebene erfolgten in Schritt 4 (vgl. Teil V). Sie wurden in Unterschritt 4.6 zu strategischen Herausforderungen des Geschäftes verdichtet (vgl. Kapitel 21).

In Aufgabe 5.1 B sind Optionen der Marktpositionierung zu erarbeiten. Die Marktpositionierung bestimmt die angestrebte Marktabdeckung und die angestrebten Wettbewerbsvorteile. Es hängt von den identifizierten strategischen Herausforderungen ab, ob es in Aufgabe 5.1 B genügt, Optionen zur Optimierung der bestehenden Geschäftsstrategie zu suchen oder ob die Erarbeitung fundamentaler Optionen notwendig ist. Befindet sich ein Geschäft z.B. in einem sehr wettbewerbsintensiven Markt oder Teilmarkt, in dem auch mittel- und langfristig keine Aussichten auf genügende Gewinne bestehen, sind fundamentale Optionen zu erarbeiten. Gleiches gilt für Geschäfte in stark rückläufigen Märkten oder Teilmärkten. Zudem ist für ein neues strategisches Geschäft eines Unternehmens oder bei der Neugründung eines Unternehmens die Erarbeitung grundlegender Optionen sinnvoll.

Im Fall eines bestehenden strategischen Geschäfts wird zunächst empfohlen, nach strategischen Optionen im Rahmen der generischen Geschäftsstrategien (vgl. Abschnitt 20.2) zu suchen. Wie gezeigt wurde, handelt es sich bei den generischen Geschäftsstrategien um ein zweidimensionales Konzept (vgl. Unterabschnitt 20.2.1). Die Frage der strategischen Optionen ist für die zwei Dimensionen „Art des Wettbewerbsvorteils“ und „Breite der Marktabdeckung“ getrennt zu diskutieren:

- Differenzierungs- und vor allem Preisstrategien lassen sich nur erfolgreich realisieren, wenn bestimmte Voraussetzungen erfüllt sind (vgl. Unterabschnitt 20.2.2). Da es einem Geschäft in den meisten Fällen nicht möglich ist, diese grundsätzlichen Voraussetzungen zu ändern, ist ein Umstieg von einer Differenzierungs- zu einer Preisstrategie oder umgekehrt sehr schwierig. Gemischte Strategien nach dem Motto „etwas preiswerter als der Qualitätsführer“ oder „etwas besser als die Billiganbieter“ sind nicht sinnvoll. Sie entsprechen „Stuck-in-the-middle Positionen“ und führen meist zu einer schlechten Performance. Veränderungen innerhalb einer Differenzierungsstrategie sind allerdings denkbar, indem zusätzliche Differenzierungsfaktoren aufgebaut werden und/oder bestehende Differenzierungsfaktoren aufgegeben oder verändert werden. Beispielsweise kann ein Maschinenbauunternehmen, das sich bislang vor allem durch die hohe Qualität seiner Maschinen differenziert hat, zusätzlich Service-Leistungen als Differenzierungsfaktor einsetzen.
- Die Breite der Marktabdeckung ist primär eine Frage der Grösse des Geschäftes. Kleine Geschäfte und fokussierte Unternehmen konzentrieren sich normalerweise auf einen oder wenige Teilmärkte, in denen

sie eine starke Position und eine gute Profitabilität erreichen können. Grosse Wettbewerber verfolgen hingegen in der Regel eine Gesamtmarktstrategie. Ihre Fixkosten zwingen sie dazu, Deckungsbeiträge in einer grösseren Zahl von Teilmärkten zu erzielen.

Wenn sich keine erfolgversprechenden Optionen auf der Ebene der generischen Geschäftsstrategien finden lassen, sind radikalere Optionen im Sinne einer Blue-Ocean-Strategie zu erarbeiten. Dabei können der Vier-Aktionen-Framework und die sechs Suchpfade (vgl. Unterabschnitt 22.2.2) angewendet werden.

Bei neuen strategischen Geschäften eines Unternehmens oder für Start-ups ist zu überlegen, ob sich eine der generischen Geschäftsstrategien empfiehlt, oder ob ein radikalerer Ansatz im Rahmen einer Blue-Ocean-Strategie notwendig ist. Der Eintritt in bestehende, oft gesättigte Märkte mit bestehenden, erfahrenen Konkurrenten ist häufig nicht erfolgreich. Viele erfolgreiche Start-ups haben sich deshalb von Beginn an eigene Blue Oceans geschaffen. Beispiele sind Doodle als Online-Tool zur Terminkoordination, Caspar als Digitally Native Vertical Brand für Matratzen in den USA, Gorillas für die extrem schnelle Auslieferung von Lebensmitteln in Berlin oder Allbirds für nachhaltige Schuhe aus neuen Öko-Materialien.

Für jede strategische Option bezüglich der gewünschten Marktpositionierung sind dann in Aufgabe 5.1 C die Eckpunkte des Geschäftsmodells zu definieren. Wie in Abschnitt 20.3 erläutert, erlaubt das Geschäftsmodell eine detailliertere Beschreibung der Elemente des künftigen Geschäfts und es stellt eine Verbindung zwischen der Geschäftsstrategie und den Unternehmensprozessen dar.

Häufig gibt die Marktpositionierung klare Vorgaben für das Geschäftsmodell. So definiert die Geschäftsstrategie das Wertangebot (value proposition) und die anzusprechenden Kundensegmente. Auch bezüglich anderer Bausteine des Geschäftsmodells hat die Marktpositionierung oft klare Implikationen. Wenn z.B. Southwest Airlines auf sehr niedrige Kosten und hohe Flexibilität bei der Buchung setzt, impliziert dies den Verzicht auf einen Ticketverkauf über Reisebüros. Auch viele der Schlüsselaktivitäten leiten sich oft unmittelbar aus der Strategie ab. In anderen Fällen kann aber eine Geschäftsstrategie auch mit grundsätzlich unterschiedlichen Geschäftsmodellen realisiert werden. Wenn ein Unternehmen beispielsweise eine völlig neue Art von sportlichen Herrenschuhen aus nachhaltigen Materialien entwickelt, kann entweder der Vertrieb über den Detailhandel oder ein sog. „Direct-to-Consumer"-Vertrieb gewählt werden. Bei der Entwicklung von Doodle hätte man statt auf den werbefinanzierten direkten Online-Zugang auf ein Gebührenmodell oder auf den Vertrieb über eine andere Softwarefirma setzen können. Können unterschiedliche Geschäftsmodelle für die Geschäftsstrategie sinnvoll sein, führt dies zu Unteroptionen.

Praxisfenster 22.3 zeigt die Erarbeitung von strategischen Optionen in einem Carunternehmen.

Praxisfenster 22.3: Erarbeitung von Optionen für Car-Reisen

Die Car AG ist ein bedeutender Anbieter von Car-Reisen mit Sitz im Schweizer Mittelland. Neben dem Kerngeschäft der Car-Reisen übernimmt die Firma für Gemeinden Schülertransporte.

Die aktuelle Situation im Hauptgeschäft „Car-Reisen" lässt sich wie folgt zusammenfassen:

- Das Angebot umfasst Badereisen, Kulturreisen, Eventreisen (Sportevents, Weihnachtsmärkte, Ausstellungen und Konzerte), Wanderreisen und private Gruppenreisen (Hochzeiten, Vereinsreisen etc.). Die Destinationen liegen in der Schweiz sowie in Italien, Deutschland, Frankreich, Österreich und Spanien. Es bestehen gute Beziehungen und interessante Verträge mit Hotels auf Drei-Sterne- und Vier-Sterne-Niveau.
- Der Vertrieb konzentriert sich auf Kunden in den Kantonen Aargau, Solothurn, Bern, Freiburg und Neuenburg. Wichtigste Kundengruppe sind die Privatpersonen. Daneben werden Unternehmen, Vereine und Schulen bearbeitet.
- Das Unternehmen verfügt über einen bedeutenden Fuhrpark mit modernen, sehr gut ausgestatteten Bussen. Es ist bekannt für kompetente, freundliche Chauffeure und Reisebegleiter, die oft seit vielen Jahren für die Firma tätig sind und von den Fahrgästen geschätzt werden.

- Eine gut gepflegte Kundenkartei wird systematisch für Direktwerbung, insbesondere auch für die Verteilung von Angebotsbroschüren genutzt. Besonders wichtig sind die umfangreichen graphisch ansprechend gestalteten Kataloge zur Sommer- und Wintersaison. Der Verkauf erfolgt zudem über einige Reisebüros in der Region. Inserate in der regionalen Tagespresse und regionale Radiospots ergänzen die Marketingkommunikation. Es gibt auch eine Homepage, die über die aktuellen Angebote informiert. Diese ist allerdings nicht sehr ansprechend und es können darüber keine Buchungen getätigt werden.
- Im bearbeiteten regionalen Markt hält die Car AG eine führende Marktposition. Ihr wichtigster Konkurrent verfügt über ein vergleichbares Angebot, arbeitet jedoch generell mit etwas niedrigeren Preisen. Daneben gibt es verschiedene leistungsfähige kleinere Anbieter. Sie bearbeiten in der Regel nur einen lokalen Markt.

Anlass für die Überarbeitung der Geschäftsstrategie ist, die von der Geschäftsleitung der Car AG konstatierte Abnahme von Umsatz und Gewinn. Als Ergebnisse der Analyse werden in Schritt 5.1 A die folgenden strategischen Herausforderungen festgehalten:

- Schleichende Überalterung und Verminderung des Stamms an Privatkunden sowie ungenügende Bearbeitung der anderen Kundengruppen
- Klare Schwächen im Bereich der elektronischen Kommunikation und keine Nutzung des Internets für Buchungen
- Fehlende Wachstumsimpulse

Der strategischen Herausforderung bezüglich der elektronischen Kommunikation ist in jedem Fall zu lösen. Die Car AG beschliesst, die eigene Homepage deutlich zu verbessern und das digitale Marketing auszubauen, um potenzielle Kunden auf die eigene Homepage aufmerksam zu machen. Zudem soll künftig die direkte Buchung von Reisen über das Internet ermöglicht werden.

Die Erarbeitung und Konkretisierung von Optionen in den Aufgaben 5.1 B und 5.1 C ergibt folgendes Resultat:

- Die generische Geschäftsstrategie – Differenzierungsstrategie im Gesamtmarkt – und das grundsätzliche Geschäftsmodell sollen beibehalten werden. Völlig neue Märkte oder Teilmärkte im Sinne einer Blue-Ocean-Strategie, die mit den existierenden Ressourcen bearbeitet werden können, wurden nicht identifiziert. Auch ein geographisches Wachstum wird verworfen: Die angrenzenden Regionen sind durch starke Wettbewerber gut abgedeckt.

- Es werden jedoch zwei Kundengruppen identifiziert, die stärker bearbeitet werden könnten. (1) Es handelt sich einerseits um Privatkunden zwischen 18 und 30 Jahren. Ihre erfolgreiche Bearbeitung würde den Aufbau eines entsprechenden Angebotes bedingen. Dieses müsste mit einem speziellen Katalog vermarktet werden. Zudem müssten Cars umgerüstet werden (Design, WLAN etc.). (2) Andererseits wird Potential in den Gruppenreisen identifiziert. Neben einer systematischen Ansprache von Unternehmen, Vereinen und Schulen müssten einzelne Cars so umgebaut werden, dass während der Fahrt besser miteinander kommuniziert werden kann.
- Es wird im Rahmen des Geschäftsmodells diskutiert, ob man die notwendige Kapazitätserweiterung für die neuen Kundengruppen durch den Kauf weiterer drei Cars realisieren soll oder ob man die benötigten Cars jeweils bei Bedarf mietet. Dies betrifft v.a. die Geschäftsmodell-Bausteine „Schlüsselressourcen" und „Schlüsselpartner". Das Mieten der Fahrzeuge würde den Aufbau einer engen Beziehung mit einem verlässlichen Unternehmen als Schlüsselpartner erfordern. Die Kapazitätserweiterung wäre damit aber ohne zusätzliche Fixkosten möglich.

Die Diskussion wird in zwei Optionen mit jeweils zwei Unteroptionen zusammengefasst:

- Option 1A: Aufbau von jungen Privatkunden mit Erweiterung der eigenen Car-Flotte
- Option 1B: Aufbau von jungen Privatkunden mit Nutzung der Car-Flotte eines Schlüsselpartners
- Option 2A: Aufbau von Gruppenreisen für Unternehmen, Vereine und Schulen mit Erweiterung der eigenen Car-Flotte
- Option 2B: Aufbau von Gruppenreisen für Unternehmen, Vereine und Schulen mit Nutzung der Car-Flotte eines Schlüsselpartners

In Aufgabe 5.1 D werden die entwickelten Optionen für das Geschäft beurteilt. **Abbildung 22.6** zeigt die Kriterien, die zur Beurteilung von Geschäftsstrategieoptionen vorgeschlagen werden. Sie werden nachfolgend kurz kommentiert.

Beurteilung der Sollposition des Geschäfts	Beurteilung der Realisierbarkeit
▪ Attraktivität der bearbeiteten Märkte oder Teilmärkte	▪ Personelle Realisierbarkeit
▪ Erreichbare Marktposition	▪ Finanzielle Realisierbarkeit
▪ Finanzielle Resultate	▪ Risiken

Abbildung 22.6: Kriterien zur Beurteilung von Optionen für das Geschäft

Häufig unterscheiden sich die zu beurteilenden strategischen Optionen für das Geschäft in den anzusprechenden Märkten oder Teilmärkten. Je attraktiver diese Märkte bzw. Teilmärkte sind, desto positiver ist die entsprechende Option zu bewerten. Die Attraktivität eines Marktes oder eines Teilmarktes hängt dabei primär von Grösse, Wachstumsrate und Margenentwicklung ab. Die Margenentwicklung ist ihrerseits das Resultat der Veränderung der Wettbewerbsintensität.

Zweitens ist die mit der Strategieoption erreichbare Marktposition zu bewerten. Dabei geht es primär darum, den Marktanteil im Gesamtmarkt und in den primär bearbeiteten Teilmärkten am Ende der Planungsperiode zu schätzen. Allerdings ist der Marktanteil bei einer Blue-Ocean-Strategie keine sinnvolle Zielgrösse, weil das Unternehmen den Markt selbst neu definiert hat. Dies kann am Beispiel des Online-Dienstes zur Terminkoordination Doodle verdeutlicht werden. Das Unternehmen hatte zu Beginn keinen wesentlichen Konkurrenten. In einem solchen Fall ist es daher sinnvoller, Umsatzziele zu definieren.

Drittens muss der erreichbare Gewinn eingeschätzt werden. Gerade bei der Erschliessung von Teilmärkten geht es i.d.R. um höhere Gewinnmargen bei meist kleinerem Umsatzpotential. Deshalb stellt sich die Frage, ob dies im Vergleich zu Optionen in einem grösseren Teilmarkt mit niedrigeren Margen sinnvoll ist.

Je weiter weg die Optionen vom bestehenden Geschäft entfernt sind, umso wichtiger ist die Beurteilung der personellen und finanziellen Machbarkeit.

Schliesslich fehlen beim Erschliessen neuer Märkte Erfahrungswerte und Benchmarks. Dies führt zu höheren Risiken und es muss beurteilt werden, ob die höheren Risiken durch die höheren Gewinnaussichten gerechtfertigt sind.

Die am besten beurteilte Option beschreibt grob die zukünftige Geschäftsstrategie. Sie ist durch die Definition von strategischen Zielen (vgl. Kapitel 23) und durch die Planung von Massnahmen und Investitionen (vgl. Kapitel 24 und 25) zu konkretisieren. Diese Aussage ist allerdings zu relativieren:

- Erreicht keine Option ein befriedigendes Gesamturteil, sind weitere Optionen zu erarbeiten bzw. im Extremfall die Option „Eliminierung des Geschäfts“ zu prüfen.
- Auch wenn eine Option positiv beurteilt wird, gilt die Geschäftsstrategie nur vorläufig. Erst die positive Gesamtbeurteilung der strategischen Vorgaben in Unterschritt 6.2 (vgl. Kapitel 27) führt zu ihrer Inkraftsetzung.

23 Definition der strategischen Geschäftsziele

23.1 Einleitung

Konkrete strategische Geschäftsziele sind das wichtigste Element einer Geschäftsstrategie. Ihre Formulierung bildet den Unterschritt 5.2 im Strategieplanungsprozess: Ausgehend von den strategischen Unternehmenszielen (vgl. Kapitel 13) wird die am besten beurteilte Option des Geschäfts (vgl. Kapitel 22) durch die Festlegung messbarer strategischer Ziele konkretisiert. Die strategischen Geschäftsziele bilden im weiteren Verlauf der Strategieplanung die Grundlage, um mögliche Massnahmen, Investitionen und Projekte zu evaluieren.

In Abschnitt 23.2 wird das Konzept der strategischen Geschäftsziele erklärt. In Abschnitt 23.3 wird darauf ein Vorgehen zur Definition der strategischen Geschäftsziele vorgeschlagen.

23.2 Strategische Geschäftsziele

Ein strategisches Geschäftsziel ist eine konkrete Vorstellung über den angestrebten zukünftigen Zustand des Geschäfts.

Grundsätzliche Überlegungen zu strategischen Zielen wurden bereits in Abschnitt 13.2. präsentiert. Dort wurden auch die vier wichtigsten Kategorien von strategischen Zielen erläutert. Sie werden hier nochmal kurz zusammengefasst:

- Marktpositionsziele beziehen sich auf die Stellung eines Geschäfts in seinem Markt. Zu den Marktpositionierungszielen eines Geschäfts gehören z.B. Umsatz, absoluter Marktanteil, relativer Marktanteil, Markenbekanntheit und Markenimage.
- Leistungswirtschaftliche Ziele beziehen sich auf die Prozesse des Geschäfts und auf sein Produkt- und Dienstleistungsportfolio. Zu den leistungswirtschaftlichen Zielen eines Geschäfts gehören z.B. Produktinnovation, Produktqualität, Kosten pro Einheit, Output pro Stunde, Umsatz pro Verkäufer und Beschaffungskosten.

- Finanzziele beziehen sich auf die finanziellen Ergebnisse des Geschäfts. Zu den finanzwirtschaftlichen Zielen eines Geschäfts gehören z.B. Deckungsbeiträge, EBIT, EBITDA, Free Cash Flow und Return on Sales (ROS).
- Gesellschaftsbezogene Ziele beziehen sich das angestrebte Verhalten des Geschäfts gegenüber den Stakeholdern.

23.3 Prozess zur Definition der strategischen Geschäftsziele

Die Definition der strategischen Geschäftsziele bildet den Unterschritt 5.2 im Strategieplanungsprozess. Wie **Abbildung 23.1** zeigt, besteht er aus fünf Aufgaben. Sie werden nachfolgend erläutert.

Zuerst sind in Aufgabe 5.2 A die strategischen Unternehmensziele gemäss Unterschritt 3.2 und die gewählte strategische Option gemäss Unterschritt 5.1 in Erinnerung zu rufen. Diese müssen bei der Definition der konkreten strategischen Geschäftsziele beachtet werden. Zudem ist wichtig, dass die in den Aufgaben 5.2 B bis 5.2 E festgelegten Ziele den SMART-Anforderungen (vgl. Abschnitt 13.2) genügen. Nur so entstehen konkrete Vorgaben für die Strategieimplementierung und nur so ist ein wirksames strategisches Controlling möglich.

Die Marktpositionsziele des Geschäfts sind i.d.R. durch die strategischen Unternehmensziele (vgl. Kapitel 13) bereits weitgehend vorgegeben. In Aufgabe 5.2 B sind sie zu konkretisieren. Konkretisierungen können sich auf die Zielgrössen und/oder die Zielobjekte beziehen:

- Zum einen können weitere Zielgrössen definiert werden, so z.B. die Markenbekanntheit oder das Markenimage.
- Besteht ein strategisches Geschäftsfeld aus mehreren Geschäftsbereichen und/oder ist es in mehreren Teilmärkten aktiv, sollten Marktpositionsziele auch für diese Zielobjekte definiert werden. Auch auf dieser Ebene kann die Methode des Zielportfolios (vgl. Abschnitt 13.3) eingesetzt werden. Dabei müssen die Marktpositionsziele der verschiedenen Geschäftsbereiche und/oder Teilmärkte in der Summe mit der angestrebten Marktposition des strategischen Geschäftsfelds kohärent sein. Ergibt die Definition SMARTer Geschäftsbereichs-

und/oder Teilmarktziele, dass die Ziele für das strategische Geschäftsfeld nicht realistisch sind, sind sie in einer heuristischen Schleife zu überarbeiten.

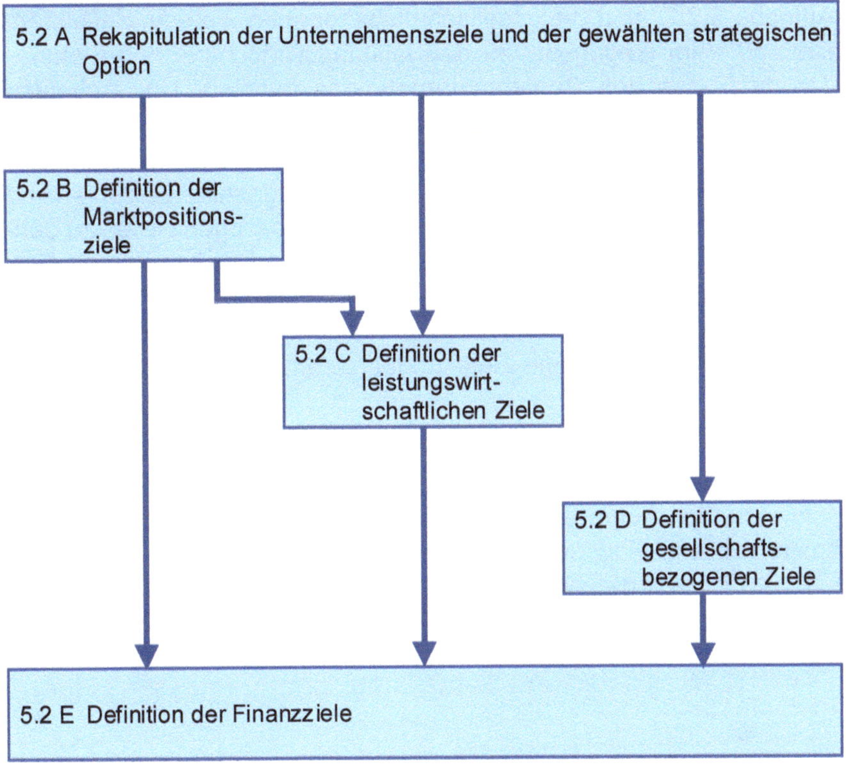

Abbildung 23.1: Prozess zur Definition der strategischen Geschäftsziele

Auf Basis der angestrebten Marktpositionsziele – die u.a. den künftig erwarteten Umsatz bestimmen und damit auch Anforderungen an die Produktion ergeben - sind in Aufgabe 5.2 C die wichtigsten leistungswirtschaftlichen Ziele zu definieren. Leistungswirtschaftliche Ziele sind durch die Unternehmensziele i.d.R. nur sehr grob vorgegeben (vgl. Unterschritt 3.2). Sie werden primär auf der Ebene des strategischen Geschäfts erarbeitet. Leistungswirtschaftliche Ziele können sich auf alle funktionalen Bereiche des Geschäfts beziehen. So können z.B. leistungswirtschaftliche Ziele für die Produktion (z.B. Kosten pro Einheit, Output je Stunde), für den Vertrieb (z.B. Umsatz pro Verkäufer) und für die Beschaffung (z.B. Kosten für Inputgüter) definiert werden. Auch bei den leistungswirtschaftlichen Zielen sind verschiedene Zielobjekte möglich. Neben dem strategischen Geschäft insgesamt können sie auch für strategische Geschäftsbereiche und/oder Teilmärkte erarbeitet werden.

In Aufgabe 5.2 D sind die gesellschaftsbezogenen Ziele zu definieren. Diese sind – im Gegensatz zu den leistungswirtschaftlichen Zielen – meist auf Ebene des Gesamtunternehmens definiert. Unterscheiden sich aber die strategischen Geschäfte hinsichtlich ihrer gesellschaftsbezogenen Herausforderungen deutlich voneinander, – dies kann mit einer Materialitätsanalyse gemäss Abschnitt 13.4 festgestellt werden – sind auch auf der Ebene der Geschäfte gesellschaftsbezogene Ziele zu definieren. Muss z.B. ein Geschäft für seine Tätigkeit Rohstoffe aus Entwicklungsländern importieren und ein anderes hat energieintensive Produktionsprozesse, dann ist es sinnvoll, für jedes dieser Geschäfte eigene gesellschaftsbezogene Ziele zu definieren.

In den Aufgaben 5.2 A bis 5.2 D werden die wichtigsten Bestimmungsfaktoren der Erträge und Aufwendungen des Geschäfts bestimmt. In der abschliessenden Aufgabe 5.2 E sind auf dieser Basis die Finanzziele zu definieren. Diese sind neben dem strategischen Geschäft insgesamt ggf. zusätzlich auf die strategischen Geschäftsbereiche und/oder Teilmärkte zu beziehen.

24 Formulierung der Geschäftsstrategie

24.1 Einleitung

In Unterschritt 5.1 wurden Optionen für die zukünftige Geschäftsstrategie erarbeitet und beurteilt (vgl. Kapitel 22). Die am besten beurteilte Option stellt die zukünftige Geschäftsstrategie dar. Sie wurde in Unterschritt 5.2 durch die Definition von Zielen konkretisiert (vgl. Kapitel 23). Damit sind die wesentlichsten inhaltlichen Entscheidungen getroffen. Dies ermöglicht es nun, die verbleibenden inhaltlichen Fragen zu klären und die Geschäftsstrategie zu formulieren. Diese Aufgaben bilden den Unterschritt 5.3 im Strategieplanungsprozess.

In Abschnitt 24.2 wird der Inhalt einer Geschäftsstrategie erklärt. Darauf aufbauend wird in Abschnitt 24.3 ein Prozess zur Formulierung der Geschäftsstrategie vorgeschlagen.

24.2 Inhalt einer Geschäftsstrategie

Die Geschäftsstrategie soll als Führungsinstrument einen Überblick über die geplante Weiterentwicklung des Geschäfts verschaffen. Um dieses Ziel zu erreichen, ist bewusst auf Details zu verzichten. Dies bedeutet jedoch nicht, dass die Aussagen vage und unverbindlich sein dürfen. Es ist zwar eine Konzentration auf das Wesentliche anzustreben. Die wesentlichen Punkte sind aber klar und konkret festzuhalten.

Abbildung 24.1 schlägt eine mögliche Struktur einer Geschäftsstrategie vor. Nachfolgend werden die einzelnen Elemente kurz beschrieben:

- Die strategische Analyse (vgl. Teil V) ergab ein Bild der Umfeldentwicklungen und der aktuellen strategischen Position des Geschäfts. Dieses Bild stellt die Ausgangslage für die Erarbeitung der zukünftigen Geschäftsstrategie dar. Es erscheint deshalb sinnvoll, eine Zusammenfassung der strategischen Analyse an den Anfang zu stellen.
- Als zweites Element folgt die Darstellung der zukünftigen Marktpositionierung und des zukünftigen Geschäftsmodells.

1. Zusammenfassung der Analyse
2. Marktpositionierung und Geschäftsmodell
3. Ziele
   3.1. Marktpositionsziele
   3.2. Leistungswirtschaftliche Ziele
   3.3. Gesellschaftsbezogene Ziele
   3.4. Finanzziele
4. Grobe Massnahmen und Investitionen
5. ev. Vorgaben für Funktionen mit geschäftsspezifischer Strategie
   5.1. Vorgaben für Funktion A
   5.2. Vorgaben für Funktion B
6. Strategische Finanzperspektive

Abbildung 24.1: Mögliche Struktur einer Geschäftsstrategie

- Das dritte Element der Geschäftsstrategie sind die in der Planungsperiode durch das Geschäft zu erreichenden Ziele. Bei ihrer Definition in Unterschritt 5.2 wurden vier Kategorien unterschieden (vgl. Kapitel 23). Es ist sinnvoll, die Ziele in Punkt 3 der Geschäftsstrategie ebenfalls nach diesen vier Kategorien zu gliedern.
- Ein weiteres Element sind die zur Zielerreichung notwendigen Massnahmen und Investitionen. Eine grobe Umschreibung genügt. Die Detaillierung erfolgt im Rahmen der Erarbeitung der Projektpläne (vgl. Kapitel 25).
- Das fünfte Element sind die Vorgaben für die Funktionen, für die eine geschäftsspezifische funktionale Strategie erarbeitet werden soll. In der Regel handelt es sich um wenige Funktionen. In KMUs werden sogar häufig gar keine geschäftsspezifischen funktionalen Strategien benötigt. In diesem Zusammenhang ist daran zu erinnern, dass für wichtige Funktionen wie z.B. HR, IT, Compliance und Sustainability häufig geschäftsübergreifende funktionale Strategien existieren.
- Schliesslich sind die finanziellen Konsequenzen der Strategie grob aufzuzeigen. Aufgrund der langfristigen Ziele, Massnahmen und Investitionen (vgl. Abschnitt 2.2) können die zu erstellenden Plan-Erfolgsrechnungen, Plan-Bilanzen und Plan-Mittelflussrechnungen (vgl. Volkart/Wagner, 2018, S. 989 ff.) nicht die gleiche Verbindlichkeit haben wie die entsprechenden mittelfristigen Pläne. Deshalb wird der Begriff der strategischen Finanzperspektive (vgl. Grünig, 1993, S. 677 ff.) gewählt.

24.3 Prozess zur Formulierung der Geschäftsstrategie

Die Formulierung der Geschäftsstrategie bildet den Unterschritt 5.3 im Strategieplanungsprozess. Wie **Abbildung 24.2** zeigt, umfasst er vier Aufgaben.

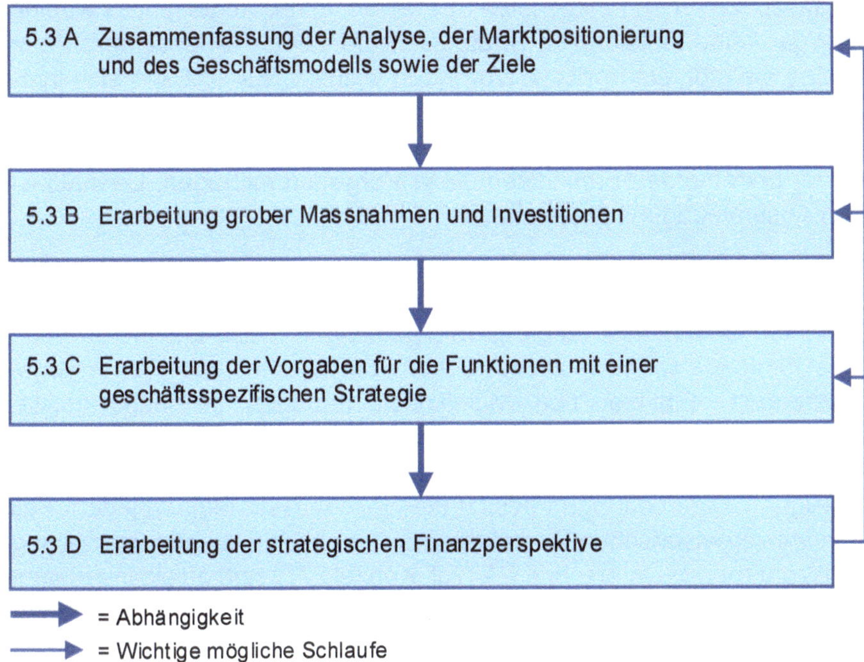

Abbildung 24.2: Prozess zur Formulierung der Geschäftsstrategie

In Aufgabe 5.3 A geht es darum, die Resultate der bisherigen Analyse- und Planungsarbeit in die zukünftige Geschäftsstrategie zu integrieren:

- Die in Schritt 4 erarbeitete Analyse des Geschäfts (vgl. Teil V) ist knapp zusammenzufassen.
- Darauf sind die zukünftige Marktpositionierung und das zukünftige Geschäftsmodell zusammenzufassen. Inhaltlich handelt es sich dabei um die Beschreibung der in Unterschritt 5.1 gewählten Option (vgl. Kapitel 22).
- Schliesslich sind die in Unterschritt 5.2 definierten strategischen Ziele (vgl. Kapitel 23) in die Geschäftsstrategie zu übernehmen.

In Aufgabe 5.3 B sind die zu ergreifenden Massnahmen und die zu realisierenden Investitionen grob zu umschreiben und zu terminieren. Es genügt eine grobe Umschreibung. Ihre Detaillierung erfolgt im Rahmen der Erarbeitung der Implementierungsprojekte.

Aufgabe 5.3 C besteht in der Erarbeitung der Vorgaben für die Geschäftsspezifischen funktionalen Strategien. In der Regel gibt es wenige oder gar keine funktionalen Strategien auf Ebene des Geschäfts. Aber falls es sie gibt, sind präzise Vorgaben wichtig. Nur so kann sichergestellt werden, dass die funktionalen Strategien im Einklang mit der Geschäftsstrategie stehen. Wie bereits erwähnt ist es wichtig, dass die Leiter der betreffenden Funktionen diese Vorgaben mittragen. Deshalb ist eine Abstimmung mit ihnen sinnvoll.

Schliesslich sind in Aufgabe 5.3 D die finanziellen Konsequenzen der geplanten Geschäftsstrategie grob aufzuzeigen. Dazu ist eine strategische Finanzperspektive zu erarbeiten. Sie besteht aus Plan-Erfolgsrechnungen, -Bilanzen und -Mittelflussrechnungen. Je nach Resultat dieser Rechnungen sind die strategischen Ziele, Massnahmen und Investitionen unter Umständen zu überarbeiten. Unabhängig von diesen allfälligen Überarbeitungen besitzt die Geschäftsstrategie in jedem Fall nur einen provisorischen Charakter: Erst die abschliessende Beurteilung aller Vorgaben in Unterschritt 6.2 (vgl. Kapitel 27) zeigt, ob sie insgesamt die erwarteten Wirkungen ergeben und personell und finanziell machbar sind. Falls dies nicht der Fall ist, sind Anpassungen vorzunehmen.

25 Erarbeitung der Projektpläne zur Implementierung der Geschäftsstrategie

25.1 Einleitung

Strategien geben Ziele, Massnahmen und Investitionen zur Sicherung und zum Aufbau der zukünftigen Erfolgspotentiale vor (vgl. Abschnitt 2.3). Während die Ziele normalerweise präzis umschrieben werden, erfolgt die Vorgabe der Massnahmen und Investitionen meist nur summarisch (vgl. Kapitel 24). Sie sind anschliessend über strategische Projektpläne zu detaillieren. Diese Projektpläne bilden ein unverzichtbares Bindeglied zwischen den in den Strategien definierten Absichten und den konkreten Handlungen zu ihrer Verwirklichung. „Too often, elegantly conceived strategies fail to help a company because managers do not define the projects [...] that are required to implement high-level statements of strategy" (Christensen, 1997, S. 154). Die Erarbeitung der Projektpläne zur Implementierung der Geschäftsstrategie bildet den Unterschritt 5.4 im Strategieplanungsprozess.

In Abschnitt 25.2 werden zuerst verschiedene Arten von strategischen Projekten zur Implementierung der Geschäftsstrategie unterschieden und kurz beschrieben. Darauf wird in Abschnitt 25.3 ein Prozess zur Erarbeitung der Projektpläne vorgestellt.

25.2 Arten von strategischen Projekten zur Implementierung einer Geschäftsstrategie

Es lassen sich gemäss **Abbildung 25.1** sieben Arten von Projekten zur Implementierung einer Geschäftsstrategie unterscheiden. Sie werden nachfolgend kurz beschrieben.

Wie die Abbildung 25.1 zeigt, betreffen drei Arten von Implementierungsprojekten die Marktposition und das Angebot:

- Wie bereits im Kontext der Erarbeitung und Beurteilung von Optionen gezeigt (vgl. Abschnitt 22.3), kann die generische Strategie verändert

Projekte zur Veränderung der Marktposition und des Angebotes	Übrige Projekte
▪ Projekte zur Veränderung der generischen Strategie und der bearbeiteten Märkte und Teilmärkte ▪ Projekte zur Veränderung des Geschäftsmodells ▪ Projekte zur Weiterentwicklung des Angebotes	▪ Projekte zur Verbesserung von Strukturen und Führungssystemen ▪ Projekte zur Personalentwicklung ▪ Projekte zur Verbesserung der Produktivität durch Reengineering, Outsourcing, Relocation etc. ▪ Projekte zur Implementierung gesellschaftsbezogener Ziele

Abbildung 25.1: Arten von Projekten zur Implementierung der Geschäftsstrategie

werden. Dabei ist weniger an einen Wechsel von einer Differenzierungs- zu einer Preisstrategie oder von einer Preis- zu einer Differenzierungsstrategie zu denken. Häufiger dürften Änderungen bei den bearbeiteten Märkten oder Teilmärkten sein. Im Sinne der Blue Ocean Strategy (vgl. Abschnitt 22.2) geht es bei diesen Projekten darum, stark umkämpfte Märkte oder Teilmärkte zu verlassen und Positionen in Märkten oder Teilmärkten mit einer geringen Wettbewerbsintensität aufzubauen.

- Eine zweite Art von Projekten zur Veränderung der Marktposition und des Angebotes betrifft das Geschäftsmodell. Sowohl die Aufgabe eines bestehenden Geschäftsmodells als auch der Aufbau und die Einführung eines neue Geschäftsmodells sind komplexe Aufgabenstellungen. Sie lassen sich in den meisten Fällen nur als Projekt erfolgreich bewältigen.
- Das Angebot eines Geschäfts entwickelt sich laufend weiter: Einzelne Produkte und Dienstleistungen werden neu lanciert, geändert oder eingestellt. Hinzu kommen Veränderungen im Vertrieb, in der Preispolitik oder in der Kommunikation. Es macht keinen Sinn, aus all diesen teilweise kleinen Änderungen strategische Projekte zu machen. Aber wenn ganze Produkt- oder Dienstleistungsgruppen neu aufgebaut oder liquidiert werden, dürfte sich die Definition eines strategischen Projektes hingegen lohnen. Es ist sogar denkbar, dass eine wesentliche Angebotsveränderung zu mehreren strategischen Projekten führt. Beispielsweise könnte der Einstieg einer Grossbäckerei

in den Markt der Torten und Cakes in die Projekte „Markteinführung" und „Aufbau neue Fertigungstrasse" unterteilt werden.

Neben den Projekten zur Veränderung der Marktposition und des Angebotes sind verschiedene weitere Arten von Projekten denkbar. Im Vordergrund stehen die folgenden vier Arten:

- Wie auf Stufe Gesamtunternehmen (vgl. Abschnitt 15.2) kann die erfolgreiche Strategieimplementierung auch auf Geschäftsstufe Strukturanpassungen und Veränderungen der Führungssysteme notwendig machen. Wird in einem Geschäftsfeld z.B. von einer Gesamtmarktbearbeitung zu einer kundenspezifischen Marktbearbeitung übergegangen, bedingt dies Anpassungen in der Aussendienstorganisation und im Reporting. Die Aussendienstmitarbeiter betreuen in diesem Fall nicht mehr alle Kunden in einem Gebiet, sondern nur noch ein Kundensegment aber dafür in einem geographisch grösseren Raum. Auch das Reporting ist anzupassen. Es muss neu primär Kennzahlen zu Kundensegmenten anstatt zu Regionen liefern.
- Häufig schafft eine neue Geschäftsstrategie Ausbildungsbedarf. Eine neue Generation von Werkzeugmaschinen kann z.B. eine mehrwöchige Schulung des Wartungspersonals bedingen.
- Eine Daueraufgabe ist die Verbesserung der Produktivität. Dies gilt in besonderem Mass für Geschäfte, die in Märkten mit hoher Wettbewerbsintensität tätig sind. Für sie kann die Senkung der Kosten und die Steigerung der Produktivität eine zentrale strategische Massnahme sein. Entsprechend sind Reengineeringprojekte, Outsourcingprojekte oder Relocationprojekte zu definieren. Beispiele sind die Automatisierung der Logistik bei Händlern von Homeelectronic, das Outsourcing der Zimmerreinigung durch Hotelketten und die Verlagerung der Buchproduktion nach Indien durch deutsche Verlage.
- Projekte zur Implementierung gesellschaftsbezogener Ziele wie z.B. Frauenförderung oder CO_2-Reduktion sind primär auf der Ebene des Gesamtunternehmens angesiedelt. Es kann aber nicht ausgeschlossen werden, dass es solche Projekte auch auf Geschäftsebene gibt. Wenn ein Geschäft beispielweise Rohstoffe oder Halbfabrikate in Emerging Markets einkauft, ist die Einhaltung sozialer und ökologischer Standards eine Aufgabe dieses Geschäftes.

Die sieben Arten von Implementierungsprojekten zeigen eindrücklich das grosse Spektrum möglicher Massnahmen und Investitionen zur Realisierung einer Geschäftsstrategie. Dies bedeutet jedoch nicht, dass es zur Implementierung einer Geschäftsstrategie vieler Projekte bedarf. Wie im folgenden Abschnitt gezeigt wird, ist im Gegenteil eine Beschränkung auf wenige Projekte sinnvoll.

25.3 Prozess zur Erarbeitung der Projektpläne zur Implementierung der Geschäftsstrategie

Die Erarbeitung der Projektpläne zur Implementierung der Geschäftsstrategie bildet den Unterschritt 5.4 im Strategieplanungsprozess. Wie **Abbildung 25.2** zeigt, besteht er aus fünf Aufgaben.

Ausgangspunkt für die Definition der Implementierungsprojekte bildet die Geschäftsstrategie. Es erscheint wesentlich, dass alle Mitglieder des Planungsteams dieses Dokument kennen und in gleicher Weise verstehen. Deshalb wird vorgeschlagen, vor der Festlegung der Projekte in Aufgabe 5.4 A die Geschäftsstrategie zu rekapitulieren.

In Aufgabe 5.4 B sind anschliessend die Projekte zu definieren, die zur Veränderung der Marktposition und des Angebotes benötigt werden. In der Geschäftsstrategie sind die Ziele und die groben Massnahmen und Investitionen zur Veränderung der Marktposition und des Angebotes festgelegt. Die zentralen angestrebten Verbesserungen sind nun in Form von strategischen Projektplänen zu konkretisieren. Es hängt von der Grösse und Komplexität des Geschäftes und vom Ausmass der notwendigen Veränderungen ab, wie viele Projektpläne benötigt werden. Aber die Verfasser sind klar der Auffassung, dass die Anforderungen an ein strategisches Projekt hoch angesetzt werden sollten und es entsprechend nur weniger Projekte bedarf.

Anschliessend sind in Aufgabe 5.4 C die übrigen Projekte festzulegen. Gleich wie in der vorangehenden Aufgabe sollten sich die Implementierungsprojekte auf wesentliche Themen beschränken. Die anderen Aufgaben wie z.B. die regelmässige Schulung des Verkaufspersonals lassen sich auch ohne zusätzlichen strategischen Projektplan erfüllen. Sie können im Rahmen der Jahresziele vereinbart werden.

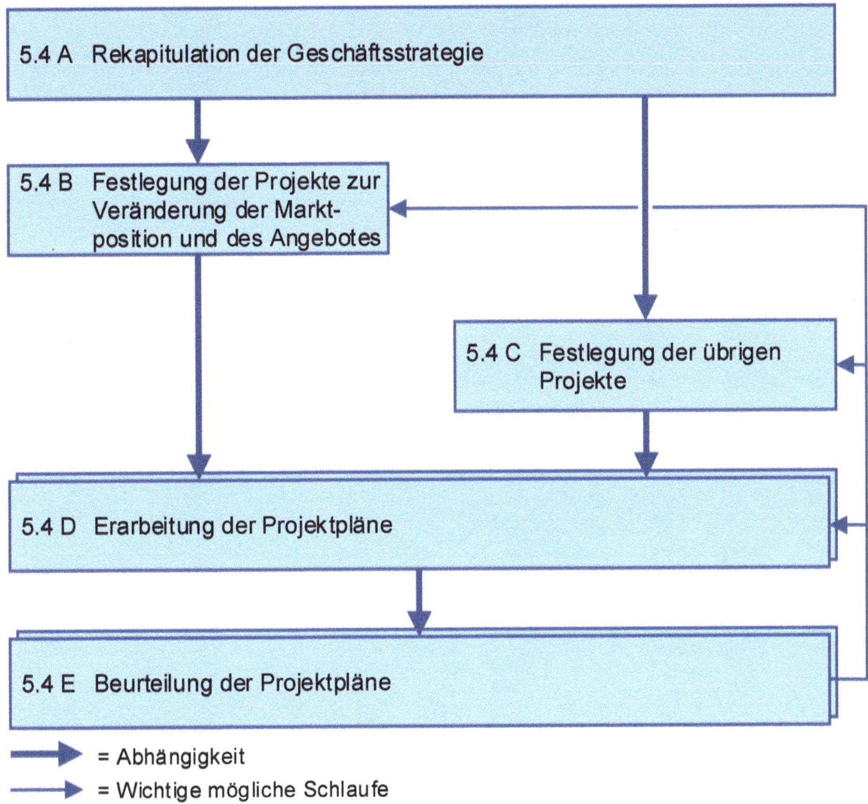

Abbildung 25.2: Prozess zur Erarbeitung der Projektpläne zur Implementierung der Geschäftsstrategie

Die definierten Projekte sind in Aufgabe 5.4 D zu planen und in Aufgabe 5.4 E anschliessend zu evaluieren. Bezüglich dieser zwei Aufgaben kann auf die Ausführungen in Abschnitt 15.3 verwiesen werden.

Teil VII: Finalisierung der strategischen Planung

26 Erarbeitung der funktionalen Strategien

26.1 Einleitung

„Specific functional strategies should be supporting the business-level and the corporate-level strategies“ (Coulter, 2010, S. 137). Das Statement von Coulter fasst knapp und klar die Bedeutung der funktionalen Strategien aus Sicht der Verfasser zusammen: Funktionale Strategien unterstützen die beiden zentralen Kategorien von strategischen Plänen.

Die unterstützende Rolle der funktionalen Strategien führt dazu, dass sie nicht die gleiche Bedeutung haben wie die Gesamtstrategien und die Geschäftsstrategien. „Functional strategies are not of particularly great magnitude“ (Haberberg/Rieple, 2008, S. 60). Diese subsidiäre Rolle schlägt sich auch im vorgeschlagenen Strategieplanungsprozess (vgl. Abschnitt 5.2) nieder: Die Erarbeitung der Gesamtstrategie bildet den Schritt 3 und die Erarbeitung der Geschäftsstrategien den Schritt 5. Der Erarbeitung der funktionalen Strategien ist hingegen lediglich Unterschritt 6.1 gewidmet.

Abschnitt 26.2 erläutert zuerst Inhalte, Kategorien und Wirkungen funktionaler Strategien. Als Beispiel einer funktionalen Strategie wird zudem die Operations-Strategie (Leistungserstellungsstrategie) kurz vorgestellt. Abschnitt 26.3 präsentiert sodann den Prozess zur Erarbeitung der funktionalen Strategien. Funktionale Strategien sind in unterschiedlichsten Aufgabenbereichen, vom Marketing bis zur IT, denkbar. Es würde den Rahmen des vorliegenden Buches bei weitem sprengen, für jede von ihnen ein spezifisches Vorgehen zur Erarbeitung zu unterbreiten. Deshalb wird ein generisches Vorgehen vorgeschlagen, das sich an die spezifische Situation der einzelnen Funktionen anpassen lässt.

26.2 Funktionale Strategien

Funktionale Strategien sind für eine grosse Zahl von Aufgabengebieten denkbar. Es hängt von der Branche und von den Bedürfnissen des einzelnen Unternehmens ab, welche funktionalen Strategien benötigt werden. Es erscheint deshalb unmöglich, einen vollständigen Überblick zu geben. Immerhin lassen sich aufgrund der Literatur (vgl. Coulter, 2010, S. 138 ff.; Hill/Jones, 2013, S. 117 ff.; Wheelen/Hunger, 2010, S. 286 ff.) und der praktischen Erfahrung Aufgabengebiete nennen, für die funktionale Strategien sinnvoll sein können. **Abbildung 26.1** zeigt mögliche funktionale Strategien. Sie erhebt keinen Anspruch auf Vollständigkeit.

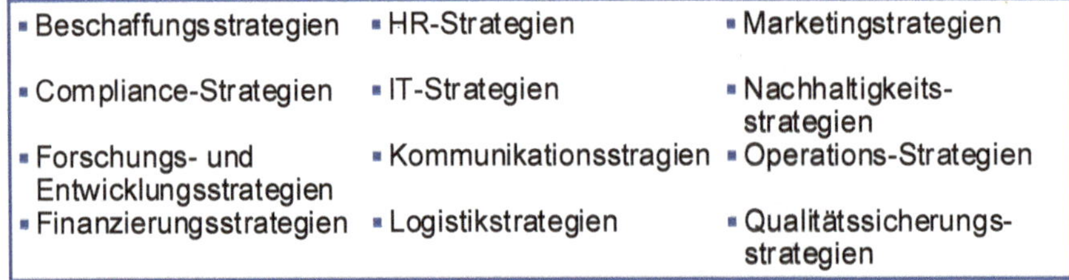

Abbildung 26.1: Mögliche funktionale Strategien

Eine Möglichkeit, um die funktionalen Strategien zu kategorisieren, besteht darin, geschäftsübergreifende und geschäftsspezifische funktionale Strategien auseinanderzuhalten. Als Beispiel für eine geschäftsspezifische funktionale Strategie lässt sich etwa die Marketingstrategie für das spezifische Angebot eines Geschäftes anführen. Ein typisches Beispiel für eine geschäftsübergreifende funktionale Strategie ist die IT-Strategie. Sie wird nicht nur in KMUs, sondern häufig auch in grossen Unternehmen für das Unternehmen als Ganzes erarbeitet.

Thompson und Strickland sehen nur geschäftsspezifische funktionale Strategien. „The term functional strategy refers to [...] the [...] plan for a particular functional activity [...] within a business" (Thompson/Strickland, 2003, S. 56). Die Verfasser sind – wie die Mehrheit der Literatur (vgl. z.B. Coulter, 2010, S. 137; Hofer/Schendel, 1978, S. 29) – jedoch der Auffassung, dass gerade auch geschäftsübergreifende funktionale Strategien sinnvoll sein können und in der Praxis eine grosse Rolle spielen.

Funktionale Strategien dienen gleich wie alle anderen Strategien dem Aufbau oder der Sicherung von Erfolgspotentialen (vgl. Abschnitt 2.3). Bei den funktionalen Strategien stehen dabei die Erfolgspotentiale auf der Ebene der Ressourcen im Vordergrund (vgl. Abschnitt 4.1):

- Funktionale Strategien ermöglichen eine effektive und effiziente Aufgabenerfüllung. Um die Zahl der zu erarbeitenden funktionalen Strategien möglichst gering zu halten, sollten sie nur für Aufgaben hoher Komplexität vorgesehen werden. Wird z.B. die Marketingaufgabe in einem Geschäft als komplex beurteilt, kann es sinnvoll sein, für dieses Geschäft eine Marketingstrategie zu erarbeiten.
- Mit jeder funktionalen Strategie wird eine Erhöhung der Effektivität und Effizienz in einem Aufgabengebiet angestrebt. Oft bedeutet dies, die Aufgabenerfüllung in den verschiedenen Geschäften zu koordinieren oder die Aufgabe sogar geschäftsübergreifend wahrzunehmen. Dadurch lassen sich in der Regel Ressourcen sparen. In solchen Fällen wird eine funktionale Strategie zu einem Instrument der Synergienutzung (vgl. Hofer/Schendel, 1978, S. 29).

Als Beispiel einer funktionalen Strategie wird in **Vertiefungsfenster 26.1** die Operations-Strategie kurz vorgestellt.

Vertiefungsfenster 26.1: Die Operations-Strategie als ein Beispiel einer funktionalen Strategie

Das Vertiefungsfenster basiert auf Grünig und Morschett (2017, S. 197 ff.).

Die Gesamtstrategie und die Geschäftsstrategien legen fest, welche Produkte und Dienstleistungen in welchen Märkten angeboten werden. Die Operations-Strategie (Leistungserstellungsstrategie) legt fest, wie die Märkte mit Produkten und Dienstleistungen versorgt werden. Unternehmen, die sich auf einen Branchenmarkt konzentrieren, benötigen in der Regel nur eine Operations-Strategie. Unternehmen, die in mehreren Branchenmärkten aktiv sind, planen die Leistungserstellung eher auf der Stufe der Geschäfte und verfügen deshalb meist über mehrere Operations-Strategien.

Die Operations-Strategie beantwortet die Frage, was wo produziert wird. Die Antwort besitzt in international tätigen Unternehmen oder in international tätigen Geschäften zwei Dimensionen:

- Einerseits ist zu entscheiden, ob die Fertigung auf einen Ort konzentriert oder ob parallel an mehreren Standorten produziert wird. Die Frage kann für jede Fertigungsstufe getrennt beantwortet werden. Die beiden generischen Lösungen bestehen darin, jeden Produktionsschritt in einem Werk anzusiedeln oder parallel mehrere Werke zu betreiben. Es sind jedoch auch Mittelwege denkbar. So können beispielsweise die Komponenten von Haushaltgeräten in je einer Fabrik hergestellt werden, während der Zusammenbau der Geräte parallel in mehreren Werken stattfindet.
- Andererseits ist über die Aufteilung des Produktionsprozesses auf verschiedene Länder zu entscheiden. Eine radikale Lösung besteht darin, den ganzen Produktionsprozess in einem Land zu konzentrieren. Die andere Extremlösung besteht aus einem Produktionsnetzwerk, das für jeden Fertigungsschritt einen optimalen Standort definiert. Auch hier sind Zwischenlösungen möglich. So kann man z.B. festlegen, dass die ersten zwei Fertigungsstufen am gleichen Ort stattfinden sollen. Dies kann sinnvoll sein, wenn auf der zweiten Produktionsstufe Ausschuss entsteht, der wieder in den ersten Fertigungsschritt zuückgeführt werden kann.

Werden die zwei Dimensionen miteinander verknüpft, so ergeben sich vier Basisvarianten der Leistungserstellung. Sie sind in der folgenden **Abbildung** visualisiert. Die nachfolgenden Beispiele illustrieren die Basisvarianten:

- Die Fertigung von Rolex entspricht weitgehend der World Market Factory. Die Komponentenherstellung und der Zusammenbau der Uhren finden praktisch ausschliesslich in der Schweiz statt. Damit werden eine effiziente Fertigung und eine hohe Qualität erreicht. Zudem wird auf diese Weise das für Uhren wichtige Label „Swiss made“ sichergestellt.
- Eine praktisch vollständige parallele Leistungserstellung ist in vielen Dienstleistungsunternehmen anzutreffen. Beispielsweise besitzen die grossen Beratungs- und Revisionsgesellschaften in den wichtigen Ländermärkten Tochtergesellschaften. Sie decken für das ganze Angebot die ganze Wertschöpfungskette ab. Aber auch

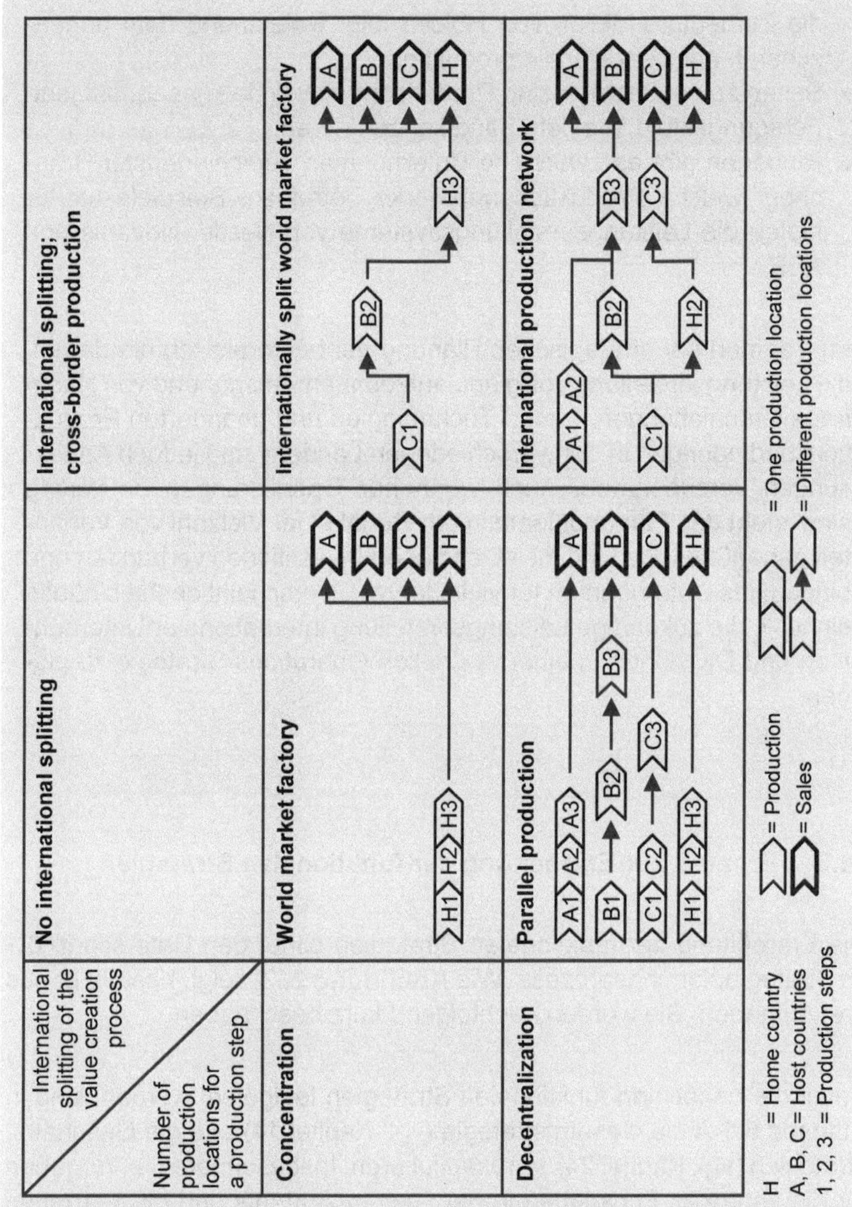

Basisvarianten der Leistungserstellung in internationalen Unternehmen

(Grünig/Morschett, 2017, S. 199)

die Zementproduktion von Holcim folgt weitgehend dem generischen Modell der Parallelproduktion.

- Selten zu beobachten sind Produktionen, welche konsequent jede Fertigungsstufe in einem Land konzentrieren.
- Hingegen gibt es zahlreiche Unternehmen verschiedenster Branchen, welche Produktionsnetzwerke betreiben. Beispiele hierfür bieten die Leistungserstellungssysteme von Nestlé, Novartis und ABB.

Im Rahmen der strategischen Planung geht es praktisch nie darum, die Leistungserstellung völlig neu aufzubauen. Ausgehend von Nachfrageverschiebungen, neuen Technologien und geänderten Produktionsbedingungen in den verschiedenen Ländern sind jedoch Anpassungen vorzunehmen. Auch wenn nur Optimierungen notwendig sind, steht das Planungsteam in der Regel einer Vielzahl von Varianten gegenüber. Sie sind meist mit hohen Investitionen verbunden und binden das Unternehmen für viele Jahre. Es erscheint deshalb häufig sinnvoll, die zukünftige Leistungserstellung internationaler Unternehmen und Divisionen in einer speziellen Operations-Strategie zu planen.

26.3 Prozess zur Erarbeitung der funktionalen Strategien

Die Erarbeitung der funktionalen Strategien bildet den Unterschritt 6.1 im Strategieplanungsprozess. Wie **Abbildung 26.2** zeigt, besteht er aus drei Aufgaben. Sie werden nachfolgend kurz beschrieben.

Bevor die benötigten funktionalen Strategien festgelegt werden, sind in Aufgabe 6.1 A die Gesamtstrategie (vgl. Kapitel 14) und die Geschäftsstrategien (vgl. Kapitel 24) zu rekapitulieren. Insbesondere die Vorgaben für die zentralen Funktionen in der Gesamtstrategie und die Vorgaben für die Funktionen mit eigener Strategie in den Geschäftsstrategien sind von grosser Bedeutung: Sie zeigen die zu erarbeitenden funktionalen Strategien und definieren die Erwartung an sie.

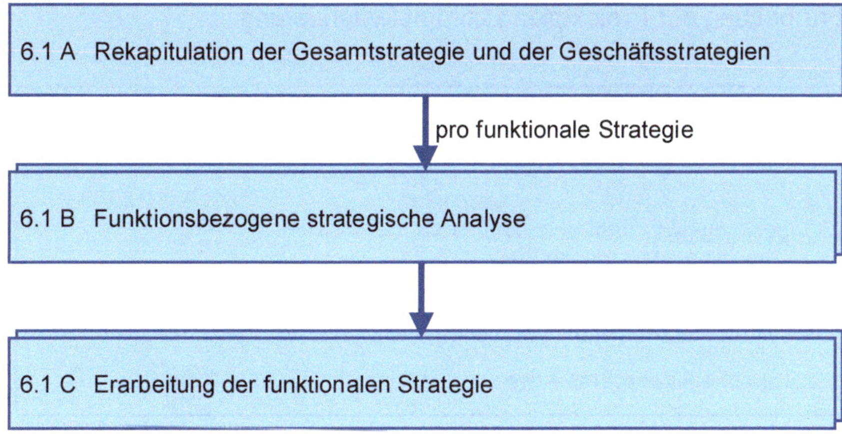

Abbildung 26.2: Prozess zur Erarbeitung der funktionalen Strategien

Ab Aufgabe 6.1 B sind die Analyse- und Planungsarbeiten parallel für die einzelnen funktionalen Strategien durchzuführen. Wie Abbildung 26.1 zeigt, decken sie ein grosses inhaltliches Spektrum ab. Dementsprechend deutlich unterscheiden sich auch die inhaltlichen Herausforderungen und das zu wählende Vorgehen. Es würde den Umfang dieses Buches bei weitem sprengen, wenn für jede der in Abbildung 26.1 aufgeführten funktionalen Strategien gezeigt würde, wie die Aufgaben 6.1 B und 6.1 C konkret zu bewältigen sind.

Meist reichen die in den Schritten 2 und 4 durchgeführten Analysen auf Unternehmens- und auf Geschäftsebene nicht aus, um darauf aufbauend die funktionalen Strategien erarbeiten zu können. Es sind deshalb zusätzliche Analysen im Funktionsgebiet notwendig. Sie bilden Gegenstand von Aufgabe 6.1 B.

In Aufgabe 6.1 C wird die funktionale Strategie erarbeitet. Analog zur Erarbeitung der Gesamtstrategie und der Geschäftsstrategien (vgl. Teile IV und VI) kann die Aufgabe der Erarbeitung einer funktionalen Strategie wie folgt unterteilt werden:

- Erarbeitung und Beurteilung von Optionen
- Konkretisierung der gewählten Option durch die Definition von strategischen Zielen
- Formulierung der Strategie. **Abbildung 26.3** zeigt einen möglichen Aufbau einer funktionalen Strategie.

- Erarbeitung der Projektpläne zur Implementierung

1. Zusammenfassung der Analyse
2. Zusammenfassung der Strategie
3. Ziele
   - 3.1 Leistungswirtschaftliche Ziele
   - 3.2 Gesellschaftsbezogene Ziele
   - 3.3 Finanzziele
4. Grobe Massnahmen und Investitionen
5. Strategische Finanzperspektive

Abbildung 26.3: Mögliche Struktur einer funktionalen Strategie

27 Abschliessende Beurteilung aller strategischen Vorgaben

27.1 Einleitung

Der vorgeschlagene Strategieplanungsprozess (vgl. Abschnitt 5.2) zerlegt das komplexe Gesamtproblem in nacheinander und nebeneinander zu bewältigende Teilprobleme. Dadurch wird die Komplexität des Strategieplanungsprozesses wesentlich reduziert. Sie führt aber gleichzeitig dazu, dass keine Gesamtbeurteilung aller in den verschiedenen Dokumenten festgehaltenen Vorgaben stattfindet. Diese ist nach Abschluss aller Analyse- und Planungsarbeiten nun in Unterschritt 6.2 vorzunehmen. Zu diesem Zweck sind alle erarbeiteten strategischen Vorgaben einer abschliessenden Beurteilung zu unterziehen.

27.2 Prozess zur abschliessenden Beurteilung aller strategischen Vorgaben

Wie **Abbildung 27.1** zeigt, besteht die abschliessende Beurteilung der strategischen Vorgaben aus vier Aufgaben. Sie werden nachfolgend beschrieben.

In Aufgabe 6.2 A sind die strategischen Dokumente zusammenzustellen. Wie **Abbildung 27.2** zeigt, sind drei Fälle zu unterscheiden:

- Im Falle eines fokussierten, meist kleinen- bis mittelgrossen Unternehmens existieren nur wenige strategische Dokumente. Es sind dies ein Leitbild, eine Strategie und wenige Projektpläne.
- Der Fall mittlerer Komplexität liegt den bisherigen Ausführungen des Buches zugrunde. Es handelt sich um Unternehmen mit mehreren Geschäften. Neben mittleren Unternehmen gibt es auch grosse Unternehmen, die diesem Fall entsprechen. Es existieren ein Leitbild, eine Gesamtstrategie, einige Geschäftsstrategien, einige funktionale Strategien und eine überblickbare Anzahl von Projektplänen.
- Der dritte Fall beinhaltet grosse, meist international tätige Unternehmen. Sie verfügen häufig über Divisionen mit mehreren Produkt- und

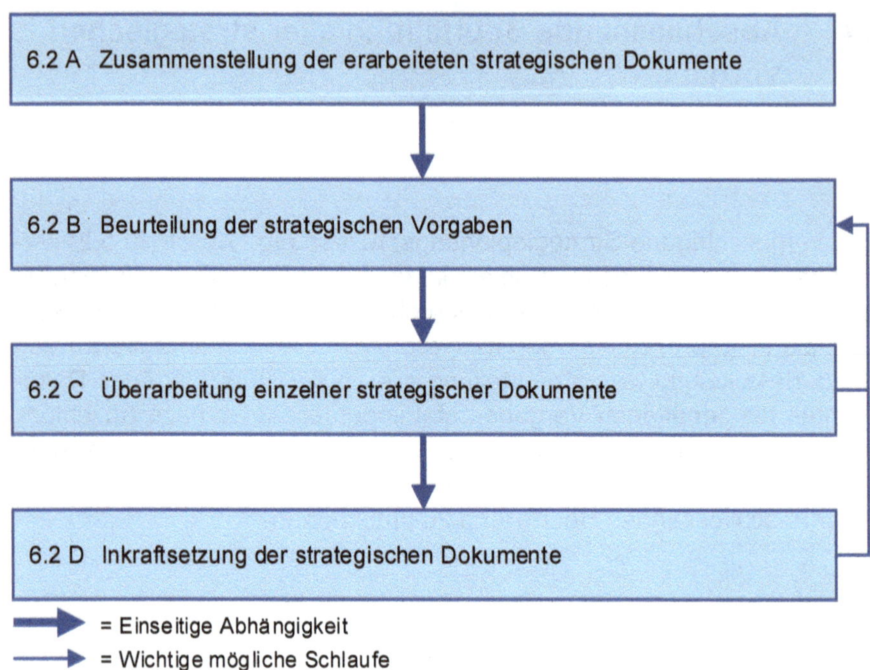

Abbildung 27.1: Prozess zur abschliessenden Beurteilung aller strategischen Vorgaben

Dienstleistungsgruppen und/oder mehreren Ländermärkten. Damit entstehen zwei Ebenen von Geschäftsstrategien. Die Zahl der zu beurteilenden Dokumente ist hoch.

In der Beurteilung der in den verschiedenen Dokumenten festgehaltenen Vorgaben in Aufgabe 6.2 B geht es nicht darum, die bereits durchgeführten Beurteilungen (vgl. Abschnitte 6.3, 12.4, 15.3, 22.3, 25.3 und 26.3) zu wiederholen. Das Ziel besteht vielmehr darin, die Vorgaben als Ganzes zu betrachten. Die zentrale Frage, die es zu beantworten gilt, lautet: Bilden die strategischen Vorgaben eine gute Basis für die erfolgreiche Weiterentwicklung des Unternehmens?

Die Verfasser empfehlen, die Beurteilung der Vorgaben summarisch vorzunehmen (vgl. Grünig/Kühn, 2017, S. 123 ff.). Eine analytische Bewertung, z.B. mit Hilfe eines Punktebewertungsmodells, wird nicht empfohlen. Sie zeigt die entscheidenden Stärken und Schwächen der stra-

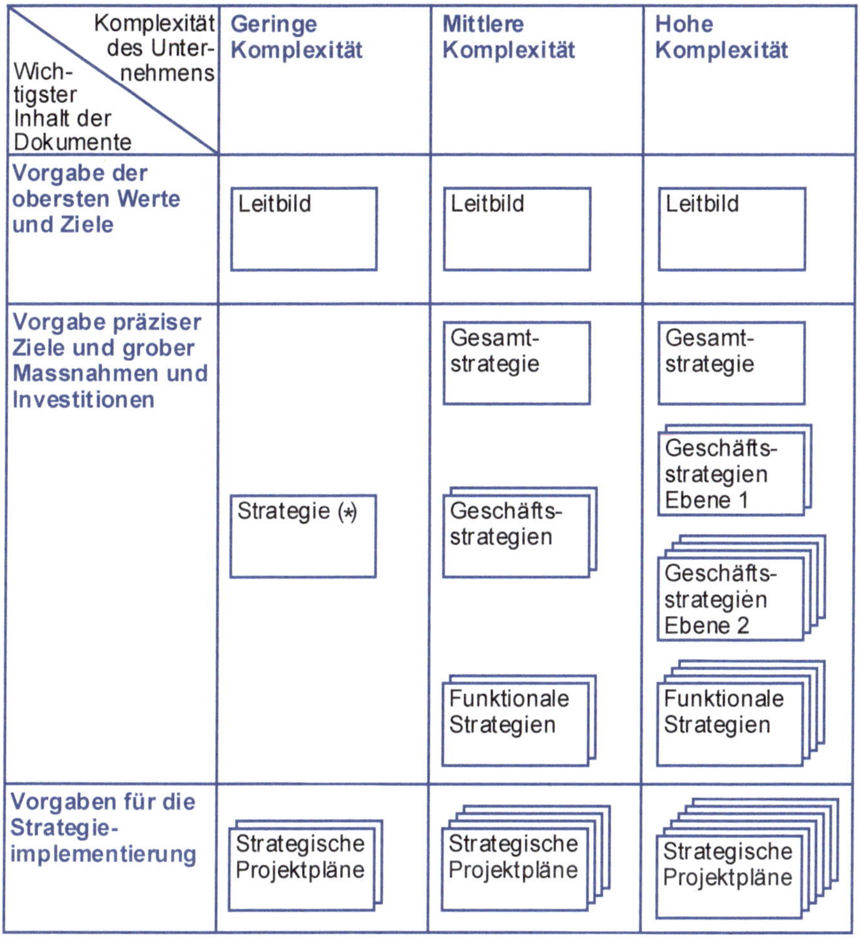

Komplexität des Unternehmens / Wichtigster Inhalt der Dokumente	**Geringe Komplexität**	**Mittlere Komplexität**	**Hohe Komplexität**
Vorgabe der obersten Werte und Ziele	Leitbild	Leitbild	Leitbild
Vorgabe präziser Ziele und grober Massnahmen und Investitionen	Strategie (*)	Gesamtstrategie Geschäftsstrategien Funktionale Strategien	Gesamtstrategie Geschäftsstrategien Ebene 1 Geschäftsstrategien Ebene 2 Funktionale Strategien
Vorgaben für die Strategieimplementierung	Strategische Projektpläne	Strategische Projektpläne	Strategische Projektpläne

(*)= entspricht inhaltlich einer Geschäftsstrategie

Abbildung 27.2: Zu beurteilende strategische Dokumente

tegischen Vorgaben in der Regel nicht auf und führt sogar zu einer falschen Sicherheit des Entscheidgremiums. **Abbildung 27.3** gibt einen Überblick über die Aspekte, die in diese summarische Beurteilung einfliessen sollten:

- Zentral ist die strategische Wirkung der Vorgaben. Führen sie dazu, dass sich das Unternehmen in den folgenden Jahren in die gewünschte Richtung weiterentwickelt?
- Aber auch die Machbarkeit ist von grosser Bedeutung. Es darf nur

<table>
<tr><th>Strategische Dokumente</th><th>Beurteilung der strategischen Wirkung</th><th>Beurteilung der Machbarkeit</th><th>Beurteilung der finanziellen Konsequenzen</th><th>Beurteilung der Konsistenz</th></tr>
<tr><td>Leitbild</td><td>Klarheit der obersten Werte und Ziele</td><td>Akzeptanz der obersten Werte und Ziele durch die Stakeholder</td><td></td><td rowspan="2">Konsistenz von Leitbild und Gesamtstrategie</td></tr>
<tr><td rowspan="3">Strategien</td><td rowspan="3">▪ Zukünftige Attraktivität der bearbeiteten Märkte
▪ Stärken der geplanten Marktpositionen
▪ Stärken der geplanten Synergien
▪ Robustheit</td><td rowspan="3">▪ Akzeptanz der geplanten Veränderungen durch die Stakeholder
▪ Finanzierbarkeit
▪ Personelle Machbarkeit</td><td rowspan="3">Finanzielle Resultate während der Planungsperiode</td></tr>
<tr><td>Konsistenz der Geschäftsstrategien und der funktionalen Strategien mit der Gesamtstrategie</td></tr>
<tr><td rowspan="2">Konsistenz der einzelnen Strategien und der Projektpläne zu ihrer Implementierung</td></tr>
<tr><td>Strategische Projektpläne</td><td>Geplante Verbesserungen der einzelnen Projekte</td><td></td><td>Wirtschaftliche Wirkungen der einzelnen Projekte</td></tr>
</table>

Abbildung 27.3: Aspekte der abschliessenden Beurteilung aller strategischen Vorgaben

eine strategische Weiterentwicklung gewählt werden, die von den wichtigen Stakeholdern akzeptiert wird und die mit bestehenden oder beschaffbaren Ressourcen realisierbar ist.

- Die strategische Weiterentwicklung muss zudem zu finanziellen Resultaten führen, die den Ansprüchen der Eigen- und Fremdkapitalgeber entsprechen.
- Schliesslich erscheint es wichtig, dass die Dokumente widerspruchsfrei sind und damit alle in die gleiche Richtung weisen.

Nachdem die Gesamtbeurteilung der strategischen Vorgaben abgeschlossen ist, muss die damit betraute Arbeitsgruppe in Aufgabe 6.2 C den Überarbeitungsbedarf der Dokumente festlegen und die Überarbeitungen in Auftrag geben. Im Idealfall sind nur geringe textliche Anpassungen notwendig. Es ist jedoch auch denkbar und passiert in der Praxis durchaus nicht selten, dass noch wesentliche Schwachpunkte entdeckt werden. In diesem Fall kommt es zu einer fundamentalen Überarbeitung der Vorgaben einzelner Dokumente.

Nachdem Leitbild, Strategien und Projektpläne in ihrer definitiven Form vorliegen, sind sie in Aufgabe 6.2 D formell in Kraft zu setzen. Normalerweise sind für die Genehmigung der verschiedenen Dokumente unterschiedliche Gremien zuständig. In einem Unternehmen mittlerer Komplexität könnte beispielsweise folgende Regelung vorgesehen werden: Der Verwaltungsrat genehmigt Leitbild und Gesamtstrategie und die Geschäftsleitung die Geschäftsstrategien und die funktionalen Strategien. Die Projektpläne werden durch die verantwortlichen Geschäftsleitungsmitglieder in Kraft gesetzt.

28 Vorbereitung der Strategieimplementierung

28.1 Einleitung

Nach der abschliessenden Beurteilung und Inkraftsetzung aller strategischen Vorgaben in Unterschritt 6.2 ist das Strategieplanungsprojekt inhaltlich abgeschlossen. In Unterschritt 6.3 geht es nun noch darum, die Implementierung optimal vorzubereiten. Die wichtigste Grundlage der Implementierung, die strategischen Projektpläne, liegen bereits vor. Sie wurden im Rahmen der Erarbeitung der Gesamtstrategie, der Geschäftsstrategien und der funktionalen Strategien erstellt und in Unterschritt 6.2 (vgl. Kapitel 27) genehmigt.

Nachfolgend wird zuerst in Abschnitt 28.2 die Balanced Scorecard vorgestellt. Sie wird in der Praxis häufig angewendet, um die Strategieimplementierung im Tagesgeschäft sicherzustellen. Darauf wird in Abschnitt 28.3 ein Prozess zur Vorbereitung der Strategieimplementierung vorgeschlagen.

28.2 Balanced Scorecard

Wie gezeigt wurde, werden die Strategien primär über strategische Projekte implementiert (vgl. Kapitel 15, Kapitel 25 und Abschnitt 26.2). Daneben ist aber auch wichtig, dass die Strategien im Tagesgeschäft befolgt werden. Ein taugliches Instrument, um dies zu unterstützen, ist die Balanced Scorecard von Kaplan und Norton (1992, S. 71 ff.; 1996; 2000, S. 167 ff.).

Nach Ansicht von Kaplan und Norton braucht es messbare Ziele und Massnahmen in vier Bereichen, um den strategischen Absichten zum Durchbruch zu verhelfen. **Abbildung 28.1** zeigt die vier Bereiche resp. Perspektiven:

- Die finanzwirtschaftliche Perspektive bildet die Erwartungen der Kapitalgeber ab. Es werden Umsatz- und Profitabilitätsziele definiert.

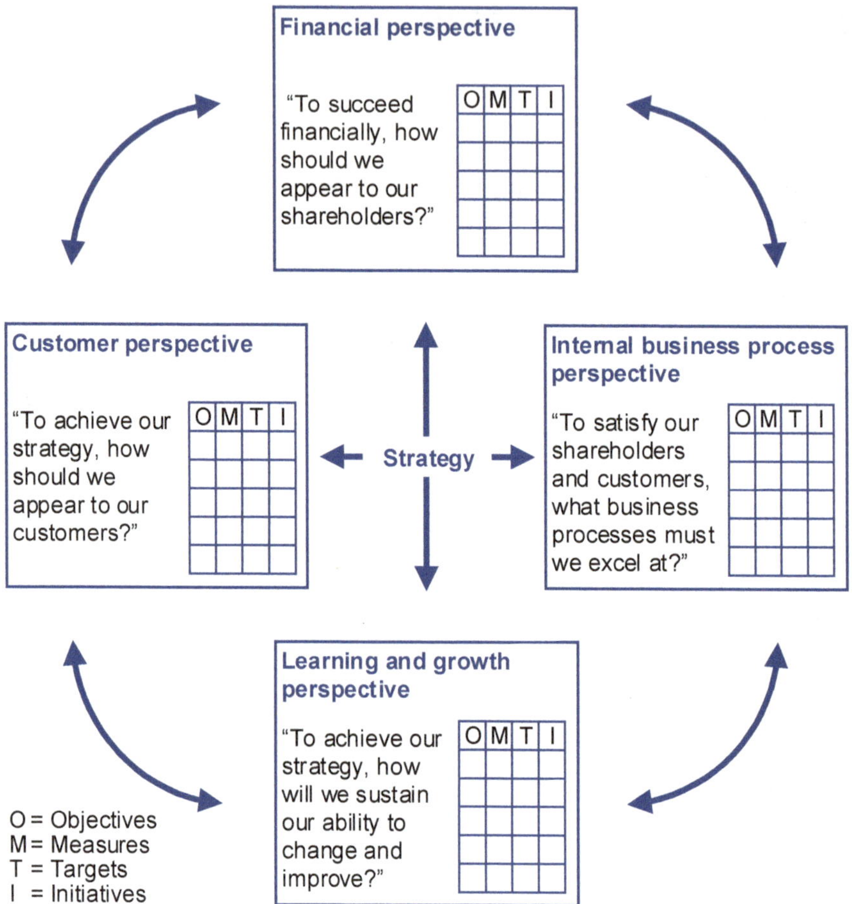

Abbildung 28.1: Die vier Perspektiven der Balanced Scorecard
(in Anlehnung an Kaplan/Norton, 1996, S. 9)

- Die Kundenperspektive zeigt auf, welche Wertschöpfung aus Kundenoptik erbracht werden muss, damit die Kennzahlen der finanzwirtschaftlichen Ebene erreicht werden können. Zu den Indikatoren, welche dieser Perspektive zugeordnet werden, gehören u.a. Grössen wie Marktanteil, Image, Kundenzufriedenheit und Kundenbindung.
- Unter der Prozessperspektive werden Ziele und Massnahmen für alle internen Aktivitäten formuliert, die einen wesentlichen Einfluss auf die finanziellen Resultate und die Kundenzufriedenheit haben.
- Die Ziele und Massnahmen in der Lern- und Entwicklungsperspektive sollen sicherstellen, dass das Unternehmen auch in Zukunft über die

notwendigen Kompetenzen verfügt. Sie müssen es dem Unternehmen erlauben, zukünftige Kundenbedürfnisse zu befriedigen und effiziente Prozesse festzulegen.

Mit der Balanced Scorecard wollen Kaplan und Norton die Unternehmensstrategie mit der operativen Leistungssteuerung der einzelnen Organisationseinheiten verknüpfen. Die Balanced Scorecard übersetzt Strategien in konkrete Ziele und Aktionen von organisatorischen Einheiten und definiert damit strategiekonforme Schwerpunkte im Tagesgeschäft.

Praxisfenster 28.1 zeigt ein Beispiel einer Balanced Scorecard.

Praxisfenster 28.1: Balanced Scorecard für ein Geschäft eines Handelsunternehmens

Die Austria Handels AG (vgl. Praxisfenster 13.3) setzt die Balanced Scorecard ein, um die Strategieimplementierung im Tageschäft zu steuern und zu überprüfen. Dazu wird jedem Geschäft eine Balanced Scorecard vorgegeben, in der die Ziele (Objectives), die zur Messung verwendeten Kennzahlen (Measures) und die Sollvorgaben (Targets) aufgeführt sind. Die strategischen Initiativen respektive die strategischen Projekte (vgl. Kapitel 15, Kapitel 25 und Abschnitt 26.3) sind hingegen in Abweichung zum Ansatz von Kaplan und Norton kein Element der Balanced Scorecard. Sie bilden eigenständige Dokumente. Dies entspricht der Sichtweise des vorliegenden Buches (vgl. Kapitel 4).

Die nachfolgende **Abbildung** zeigt die Ziele, Kennzahlen und Sollvorgaben der vier Perspektiven für das strategische Geschäft „Baumärkte“:

- In der finanzwirtschaftlichen Perspektive zielt das Unternehmen auf Umsatzwachstum und auf eine leichte Verbesserung der Profitabilität. Die Messung erfolgt über übliche Kennzahlen.
- In der Kundenperspektive ist die Kundenzufriedenheit ein wichtiges Ziel. Diese wird über den Net Promoter Score gemessen. Es handelt sich dabei um eine Kennzahl die zwischen -100 und +100

Perspektiven	Ziele	Kennzahlen	Sollvorgaben		
			Jahr 1	...	Jahr 5
Finanz-wirtschaftliche Perspektive	Wachstum	Umsatz in Mio. EUR	1 060	...	1 338
	Profitabilität	EBIT-Marge	8%	...	10%
Kunden-perspektive	Kunden-zufriedenheit	Net Promoter Score	54	...	62
	Kunden-loyalität	Anteil Stammkunden	22,5%	...	32,5%
Prozess-perspektive	Prozess-geschwindigkeit	Order-to-Delivery-Zeit in Tagen	10	...	6
	Bestands-management	Lagerbestand in Tagen	35	...	25
Lern- und Entwicklungs-perspektive	Mitarbeiter-kompetenz	Schulungen pro Mitarbeiter in Tagen	2	...	8
	Verkaufs-beratung	Ergebnis Mystery Shopping	86	...	96
	Mitarbeiter-bindung	Fluktuationsrate	8%	...	5%

Ziele, Kennzahlen und Sollvorgaben für das Geschäft

schwanken kann. Um sie zu ermitteln, wird die Weiterempfehlungsabsicht der Kunden auf einer 10er-Skala erfragt. Von den Promotoren (Werte 9-10, also sehr zufriedene Kunden) werden die Detraktoren (Werte 0-6, also unzufriedene Kunden) abgezogen, um zur Kennzahl zu gelangen. Der Wert für die Baumärkte liegt aktuell bei +52 Punkten und er soll jährlich um 2 Punkte gesteigert werden. Ein weiteres Ziel der Baumärkte ist die Kundenloyalität. Derzeit sind erst 20% der Kunden nach klar definierten Kriterien Stammkunden. Dieser Wert soll deutlich erhöht werden.

- In der Prozessperspektive zielen die Baumärkte auf eine schnellere Erfüllung der Kundenbestellungen ab. Sie haben in der Vergangenheit, unter anderem aufgrund schlechter Planungsprozesse, zu lange gedauert. Die Zeit von der Kundenbestellung bis zur vollständigen Auslieferung soll stetig reduziert werden. Zudem soll der Lagerbestand und damit verbunden der Inventarwert reduziert werden.
- In der Lern- und Entwicklungsperspektive sollen die Kompetenzen der Mitarbeiter in allen Abteilungen gehalten und auf neue Aufgaben, z.B. Digitalisierung und neue Prozesse, ausgerichtet werden. Dazu hat das Unternehmen ein umfassendes Portfolio von Schulungsmassnahmen entwickelt. In der Vergangenheit waren die Vorgesetzten jedoch teilweise nicht bereit, ihre Mitarbeiter für Schulungen freizustellen. Deshalb sollen die Schulungstage pro Mitarbeiter erfasst und systematisch erhöht werden. Für die Effektivität der Verkäuferschulungen setzt das Geschäft auf Mystery-Shopping, bei dem Testkäufer Verkaufsgespräche nach einem festgelegten Kriterienkatalog bewerten. Damit wird erfasst, ob das Verkaufspersonal die in den Schulungen vermittelten Inhalte auch konsequent umsetzt. Nicht zuletzt hat sich das strategische Geschäft zum Ziel gesetzt, seine Mitarbeiter besser an sich zu binden, um die Investitionen in die Mitarbeiter nicht durch Personalabgänge zu verlieren. Deshalb soll die Fluktuationsrate, also die freiwilligen Abgänge von Mitarbeitern, in den nächsten Jahren auf unter 5% gesenkt werden.

Die effektiven Kennzahlenwerte werden jährlich erfasst und mit den Sollvorgaben verglichen. Im Falle von erheblichen Abweichungen werden zusätzliche Massnahmen festgelegt, um wieder auf Kurs zu kommen.

28.3 Prozess zur Vorbereitung der Strategieimplementierung

Die Vorbereitung der Strategieimplementierung bildet den Unterschritt 6.3 im Strategieplanungsprozess. Wie **Abbildung 28.2** zeigt, besteht er aus drei Aufgaben.

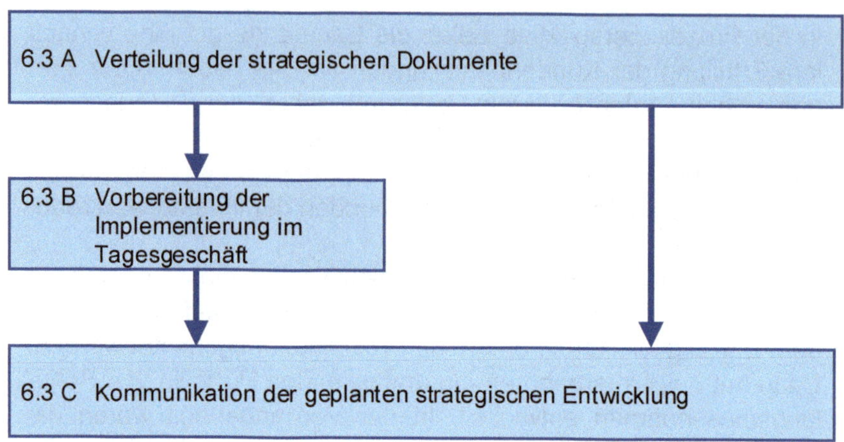

Abbildung 28.2: Prozess zur Vorbereitung der Strategieimplementierung

Aufgabe 6.3 A besteht in der Verteilung der genehmigten strategischen Dokumente. Dabei ist wichtig, dass die Führungskräfte alle Dokumente bekommen, die sie kennen müssen um in ihrer Arbeit strategiekonform zu handeln. Es ist aber aus Sicht der Verfasser ebenso wichtig, dass sie keine für sie unnötigen Dokumente erhalten. Je weniger Dokumente eine Führungskraft beachten muss, umso mehr Aufmerksamkeit wird sie den Dokumenten widmen. Zudem muss bei der Verteilung der strategischen Dokumente dafür gesorgt werden, dass vertrauliche Inhalte auf einen möglichst kleinen Kreis von Personen beschränkt bleiben. Um diese Grundsätze der Dokumentenverteilung befolgen zu können, empfiehlt sich in mittleren und grossen Unternehmen die Erstellung einer Tabelle, aus der klar hervorgeht, wer im Besitz welcher Dokumente ist.

In Aufgabe 6.3 B ist sicherzustellen, dass die vorgegebene strategische Entwicklung auch im Tagesgeschäft beachtet wird. Dazu sind mit den Führungskräften entsprechende Zielvereinbarungen zu treffen. Wie gezeigt wurde (vgl. Abschnitt 28.2) ist die Balanced Scorecard ein geeignetes Instrument, um dies sicherzustellen.

Es ist für eine erfolgreiche Implementierung zentral, dass die Mitarbeitenden, insbesondere die Führungskräfte, und die Stakeholder die geplante strategische Weiterentwicklung des Unternehmens kennen und mittragen. Um dies zu erreichen, sind interne und externe Kommunikationsmassnahmen zu realisieren. Sie müssen nicht nur den Inhalt der neuen Strategie vermitteln, sondern auch motivieren, die strategischen Vorgaben umzusetzen. Die Vorbereitung und Durchführung dieser Kommunikation bildet die Aufgabe 6.3 C. Praxisfenster 28.2 fasst die Kommunikation der Holcim-Strategie 2018-2022 zusammen. Das Praxisfenster zeigt eindrücklich, dass die Kommunikation einer Strategie eine umfassende und deshalb aufwendige Aufgabe darstellt.

Praxisfenster 28.2: Kommunikation der Holcim-Strategie 2018-2022

Mit dem Eintritt von Jenisch als neuem CEO im Jahr 2017 erarbeitete der Schweizer Baustoffkonzern Holcim (der bis Juli 2021 unter dem Namen LafargeHolcim firmierte) eine neue Unternehmensstrategie. Die Strategie 2022 „Building For Growth" basiert auf vier Säulen: Wachstum (Growth), Vereinfachung & Performance (Simplification & Performance), finanzielle Stärke (Financial Strength) und Vision & People. Mit der Strategie sind konkrete finanzielle Ziele für die Periode von 2018- 2022 verknüpft.

Als erster kommunikativer Baustein ist die eingängige und verständliche Bezeichnung der Strategie 2022 „Building For Growth" zu sehen. Der Titel zeigt prägnant die Wachstumsorientierung der neuen Strategie, die auch eine Änderung gegenüber der früheren Strategie bedeutet, die auf „Marge statt Wachstum" ausgerichtet war (vgl. Züger, 2018).

Die neue Strategie wurde mit diversen Massnahmen an die Führungskräfte und Mitarbeiter kommuniziert:

- Im März 2018 versammelte Holcim seine 200 wichtigsten Führungskräfte für drei Tage in Zürich und schwor sie auf die neue Strategie ein. Anschliessend führten diese Manager Workshops mit ihren jeweiligen Teams durch, um die Strategie breiter in das Unternehmen hinein zu kommunizieren (vgl. Kowalsky, 2018, S. 54).
- Im August 2018 lancierte das Unternehmen das «LafargeHolcim Leaders Program», ein Führungskräfte-Entwicklungsprogramm, bei dem die wichtigsten Führungskräfte des Unternehmens detail-

liert über die neue Strategie informiert wurden und ihnen die dafür notwendigen Kompetenzen und Fähigkeiten vermittelt wurden. Gleichzeitig wurde eine neue Performance-Kultur geschaffen. Bis August 2019 durchliefen 350 Führungskräfte dieses Programm, danach wurde es in den einzelnen Regionen ausgerollt.

Als börsennotiertes Unternehmen mit hoher öffentlicher Aufmerksamkeit kommunizierte Holcim seine neue Strategie 2022 auch nach aussen:

- Bereits im November 2017 kündigte Jenisch an, dass Holcim dabei sei, eine strategische Analyse der Geschäfte des Unternehmens vorzunehmen und im März 2018 die Ergebnisse der Analyse und die Unternehmensstrategie zu präsentieren (vgl. Rowland, 2017).
- Fast zeitgleich zur internen Kommunikation wurde die neue Strategie im März 2018 im Rahmen einer Analystenkonferenz auch der Öffentlichkeit präsentiert. Dies war notwendig, damit eine kohärente Kommunikation der Strategie nach innen und aussen stattfand. Bei der Analystenkonferenz wurden die vier Säulen detailliert vorgestellt, Massnahmen präsentiert sowie die konkreten damit verbundenen finanziellen Ziele für die nächsten fünf Jahre bekanntgegeben. Ein Video dieser Präsentation ist auf der Homepage von Holcim zu finden (vgl. Holcim, 2018).
- Auch auf der Homepage des Unternehmens wird den interessierten Stakeholdern die Strategie 2022 zugänglich gemacht (vgl. Holcim, 2021).
- Nicht nur die Strategie, sondern auch die Umsetzung der Strategie wird breit öffentlich kommuniziert. Seit der Ankündigung der Strategie wird bei jeder Generalversammlung und bei allen Analystentreffen auf die Strategie und ihre Säulen zurückgegriffen und die Fortschritte bei der Umsetzung werden aufgezeigt.

29 Schluss

Die Zielsetzung des vorliegenden Buches besteht darin, die Praxis bei der Erarbeitung von Strategien methodisch zu unterstützen. Dazu wird nach einer Einführung in die strategische Planung der Strategieplanungsprozess gemäss **Abbildung 29.1** vorgeschlagen. Er unterteilt die komplexe Problemstellung in 6 Schritte und 23 Unterschritte. Der Aufbau des Buches orientiert sich völlig an diesem Vorgehensvorschlag: Jedem der 6 Schritte ist ein Teil und jedem der 23 Unterschritte ein Kapitel gewidmet.

Der Vorgehensvorschlag richtet sich an Unternehmen mittlerer Komplexität, die ein „klassisches" Strategieplanungsprojekt beabsichtigen:

- Von einer mittleren Komplexität wird gesprochen, wenn ein Unternehmen mehrere Produktgruppen ein einem geographisch und branchenmässig abgegrenzten Markt anbietet. Aber auch wenn eine Produktgruppe in mehreren geographischen Märkten abgesetzt wird, sprechen die Autoren von mittlerer Komplexität.
- Um ein „klassisches" Strategieplanungsprojekt handelt es sich, wenn aufbauend auf einer umfassenden Analyse ein Leitbild, Strategien und Implementierungsprojekte für die zukünftigen Jahre formuliert werden.

Sind die zwei Prämissen erfüllt, kann das Strategieplanungsteam weitgehend den Ausführungen der Teile II bis VII folgen. Häufig wird dies jedoch nicht möglich sein, weil die strategische Struktur des Unternehmens und/oder die spezifischen strategischen Fragestellungen von den Prämissen abweichen. Die Ausführungen der Teile II bis VII können jedoch auch in dieser Situation methodische Unterstützung leisten: In jedem der Kapitel 6 bis 28 wird eine klar abgegrenzte Aufgabenstellung behandelt. Kapitel 10 erklärt beispielsweise, wie das Geschäftsportfolio eines Unternehmens erstellt und beurteilt werden kann. Oder Kapitel 25 zeigt, wie für ein Geschäft die strategischen Implementierungsprojekte festgelegt werden können. Die Kapitel stellen somit Analyse- oder Planungsmodule dar. Es ist deshalb denkbar, die für das Unternehmen relevanten Fragestellungen zu identifizieren, die korrespondierenden Module resp. Kapitel zu suchen und sie zu einem Vorgehen zu verknüpfen.

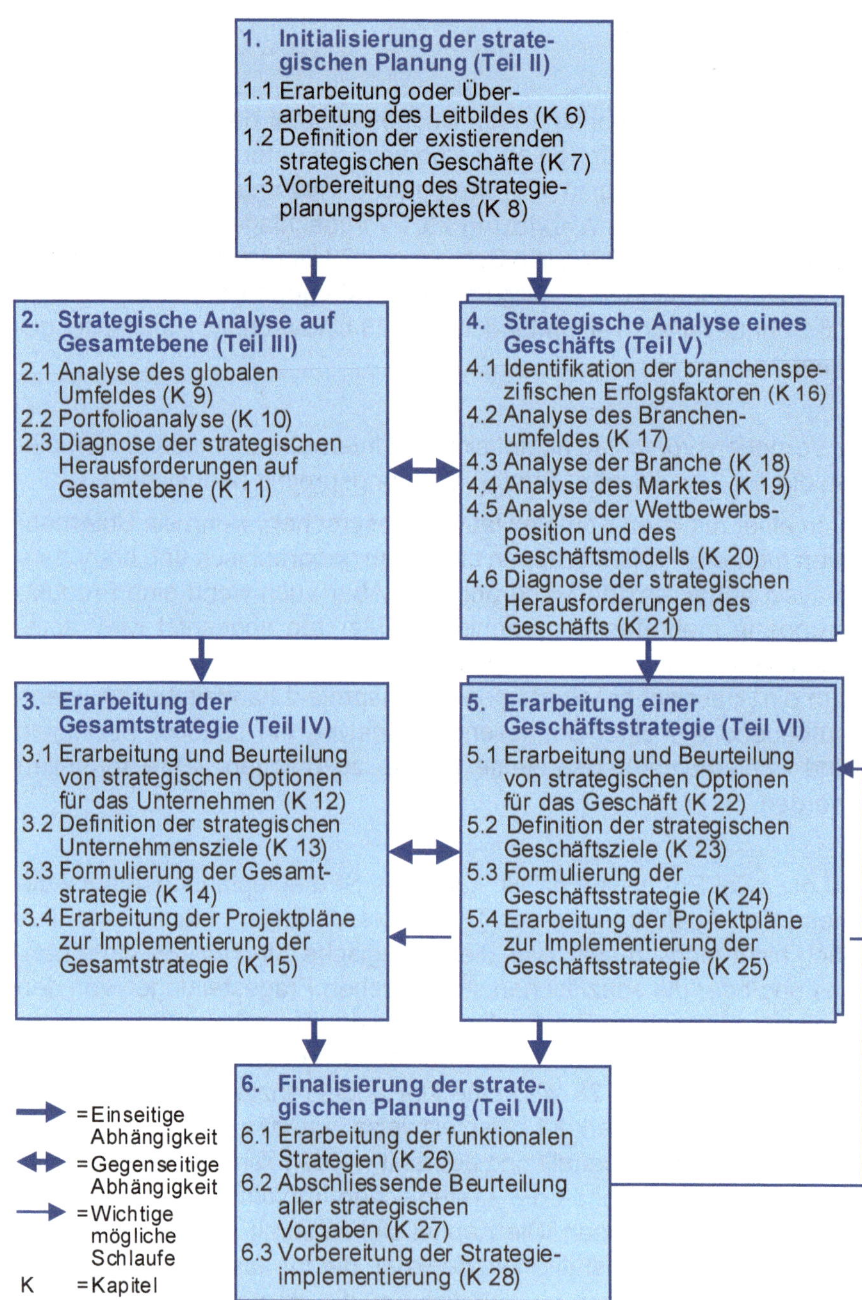

Abbildung 29.1: Strategieplanungsprozess

Ein gut durchdachtes, auf die Bedürfnisse des Unternehmens abgestimmtes Vorgehen stellt eine notwendige, aber keine ausreichende Bedingung für eine erfolgreiche Strategieplanung dar. Es müssen weitere Bedingungen erfüllt sein, damit die erarbeiteten Dokumente zu einer erfolgreichen Weiterentwicklung des Unternehmens führen. Aus Sicht der Autoren sind folgende Erfolgsvoraussetzungen besonders wichtig:

- Die mit der Strategieplanung betrauten Führungskräfte müssen die Kunden, die Konkurrenten und ihr eigenes Unternehmen gut kennen. Nur auf dieser Grundlage lassen sich realistische Strategien entwickeln.
- Es muss der Mut vorhanden sein, klare Entscheidungen zu treffen. Diese definieren nicht nur Prioritäten, sondern auch Inferioritäten und schaffen damit im Unternehmen auch Verlierer.
- Es muss den Verantwortlichen gelingen, die Mitarbeiter von der Richtigkeit der Strategien zu überzeugen und sie für die Implementierung zu motivieren.

Die Verfasser hoffen, dass das vorliegende Buch eine gute methodische Grundlage für die Strategieplanung vermittelt und dass auch die anderen Erfolgsvoraussetzungen erfüllt sind.

Glossar

Angebot (offer/offre) = Das Angebot eines Geschäftes bildet die zweite Ebene seiner Erfolgspotentiale. Es besteht aus den vermarkteten Produkten und Dienstleistungen. Das Angebot wird durch den Marketing-Mix konkretisiert.

Beabsichtigte Strategie (intended strategy/stratégie planifiée) = Langfristige Vorgaben von Zielen, Massnahmen und Investitionen zum Aufbau und zur Sicherung der zukünftigen Erfolgspotentiale. Die beabsichtigten Strategien lassen sich in Gesamtstrategien, Geschäftsstrategien und funktionale Strategien unterteilen.

Blue-Ocean-Strategie (blue ocean strategy/stratégie de l'océan bleu) = Ansatz zu Erarbeitung von Geschäftsstrategien. Wettbewerbsintensive Märkte und Teilmärkte – sogenannte Red Oceans – sollen vermieden werden. Stattdessen sollen neue Märkte und Teilmärkte – sogenannte Blue Oceans – identifiziert und bearbeitet werden.

Branche (industry/branche) = Sie umfasst alle Anbieter einer Kategorie von Produkten oder Dienstleistungen in einem geographischen Gebiet sowie ihre Beschaffungs- und Absatzmärkte. Die Anbieter bearbeiten den gleichen Markt und sind deshalb Wettbewerber. Subsystem der strategischen Analyse.

Differenzierungsstrategie (differentiation strategy/stratégie de différenciation) = Geschäftsstrategie, die über Leistungsdifferenzen, Kommunikationsdifferenzen und eine höhere Intensität der Kommunikation und Beziehungspflege versucht, sich gegenüber den Wettbewerbern zu profilieren. Kann sich auf den gesamten Markt oder auf einen Teilmarkt beziehen.

Erfolgsfaktor (success factor/facteur de succès) = Variable, die den Unternehmenserfolg langfristig und massgeblich bestimmt. Es können beeinflussbare und nicht beeinflussbare Erfolgsfaktoren unterschieden werden. Das Unternehmen kann die beeinflussbaren Erfolgsfaktoren durch den Aufbau entsprechender Erfolgspotentiale nutzen.

Erfolgspotential (success potential/potentiel de succès) = Grundlage für die langfristige Erfolgserzielung. Der Aufbau und die Sicherung von Erfolgspotentialen stehen im Zentrum des strategischen Managements. Die Erfolgspotentiale eines Geschäftes umfassen die drei Ebenen der Ressourcen (Resources), des Angebotes (Offer) und der Marktpositionen (Market positions). Ausgehend von den englischsprachigen Bezeichnungen wird vom ROM-Modell der Erfolgspotentiale gesprochen. Die Erfolgspotentiale eines Geschäfts lassen sich als Erfolgspotentialnetz darstellen.

Funktionale Strategie (functional strategy/stratégie fonctionnelle) = Beabsichtigte Strategie für eine Funktion resp. Aufgabe. Funktionale Strategien betreffen in erster Linie die Erfolgspotentiale der Ressourcen und dienen häufig der Synergienutzung. Es kann zwischen geschäftsübergreifenden und geschäftsspezifischen funktionalen Strategien unterschieden werden.

Generische Geschäftsstrategie (generic business strategy/stratégie d'activité générique) = Grundtyp der Geschäftsstrategie. Es werden vier generische Geschäftsstrategien unterschieden: die gesamtmarktbezogene Preisstrategie, die gesamtmarktbezogene Differenzierungsstrategie, die teilmarktbezogene Preisstrategie und die teilmarktbezogene Differenzierungsstrategie.

Geplante Strategie (planned strategy/stratégie planifiée) = Beabsichtigte Strategie

Gesamtstrategie (corporate strategy/stratégie globale) = Beabsichtigte Strategie für ein Unternehmen. Im Zentrum stehen die angestrebten Marktpositionen.

Geschäft (business/activité) = Angebot mit Erfolgsbedeutung, das in einem Markt eine bestimmte Position einnimmt und spezifische Ressourcen nutzt. Man kann zwischen Geschäftsfeldern und Geschäftsbereichen unterscheiden.

Geschäftsbereich (business unit/unité d'activité) = Geschäft, das vom Markt her und/oder von seinen Ressourcen her mit anderen Geschäften des Unternehmens verknüpft ist.

Geschäftsfeld (business field/domaine d'activité) = Geschäft, das vom Markt her und von seinen Ressourcen her weitgehend autonom von anderen Geschäften des Unternehmens ist.

Geschäftsmodell (business model/modèle d'affaires) = Konzept der Schaffung von Werten, der Vermarktung und der Einnahmengenerierung eines Geschäftes. Das Geschäftsmodell wird häufig in einem Template respektive Canvas festgehalten.

Geschäftsstrategie (business strategy/stratégie d'activité) = Beabsichtigte Strategie für ein Geschäft

Gewachsene Strategie (emergent strategy/stratégie émergente) = Realisierte Strategie, welche nicht das Resultat der Implementierung einer beabsichtigten Strategie, sondern das Resultat von mehr oder weniger aufeinander abgestimmten Einzelentscheiden darstellt.

Inside-out Approach (inside-out approach/approche inside-out) = Strategieplanungsprozess der auf der Resource-based View beruht. Ausgehend von Wettbewerbsvorteilen der Ressourcen werden mögliche Angebote gesucht. Auf ihrer Basis werden erreichbare Marktpositionen identifiziert. Alternative zum Outside-in Approach

Kommunikationsdifferenz (communications difference/différence de communication) = Durch Kommunikation und persönliche Kontakte geschaffene oder verstärkte psychologische Eigenschaft eines Angebotes, die der Letztabnehmer subjektiv als Vorteil empfindet und die ihn deshalb positiv reagieren lässt. Kann im Rahmen einer Differenzierungsstrategie zur Profilierung gegenüber der Konkurrenz dienen.

Leistungsdifferenz (product or service difference/différence de produit ou service) = Eine einzigartige Eigenschaft eines Produktes oder einer Dienstleistung, die der Letztabnehmer subjektiv als Vorteil empfindet und die ihn deshalb positiv reagieren lässt. Kann im Rahmen einer Differenzierungsstrategie zur Profilierung gegenüber der Konkurrenz dienen.

Leitbild (mission statement/charte) = Strategisches Dokument, welches die Mission und Vision, die obersten Werte und Ziele sowie das Tätigkeitsgebiet umschreibt.

Market-based View (market-based view/approche orientée vers le marché) = Neben der Resource-based View das zweite zentrale strategische Konzept. Es besagt folgendes: Mit dem Aufbau von Geschäften entscheiden sich Unternehmen für Branchen und innerhalb von ihnen für strategische Gruppen. Diese bilden den Rahmen für den Aufbau von Angeboten. Der langfristige Erfolg hängt von der Attraktivität der gewählten Branchen und strategischen Gruppen und von den Angeboten ab. Der Ansatz lässt sich als „Structure-Conduct-Performance Paradigma" zusammenfassen.

Markt (market/marché) = Durch eine Kategorie von Angeboten und ein geographisches Gebiet abgegrenzte Wettbewerbsarena. Märkte können mehr oder weniger eng definiert werden. Wichtig ist, dass die Marktdefinition die direkten Konkurrenten einschliesst. Heterogene Märkte können in Teilmärkte unterteilt werden.

Marktattraktivität (market attractiveness/attrait du marché) = Die Attraktivität eines Marktes hängt vor allem von drei Merkmalen ab: Die Marktgrösse beeinflusst das Umsatzpotential. Ein überdurchschnittliches Marktwachstum eröffnet Entwicklungsmöglichkeiten und eine unterdurchschnittliche Wettbewerbsintensität ermöglicht Gewinne.

Marktposition (market position/position de marché) = Die Marktposition eines Geschäftes bildet die erste Ebene seiner Erfolgspotentiale. Kann mit Hilfe des relativen Marktanteils gemessen werden.

Marktpositionierung (market positioning/positionnement sur le marché) = Sie bestimmt die angestrebte Marktabdeckung und die angestrebten Wettbewerbsvorteile.

Nachhaltiger Wettbewerbsvorteil (sustainable competitive advantage/ avantage concurrentiel durable) = Wettbewerbsvorteil des Angebots oder der Ressourcen von dauerhaftem strategischem Wert. Die Dauerhaftigkeit hängt primär von der Nicht-Imitierbarkeit und der Nicht-Substituierbarkeit ab.

Normstrategie (norm strategy/stratégie normée) = Generell umschriebene Strategie. Sie wird für alle Geschäfte empfohlen, die bezüglich Marktattraktivität und Wettbewerbsstärke ähnlich bewertet werden und deshalb im gleichen Bereich eines Portfolios liegen. Da die spezifischen Situationen der einzelnen Geschäfte nicht berücksichtigt werden, können Normstrategien lediglich erste Hinweise für die zu verfolgende Strategie geben.

Oberste Werte und Ziele (overriding values and objectives/valeurs et objectifs primordiaux) = Sie bilden die normative Basis der Strategien. Sie sind normalerweise im Leitbild festgehalten.

Outside-in Approach (outside-in approach/approche outside-in) = Strategieplanungsprozess, der auf der Market-based View beruht. Aus angestrebten Marktpositionen werden die dazu notwendigen Wettbewerbsvorteile des Angebotes abgeleitet. Das Angebot bildet die Basis, um die notwendigen Ressourcen zu definieren. Alternative zum Inside-out Approach

Portfolio (portfolio/portefeuille) = Zweidimensionale Darstellung der Istposition der Geschäfte eines Unternehmens. Die Horizontale repräsentiert meist die Wettbewerbsstärke der Geschäfte und die Vertikale die Marktattraktivität der von ihnen bearbeiteten Märkte. Ein Portfolio bildet häufig die zentrale Grundlage der Gesamtstrategie. Die bekanntesten Ansätze sind das Boston Consulting Group-Portfolio und das McKinsey-Portfolio.

Preisstrategie (price strategy/stratégie de prix) = Geschäftsstrategie, die über tiefere Preise versucht, sich gegenüber der Konkurrenz zu profilieren. Kann sich auf den gesamten Markt oder auf einen Teilmarkt beziehen.

Realisierte Strategie (realized strategy/stratégie réalisée) = Verwirklichte Strategie. Die realisierte Strategie ist häufig eine Kombination von Elementen einer beabsichtigten Strategie und von Einzelentscheiden im Sinne einer gewachsenen Strategie.

Resource-based View (resource-based view/approche orientée vers les ressources) = Neben der Market-based View das zweite zentrale strategische Konzept. Es besagt folgendes: Unternehmen verfügen über ein Set von Ressourcen, das sie von ihren Wettbewerbern unterscheidet. Diese Ressourcen bilden die Basis ihrer Angebote. Der langfristige Erfolg basiert auf den Ressourcen und den damit erbrachten Angeboten. Dieser Gedankengang wird auch als „Resource-Conduct-Performance Paradigma" bezeichnet.

Ressourcen (resources/ressources) = Die Ressourcen eines Geschäftes bilden die dritte Ebene seiner Erfolgspotentiale. Die Ressourcen im weit verstandenen Sinn lassen sich in die Subsysteme der Assets, der Prozesse und der Humanressourcen – inklusive der damit verbundenen Kompetenzen – unterteilen.

ROM-Modell der Erfolgspotentiale (ROM model of success potentials/modèle ROM des potentiels de succès) = Erfolgspotential

Strategie (strategy/stratégie) = Ohne zusätzliche Präzisierung wird unter einer Strategie eine beabsichtigte Strategie verstanden.

Strategiebeurteilung (assessment of strategies/évaluation des stratégies) = Beurteilung strategischer Optionen, strategischer Vorgaben und realisierter Strategien aufgrund von Bewertungskriterien.

Strategieimplementierung (strategic implementation/implémentation des stratégies) = Subsystem des strategischen Managements. Die Strategieimplementierung umfasst alle Massnahmen und Investitionen, die zur Verwirklichung beabsichtigter Strategien notwendig sind.

Strategieplanungsprozess (strategy planning process/procédé de planification stratégique) = Systematisches Vorgehen zur Erarbeitung von Strategien. Unterteilt das komplexe Problem in nacheinander und/oder parallel zu bewältigende Teilprobleme.

Strategierealisierung (realization of strategies/réalisation des stratégies) = Strategieimplementierung

Strategieumsetzung (implementation of strategies/implémentation des stratégies) = Strategieimplementierung

Strategische Analyse (strategic analysis/analyse stratégique) = Die strategische Analyse dient der Erfassung der aktuellen Situation und der Beschreibung der möglichen zukünftigen Entwicklungen. Sie kann in die drei Subsysteme des Umfeldes, der relevanten Branchen und des Unternehmens selbst aufgeteilt werden. Die Ergebnisse der strategischen Analyse werden zu wenigen strategischen Herausforderungen zusammengefasst.

Strategische Führung (strategic management/management stratégique) = Strategisches Management

Strategische Gruppe (strategic group/groupe stratégique) = Teil einer Branche. Sie fasst Wettbewerber zusammen, die über ähnliche Ressourcen verfügen und eine ähnliche Geschäftsstrategie verfolgen.

Strategische Investition (strategic investment/investissement stratégique) = Investition zur Implementierung einer Strategie. Wird in der Strategie grob definiert und in einem strategischen Projektplan detailliert beschrieben.

Strategische Kontrolle (strategic control/contrôle stratégique) = Subsystem des strategischen Managements. Die strategische Kontrolle umfasst alle Massnahmen zur Überwachung der Entwicklung des Umfeldes sowie zur Kontrolle der Implementierung der Strategien und der strategischen Projektpläne.

Strategische Massnahme (strategic measure/mesure stratégique) = Massnahme zur Implementierung einer Strategie. Wird in der Strategie grob definiert und in einem strategischen Projektplan detailliert beschrieben.

Strategische Option (strategic option/option stratégique) = Eine Grobvariante der zukünftigen Strategie. Die am besten beurteilte Option wird konkretisiert und damit zur beabsichtigten Strategie. Strategische Optionen können für das Gesamtunternehmen, ein Geschäft oder eine Funktion erarbeitet werden.

Strategische Planung (strategic planning/planification stratégique) = Subsystem des strategischen Managements. Es handelt sich um einen systematischen Prozess zur Definition langfristiger Ziele, Massnahmen und Investitionen zum Aufbau und zur Sicherung der zukünftigen Erfolgspotentiale. Die strategische Planung basiert auf einer strategischen Analyse.

Strategischer Projektplan (strategic project plan/plan de projet stratégique) = Plan zur Implementierung eines strategischen Projekts. Er legt Ziele, Rahmenbedingungen, Ablauf, Organisation und Budget des Projektes fest.

Strategisches Dokument (strategic document/document stratégique) = Dokument mit strategischem Inhalt. Es werden fünf Arten von strategischen Dokumenten unterschieden: Leitbilder, Gesamtstrategien, Geschäftsstrategien, funktionale Strategien und strategische Projektpläne.

Strategisches Management (strategic management/management stratégique) = Gesamtheit aller strategischen Tätigkeiten. Das strategische Management lässt sich in die drei Subsysteme der strategischen Planung, der Strategieimplementierung und der strategischen Kontrolle unterteilen.

Strategisches Projekt (strategic project/projet stratégique) = Klar abgegrenztes Paket von Massnahmen und Investitionen zur Implementierung einer Strategie. Für jedes Projekt sind in einem strategischen Projektplan Ziele, Rahmenbedingungen, Ablauf, Organisation und Budget festzulegen.

Strategisches Ziel (strategic objective/objectif stratégique) = Konkrete Vorstellung über den angestrebten Zustand. Zentraler Bestandteil einer Strategie.

Teilmarkt (submarket/marché partiel) = Teil eines heterogenen Marktes. Märkte lassen sich nach Produkten und Dienstleistungen, nach Kunden oder nach Ländern in Teilmärkte unterteilen. Denkbar ist auch eine zweidimensionale Bildung von Teilmärkten.

UAP (UAP/UAP) = Unique Advertising Proposition respektive Kommunikationsdifferenz

Umfeld (environment/environnement) = Subsystem der strategischen Analyse. Das Umfeld lässt sich in die Subsysteme des politischen, des ökonomischen, des sozio-kulturellen, des technologischen, des ökologischen und des rechtlichen Umfeldes unterteilen. Es kann zwischen dem globalen Umfeld und dem Branchenumfeld unterschieden werden.

Umfeldszenario (environmental scenario/scénario environnemental) = Möglicher zukünftiger Zustand des Umfeldes

Unique Advertising Proposition (unique advertising proposition/unique advertising proposition) = Kommunikationsdifferenz

Unique Selling Proposition (unique selling proposition/unique selling proposition) = Leistungsdifferenz

USP (USP/USP) = Unique Selling Proposition respektive Leistungsdifferenz

Wettbewerber (competitor/concurrent) = Unternehmen einer Branche. Es steht mit den anderen Unternehmen der Branche mehr oder weniger direkt in Konkurrenz.

Wettbewerbsarena (competitive arena/arène concurrentielle) = Markt

Wettbewerbsposition (competitive position/position concurrentielle) = Marktposition

Wettbewerbsstärke (competitive strength/force concurrentielle) = Stärke im Vergleich zur Konkurrenz. Wettbewerbsstärken können auf allen drei Ebenen der Erfolgspotentiale existieren. Es kann sich somit um Wettbewerbsvorteile der Ressourcen, um Wettbewerbsvorteile des Angebotes oder um starke Marktpositionen in attraktiven Märkten handeln.

Wettbewerbsvorteil (competitive advantage/avantage concurrentiel) = Merkmal des Angebots oder der Ressourcen, das im Vergleich zur Konkurrenz positiv bewertet wird.

Sachwortverzeichnis

Akquisition 151
Analysetools 39
Angebot 8
Ansoff-Matrix
- Originalversion 19
- Differenzierte Ansoff-Matrix 119

Balanced Scorecard 269
Beabsichtigte Strategie 5
Beratereinsatz 63
Beschränkte Rationalität 36
Blue-Ocean-Strategie 222
Boston Consulting Group-Portfolio 79
Branche 171
Branchenanalyse 171
Branchensegmentanalyse 189
Branchenumfeld 165
Business Model Canvas 205

Canvas 205

Differenzierte Ansoff-Matrix 119
Differenzierungsstrategie 196
Diversifikation 114, 119

Erfahrungskurve 84
Erfolgsfaktor 157
Erfolgspotential 8
Erfolgspotentialnetz 9
Erntestrategie 152

Faktorisation 36
Fokusstrategie 196
Fünf-Kräfte-Modell 171
Funktionale Strategie 29, 255

Gap-Analyse 18
Generische Geschäftsstrategie 195
Generische Wettbewerbsstrategie 196
Geplante Strategie 5
Gesamtmarktstrategie 196
Gesamtstrategie 29, 113, 143
Geschäft 51
Geschäftsbereich 52
Geschäftsfeld 52
Geschäftsmodell 204
Geschäftsstrategie 29, 221, 245
Gewachsene Strategie 5
Globales Umfeld 69

Heuristisches Prinzip 36

Inside-out Approach 11

Joint Venture 151

Kommunikationsdifferenz 197
Konzentration 114
Kostenführerschaftsstrategie 196

Leistungsdifferenz 197
Leitbild 29, 43

Market-based View 22
Markt 49
Marktanalyse 185
Marktattraktivität 89
Marktattraktivitäts-Wettbewerbsstärken-Portfolio 89
Marktlebenszyklus 82
Marktposition 8
Marktpositionierung 234
Marktsystem-Modell 185
Marktwachstums-Marktanteils-Portfolio 79
Materialitätsanalyse 137
Matrix der Gesamtoptionen 114
McKinsey-Portfolio 89
Mission 43
Modell der strategischen Gruppen 178
Modellbildung 36

Nachhaltiger Wettbewerbsvorteil 21
Normstrategie 87,96

Oberste Werte 43
Oberste Ziele 43
Operations-Strategie 257
Outpacing Strategie 202
Outside-in Approach 11

PESTEL-Analyse 69, 165
PIMS-Programm 94
Planungstools 39
Portfolio
- allgemein 79
- Boston Consulting Group- 79
- Marktwachstums-Marktanteils- 79
- Marktattraktivitäts-Wettbewerbsstärken- 89
- McKinsey- 89
- Zielportfolio 134

Portfolioanalyse 79
Preisstrategie 196
Projektplan
- allgemein 29
- zur Implementierung der Gesamtstrategie 149
- zur Implementierung der Geschäftsstrategie 249

Prozess der strategischen Planung 35

Realisierte Strategie 5
Resource-based View 22
Resources-Conduct-Performance Paradigma 22
Ressourcen 8, 20
ROM-Modell 9

Stakeholderanalyse 46
Stärken- und Schwächenanalyse 210
Strategie
- allgemein 5
- beabsichtigte 5
- Blue-Ocean- 222
- Differenzierungs- 196
- Ernte- 152
- Fokus- 196
- funktionale 29, 255
- generische Geschäfts- 195
- generische Wettbewerbs- 196
- geplante 5
- Gesamt- 29, 113, 143
- Gesamtmarkt- 196
- Geschäfts- 29, 221, 245
- gewachsene 5
- Kostenführerschafts- 196
- Norm- 87, 96

- Outpacing- 202
- Preis- 196
- realisierte 5
- Teilmarkt- 196

Strategiebeurteilung
- abschliessende 264
- allgemein 13
- auf Geschäftsebene 239
- auf Unternehmensebene 126

Strategieimplementierung 26
Strategieplanungsprojekt 61
Strategieplanungsprozess 35
Strategierealisierung 26
Strategieumsetzung 26
Strategische Analyse
- allgemein 287
- auf Gesamtebene 69
- eines Geschäfts 157

Strategische Führung 25
Strategische Gruppe 178
Strategische Herausforderungen
- auf Gesamtebene 105
- des Geschäfts 215

Strategische Kontrolle 26
Strategische Optionen
- allgemein 288
- für das Unternehmen 113
- für das Geschäft 221

Strategische Planung 6
Strategische Ziele
- für das Geschäft 241
- für das Unternehmen 129

Strategischer Geschäftsbereich 52
Strategischer Projektplan
- allgemein 29
- zur Implementierung der Gesamtstrategie 149
- zur Implementierung der Geschäftsstrategie 249

Strategisches Dokument
- allgemein 29
- funktionale Strategie 29, 255
- Gesamtstrategie 29, 113, 143
- Geschäftsstrategie 29, 221, 245
- Leitbild 29, 43
- strategischer Projektplan 29, 149, 249

Strategisches Dreieck von Ohmae 13
Strategisches Geschäft 51
Strategisches Geschäftsfeld 52
Strategisches Management 25
Structure-Conduct-Performance Paradigma 22
Stuck-in-the-middle-Position 201
SWOT-Matrix 105
Szenarioanalyse 72

Teilmarkt 50, 189
Teilmarktstrategie 196
Toolbox 39
TOWS-Matrix 107, 215

UAP 197
Umfeld
- Branchen- 165
- Globales 69

Umfeldszenario 72
Unique Advertising Proposition 197
Unique Selling Proposition 197
USP 197

Vision 43
VRIO-Analyse 21

Wettbewerber 289
Wettbewerbsarena 49
Wettbewerbsposition 195
Wettbewerbsstärke 89, 290
Wettbewerbsvorteil 8, 290

Zielportfolio 134

Literaturverzeichnis

ABB (Hrsg.) (2020) CEO: First perspectives. 10.06.2020, Zürich. https://global.abb/content/dam/abb/global/group/investors/documents/ir-events/CEO%20First%20Perspectives.pdf. Zugegriffen am 15.08.2020

Ansoff HI (1965) Corporate strategy. An Analytic Approach to Business Policy for Growth and Expansion. McGraw-Hill, New York

Ansoff HI, Declerck RP, Hayes RL (1976) From Strategic Planning to Strategic Management. In: Ansoff HI, Declerck RP, Hayes RL (Hrsg.) From Strategic Planning to Strategic Management. John Wiley, London:39-78

Arend RJ, Lévesque M (2010) Is the resource-based view a practical organizational theory? Organization Science 21(4):931-930

Baer M, Dirks KT, Nickerson JA (2013) Microfoundations of Strategic Problem Formulation. Strategic Management Journal 34(2):197-214

Bain JS (1959) Industrial Organization. Wiley, New York

Barney JB (1986) Types of Competition and the Theory of Strategy: Toward an Integrative Framework. Academy of Management Review 11(4):791-800

Barney JB (1991) Firm Resources and Sustained Competitive Advantage. Journal of Management 17(1):99-120

Barney JB, Hesterly WS (2012) Strategic Management and Competitive Advantage, 4. Auflage. Pearson, Upper Saddle River

Becker J (2013) Marketing-Konzeption, 10. Auflage. Vahlen, München

Becker W, Ulrich P, Ebner R, Zimmermann L (2012) Erfolgsfaktoren der Geschäftsmodelle junger Unternehmen. Bamberger Betriebswirtschaftliche Beiträge 183, Bamberg

Beinhocker ED, Kaplan S (2002) Tired of strategic planning? Mc Kinsey Quarterly (special edition about risk and resilience):49-57

Bieger T, Laesser Ch (2005) Erfolgsfaktoren, Geschäfts- und Finanzierungsmodelle für eine Bergbahnindustrie im Wandel. IDT-HSG. https://www.alexandria.unisg.ch/20894/. Zugegriffen am 01.08.2019

Bradfield R, Wright G, Burt G, Cairns G, van der Heijden K (2005) The origins and evolution of scenario techniques in long range business planning. Futures 37(8):795-812

Bresser RKF (2010) Strategische Managementtheorie, 2. Auflage. Kohlhammer, Stuttgart

Burke AE, Stel AJ van, Thurik, AR (2016) Testing the Validity of Blue Ocean Strategy versus Competitive Strategy: An Analysis of the Retail Industry. International Review of Entrepreneurship 14 (2):123-146.

Buzzell RD, Gale BT (1987) The PIMS Principles. Free Press, New York

Carpenter MA, Sanders WG (2009) Strategic Management, 2. Auflage. Pearson, Upper Saddle River

Chandler AD (1962) Strategy and Structure: Chapters in the History of the Industrial Enterprise. MIT Press, Cambridge

Christensen CM (1997) Making Strategy: Learning by Doing. HBR (November-December):141-156

Cornelissen J (2017) Corporate communication, 5. Auflage. Sage, Thousand Oaks

Coulter M (2010) Strategic Management in Action, 5. Auflage. Pearson, Upper Saddle River

Courtney H, Kirkland J, Viguerie P (1997) Strategy under Uncertainty. HBR (November-December):67-79

Crook TR, Ketchen Jr DJ, Combs JG, Todd SY (2008) Strategic Resources and Performance: A Meta-Analysis. Strategic Management Journal 29(11):1141-1154

Daniel DR (1961) Management Information Crisis. HBR (September-October):111-121

David FR (2011) Strategic Management, 13. Auflage. Pearson, Upper Saddle River

Day GS, Nedungadi P (1994) Managerial Representations of Competitive Advantage. Journal of Marketing 58(2):31-44

Deloitte (Hrsg.) (2019) Long-term Goals, Meet Short-term Drive – Global Family Business Survey 2019, Deloitte Insights

Doran G (1981) There's a S.M.A.R.T. way to write management's goals and objectives. Management Review 70(11):35-36.

Drucker P (1977) People and Performance: The Best of Peter Drucker on Management. Harper's College Press, New York

Dye R, Sibony O (2007) How to improve strategic planning. McKinsey Quarterly (3):40-48

Edeling A, Himme A (2018) When does market share matter? Journal of Marketing 82(3):1-24

Ehrler J (2021) Strategische Erfolgsfaktoren der Schweizer Bergbahnbranche und Schlussfolgerungen für die Anbietergruppen. Dissertation an der Universität Fribourg in Bearbeitung

Fink A, Schlake O, Siebe A (2000) Wie Sie mit Szenarien die Zukunft vorausdenken. Harvard Business Manager (2):34-47

Fischer TM (2000) Erfolgspotentiale und Erfolgsfaktoren im strategischen Management. Welge MK, Al-Laham A, Kajüter P (Hrsg.) Praxis des Strategischen Managements. Gabler Verlag, Wiesbaden:71-94

Foss N, Saebi T (2017) Fifteen years of research on business model innovation: how far have we come, and where should we go? Journal of Management 43(1):200-227

Gälweiler A (2005) Strategische Unternehmensführung, 3. Auflage. Campus, Frankfurt

Gilbert C, Bower JL (2002) Disruptive Change: When trying harder is part of the problem. HBR (May):94-101

Gilbert X, Strebel P (1987) Strategies to Outpace the Competition. Journal of Business Strategy 8(1):28-36

Grant RM (2013) Contemporary Strategy Analysis, 8. Auflage. John Wiley, Chichester

Grünig R (1993) Die strategische Finanzperspektive. Der Schweizer Treuhänder (10):677-682

Grünig R (2021) Komplexe Unternehmen erfolgreich führen. Springer-Gabler, Berlin

Grünig R, Kühn R (2017) Prozess zur Lösung komplexer Entscheidungsprobleme, 5. Auflage. SpringerGabler, Berlin

Grünig R, Kühn R, Morschett D (2022a) Procédé de planification stratégique, 3. Auflage. Haupt, Bern

Grünig R, Kühn R, Morschett D (2022b) The strategy planning process, 3. Auflage. Springer, Berlin

Grünig R, Morschett D (2017) Developing International Strategies, 2. Auflage. Springer, Berlin Heidelberg

H&M (Hrsg.) (2019) Materiality – Materiality matrix 2019. https://hmgroup.com/sustainability/sustainability-reporting/how-we-report/materiality.html. Zugegriffen am 31.12.2020

Haberberg A, Rieple A (2008) Strategic Management. Oxford University Press, New York

Handelszeitung (Hrsg.) (2018) Löchrige Textilien. 12.07.2018

Hax AC, Majluf NS (1991) Strategisches Management. Campus Verlag, Frankfurt

Hayward MLA, Shimizu K (2006) De-commitment to losing strategic action: evidence from the divestiture of poorly performing acquisitions. Strategic Management Journal 27(6):541-557

Heckner F (1998) Identifikation marktspezifischer Erfolgsfaktoren. Ein heuristisches Verfahren angewendet am Beispiel eines pharmazeutischen Teilmarktes. Peter Lang, Bern

Hedley B (1977) Strategy and the "Business Portfolio". Long Range Planning 10(1):9-15

Henderson B (1970) The Product Portfolio. bcg perspectives 66

Hill CWL, Jones GR (1992) Strategic Management, 2. Auflage. Houghton Mifflin, Boston

Hill CWL, Jones GR (2013) Strategic Management, 10. Auflage. South Western, Mason

Hillman A, Keim G (2001) Shareholder Value, Stakeholder Management, and Social Issues: What's the Bottom Line? Strategic Management Journal, 22(2):125-139

Hofer CW, Schendel D (1978) Strategy Formulation. West Publishing, St. Paul

Holcim (Hrsg.) (2018) LafargeHolcim makes good progress in 2017; Strategy 2022 to drive growth. https://www.holcim.com/q4-2017-results. Zugegriffen am 21.07.2021

Holcim (Hrsg.) (2021) Strategy 2022 – "Building for Growth". https://www.holcim.com/our-strategy. Zugegriffen am 21.07.2021

Johnson G, Whittington R, Scholes K (2011) Exploring Corporate Strategy, 9. Auflage. Financial Times-Prentice Hall, Harlow

Kambly (Hrsg.) (2016) Flexible Arbeitszeit bei Kambly in Verwaltung und Produktion. https://www.oebu.ch/admin/data/files/section_asset/file_de/1499/5)-post-kambly.pdf?lm=1482241440. Zugegriffen am 25.01.2019

Kaplan RS, Norton DP (1992) The Balanced Scorecard - Measures that Drive Performance. HBR (January-February):71-79

Kaplan RS, Norton DP (1996) The Balanced Scorecard. Harvard Business Review Press, Boston

Kaplan RS, Norton DP (2000) Having Trouble with Your Strategy? Then Map It. HBR (September):167-176

Kay J (1995) Foundations of corporate Success. Oxford University Press, Oxford

Kim WC, Mauborgne R (1997) Value Innovation: The Strategic Logic of High Growth. HBR (January-February):102-112.

Kim WC, Mauborgne R (2015) Blue Ocean Strategy, 2. Auflage. Harvard Business Review Press, Boston

Kim WC, Mauborgne R (2016) Der blaue Ozean als Strategie, 2. Auflage. Carl Hanser, München

Klix F (1971) Information und Verhalten. Haupt, Bern

Kowalsky M (2018) Der Bulldozer. Bilanz, 7/2018:50-55.

Kreilkamp E (1987) Strategisches Management und Marketing. Walter de Gruyter, Berlin

Kühn R (1985) Marketing-Instrumente zwischen Selbstverständnis und Wettbewerbsvorteil. Thexis (4):16-21

Kühn R, Fuhrer U, Kühn C, Waldenmeyer Z (2020) Marketing: Analyse und Strategie, 16. Auflage. Werd, Thun

Lafley AG, Martin RL, Rivkin JW, Siggelkow N (2012) Bringing science to the art of strategy. HBR (September):57-66

Laotse Wirtschaftszitate.de (Hrsg.). http://www.wirtschaftszitate.de/autor/laotse.php. Zugegriffen am 05.09.2018

Leidecker JK, Bruno AV (1984) Identifying and Using Critical Success Factors. Long Range Planning 17(1):23-32

Lewis P, Thomas H (1990) The linkage between strategy, strategic groups, and performance in the U.K. retail grocery industry. Strategic Management Journal 11(5):385-397

Lütolf P, Wanzenried G (2018) Antecedents to the Performances of Mountain Ropeway Companies: Empirical Evidence for Switzerland. Ohnmacht T, Priskin J, Stettler J (Hrsg.) Contemporary Challenges of Climate Change, Sustainable Tourism Consumption, and Destination Competitiveness. Emerald Publishing, Bingley:25-47

Lynch R (2000) Corporate strategy, 2. Auflage. Financial Times-Prentice Hall, Harlow

Macharzina K, Wolf J (2015) Unternehmensführung: Das internationale Managementwissen, 9. Auflage. SpringerGabler, Berlin

Mack O, Khare A, Kramer A, Burgartz Th. (2016) (Hrsg.) Managing in a VUCA World. Springer, Heidelberg

Mahoney JT, Pandian JR (1992) The resource-based view within the conversation of strategic management. Strategic Management Journal 13(5):363-380.

March JG, Simon HA (1958) Organizations. John Wiley, New York

McKinsey (Hrsg.) Our mission and values. https://www.mckinsey.com/about-us/overview/our-mission-and-values. Zugegriffen am 01.01.2019

Meadows DH, Randers J, Meadows DL (2010) Limits to growth. The 30-Year update. Earthscan, Oxon

Meadows DH, Randers J, Meadows DL, Behrens III WW (1979) The limits to growth, 2. Auflage. Universe Books, New York

Miller A, Dess GG (1996) Strategic Management, 2. Auflage. McGraw-Hill, New York

Mintzberg H (1990) Strategy Formation. Schools of Thought. In: Fredrickson J (Hrsg.) Perspectives on Strategic Management. Harper Business, New York:105-235

Mintzberg H (1994) The rise and fall of strategic planning. Prentice Hall, New York

Müller-Stewens G (2016) Das strategische Management als Disziplin – Meilensteine und Perspektiven seiner Entwicklung. Die Unternehmung 70(4):322-343

Newbert SL (2007) Empirical Research on the Resource-Based View of the Firm. Strategic Management Journal 28(2):121-146

Ogilvy J, Schwartz P (1998) Plotting Your Scenarios. Fahey L, Randal R (Hrsg.) Learning from the Future. John Wiley, New York

Ohmae K (1982) The Mind of the Strategist. McGraw-Hill, New York

Osterloh M, Grand S (1994) Modelling oder Mapping? Die Unternehmung 48(4):277-294

Osterwalder A (2004) The business model ontology – a proposition in a design science approach. PhD Thesis, HEC Lausanne

Osterwalder A, Pigneur Y (2010) Business Model Generation. John Wiley & Sons, Hoboken

Osterwalder A, Pigneur Y (2011) Business Model Generation – Ein Handbuch für Visionäre, Spielveränderer und Herausforderer. Campus, Frankfurt a.M.

Palich L, Cardinal B, Miller C (2000) Curvilinearity in the diversification – performance linking: An examination over three decades of research. Strategic Management Journal 21(2):155-174

Pearce JA, Robinson RB (2009) Formulation, Implementation and Control of Competitive Strategy, 11. Auflage. McGraw-Hill, New York

Porter ME (1980) Competitive Strategy. Free Press, New York

Porter ME (1985) Competitive Advantage. Free Press, New York

Porter ME (1991) Towards a Dynamic Theory of Strategy. Strategic Management Journal 12(S2):95-117

Prahalad CK, Hamel G (1990) The Core Competence of the Corporation. HBR (May):79-90

Project Management Institute (Hrsg.) (2013) A guide to the Project Management Body of Knowledge, 5. Auflage. Project Management Institute, Newton Square

Raffée H, Effenberger J, Fritz W (1994) Strategieprofile als Faktoren des Unternehmenserfolges. Die Betriebswirtschaft 54(3):383-396

Raffée H, Fritz W (1992) Die Führungskonzeption erfolgreicher und weniger erfolgreicher Unternehmen im Vergleich. Zeitschrift für betriebswirtschaftliche Forschung 44(4):303-322

Rogers W BrainyQuote (Hrsg.) https://www.brainyquote.com/quotes/will_rogers_385286. Zugegriffen am 01.01.2019

Rowland J (2017) LafargeHolcim's Jenisch announces strategic business review. World Cement Online, 2.11.2017. https://www.worldcement.com/special-reports/02112017/lafargeholcims-jenisch-announces-strategic-business-review/. Zugegriffen am 27.07.2021

Rumelt RP (1984) Towards a Strategic Theory of the Firm, in: Lamb R (Hrsg.) Competitive Strategic Management. Prentice Hall, New York: 556-570

Rumelt RP (1987) Theory, Strategy and Entrepreneurship. Teece DJ (Hrsg.). The Competitive Challenge. Strategies for Industrial Innovation and Renewal. Ballinger, Cambridge:137-158

Schwartz P (1991) The art of long view. Doubleday, New York

Sika AG (Hrsg.) (2021a) Strategy – Sika's Growth Strategy 2023. https://www.sika.com/en/about-us/strategy.html. Zugegriffen am 06.02.2021

Sika AG (Hrsg.) (2021b) Sustainability Strategy. https://www.sika.com/en/about-us/sustainability/sika-sustainability-strategy.html. Zugegriffen am 06.02.2021

Simon HA (1966) The Logic of Heuristic Decision Making. Rescher N (Hrsg.). The Logic of Decision and Action. University of Pittsburgh Press, Pittsburgh:1-20

Sombart W (1967) Die drei Nationalökonomien, 2. Auflage. DUV, Berlin

Steinmann H, Schreyögg G (2005) Management, 6. Auflage. Gabler, Wiesbaden

Teece DJ (2010) Business Models, Business Strategy and Innovation. Long Range Planning 43(2-3):172-194

Thompson AA, Strickland AJ (2003) Strategic Management, 13. Auflage. McGraw-Hill, New York

Uhrenkosmos (Hrsg.) (2021) Was unterscheidet eine Manufaktur von einem Etablisseur? https://www.uhrenkosmos.com/unterschied-manufaktur-zu-etablisseur/. Zugegriffen am 16.01.2021

Ulrich P, Fluri E (1995) Management, 7. Auflage. Haupt, Bern

Unilever AG (Hrsg.) (2021) Defining our Material Issues. https://www.unilever.com/sustainable-living/our-approach-to-reporting/defining-our-material-issues/. Zugegriffen am 06.02.2021

van der Heijden K, Bradfield R, Burt G, Cairns G, Wright G (2002) The Sixth Sense. John Wiley, Chichester

Volberda HW, Morgan RE, Reinmoeller P, Hitt MA, Ireland RD, Hoskisson RE (2011) Strategic Management. Competitiveness and Globalization. Cengage Learning, Andover

Volkart R, Wagner AF (2018) Corporate Finance, 7. Auflage. Versus, Zürich

von Reibnitz U (1987) Szenarien: Optionen für die Zukunft. McGraw-Hill, Hamburg

Weber R, Bertschy JP, Lenz C (2012) Swiss watch industry 2012. Vontobel (Hrsg.). Vontobel Luxury Goods Shop, Zürich

Weber R, Bertschy JP, Zini L (2019) Watch market growing at lower rate than other luxury goods categories. Vontobel (Hrsg.). Vontobel Luxury Goods Shop, Zürich

Weihrich H (1982) The TOWS Matrix – A Tool for Situational Analysis. Long Range Planning 15(2):54-66

Welge M, Al-Laham A (2008) Strategisches Management, 5. Auflage. Gabler, Wiesbaden

Wernerfelt B (1984) A Resource-based View of the Firm. Strategic Management Journal 5(2):171-180

Wheelen TL, Hunger JD (2010) Strategic Management and Business Policy, 12. Auflage. Pearson, Upper Saddle River

Wirtz BW (2020) Business Model Management, 2. Auflage. Springer, Berlin

Zott C, Amit R (2007) Business model design and the performance of entrepreneurial firms. Organization Science 18(2):181-199

Zott C, Amit R (2008) The fit between product market strategy and business model: implications for firm performance. Strategic Management Journal 29(1):1-26

Züger P (2018) LafargeHolcim-CEO "Wir brauchen ganz klar eine Wachstumsstrategie". Cash Online, 2.3.2018. https://www.cash.ch/news/top-news/lafargeholcim-ceo-wir-brauchen-ganz-klar-eine-wachstumsstrategie-1150535. Zugegriffen am 28.07.2021